맛과 스타일이 살아있는 파리의 진짜 카페를 만나다!

enjoy cafe!

카페
파리

● 권희경 지음

BOOKway

prologue

프랑스 사람들의 일상에서 우리와 조금 다른 것을 찾는다면, 그건 바로 밥 먹듯 '수시로 카페에 가는 일'일 것이다. 식사를 하고 나면 당연하게 커피 한 잔으로 마무리를 하고, 대다수는 아침 출근 시간에 카페에 잠시 들러 덜 깬 잠을 깨우기 위해 바^{bar}에 서서 진한 에스프레소를 한 입에 털어 넣고 간다. 또 친구나 연인과 대화를 할 때, 숙제나 잔업을 처리할 때, 일과를 끝내고 나서, 혹은 햇살 아래에서 책을 읽거나 지나는 이들을 구경하고 싶을 때 등 이들이 카페를 찾는 이유는 수를 헤아릴 수 없을 정도로 다양하다.

그 덕분인지 동네의 허름한 카페나, 담배를 판매하는 카페 겸 식당들이 오랜 시간 동안 문을 닫지 않고 운영을 이어간다. 하물며 구석진 동네 카페의 사정도 이러한데, 이름이 알려져 있거나 역사가 깊은 곳 혹은 개성이 있는 테마 카페들은 어떠할까?

가장 인상 깊었던 일 중 하나는, 내가 살았던 동네의 재래시장에서 과일과 채소를 파는 나이 지긋한 중년의 아저씨가 저녁 때까지 열심히 일을 하다가 일과가 끝나면 가게 바로 옆의 카페에 들르는 것이었다. 거의 하루도 빼놓지 않고 매일 같이 그곳에서 커피 한 잔을 마시며 휴식을 취하고, 아직 앞치마도 벗지 않은 채로 감상에 젖은 듯 지나는 이들을 바라보는 장면을 나는 장을 보러 갈 때마다 목격했다.

파리의 수많은 카페들에는 묘한 매력이 있는 것 같다. 카페의 테라스석을 바라보면 '나도 저 풍경의 하나가 되고 싶다'라는 생각이 들게 하는 특별한 이끌림이 느껴진다. 카페에 가는 것이 프랑스 사람들의 너무나 당연한 일상이지만 그들도 종종 이러한 카페의 매력에 이끌려 발걸음을 옮기는 경우가 있는 것도 사실이다. 대형체인 카페가 아닌 고유한 프랑스 카페만의 매력은 관광객들 뿐만 아니라 현지인들에게도 은은한 동경으로 다가온다.

특히 내게 카페라는 존재는 파리에서의 다양한 추억을 만들어준 매개체 역할을 하기도 했다. 처음 프랑스어 공부를 시작하며 만나게 된 외국인 친구들과 즐겨 가는 카페에 앉아 이야기를 나누며 새로운 세계에 눈을 떴고, 우리나라에서 더욱 유명한 베스트셀러 작가 베르나르 베르베르가 매일 집필 작업을 하는 카페에서 그를 인터뷰 했다. 매주 토요일이면 일본인 아주머니와 카페에서 만나 언어교환 스터디를 하기도 했고, 친구와 이야기를 나누러 카페에 방문했다가 우연히 말을 걸어 친해진 프랑스 친구들도 있었다.

프랑스의 문화와 생활상에 대해 논할 때 빠질 수 없는 것이 바로 '카페 문화'다. 그리고 더 나아가 그 동안의 역사와 예술이 스며들어 있는 특별한 장소이기도 하다. 우연히 유명인과 마주쳐도 놀랍지 않은, 나폴레옹이 실제 썼던 모자가 걸려 있는, 영화 속 장소가 그대로 살아있는 이러한 카페가 바로 파리의 카페들이다.

서민적인 동네 카페를 비롯해 각기 개성이 뚜렷한 살롱 드 떼, 독특한 카페레스토랑까지 파리에는 다양한 카페가 즐비하다. 유럽, 미국, 아시아 등 세계 전역에서 파리에 있는 이색적인 카페들을 찾아오고 또 소개하는 이유는 분명, 파리라는 작은 도시가 가지고 있는 큰 힘과 프랑스 카페만의 문화, 매력에 있을 것이다. 파리에서 살면서 자주 방문했던 곳, 그리고 꼭 소개하고 싶었던 곳들을 모아 이렇게 책으로 엮었다. 우리나라에도 고유의 카페문화가 생기고 발전해나가기를 바라면서, 프랑스 카페문화에 대해 알고 싶은 독자와 외식사업을 준비하거나 운영하고 있는 분들, 카페 여행을 떠나고픈 낭만객들에게 모쪼록 이 책이 도움이 되었으면 한다.

2011년 8월 권희경

Café
Paris
Contents

098

파리지엥(Parisien), 파리지엔(느)(Parisienne)이란?
파리지엥은 파리에 거주하는 남녀를 대표적으로 가리키는 용어로, '파리남자'를 뜻하기도 한다.
반면 파리지엔 혹은 파리지엔느는 '파리여자'만을 의미한다. 프랑스어의 모든 명사에는 성별이 구분되어 있다.

104

Part3 •
프랑스정통 역사카페

288

• Part2
맛! 맛! 맛!

Café
Paris

다이어테틱 샵 Dietetic Shop

라 갸르 La Gare

라 페름므 La Ferme

라 푸르미 엘레 La Fourmi Ailée

라파라망 카페 L'apparemment Café

레노마 카페 갤러리 Renoma Café Gallery

빌로바 Biloba-bar

아뜰리에 르노 Atelier Renault

카페 데 두 물랑 Les deux Moulins

카페 콩 Café KONG

개성이 있는
테마 카페

파리의 부는 신선한 웰빙 바람

Dietetic Shop

다이어테틱 샵

약간 나이가 들어보이는 조리 담당 아주머니는 그동안의 연륜과 경험으로 모든 홈메이드 요리를 고객들이 보는 앞에서 정성 들여 만든다. 오픈된 주방에서 손님들이 조리과정을 직접 볼 수 있으니 청결함과 안전성에 믿음을 가질 수밖에 없다. 즐거움과 건강까지 챙기는 파리지엥들이 점점 많이 찾는 이 레스토랑에서는 유기농 요리와 생과일주스 등 대부분의 메뉴를 주문 후에 조리해 더욱 신선함이 살아있다. 그리고 매일 들어오는 재료로 만들기 때문에 일부 메뉴는 그날 그날 달라진다.

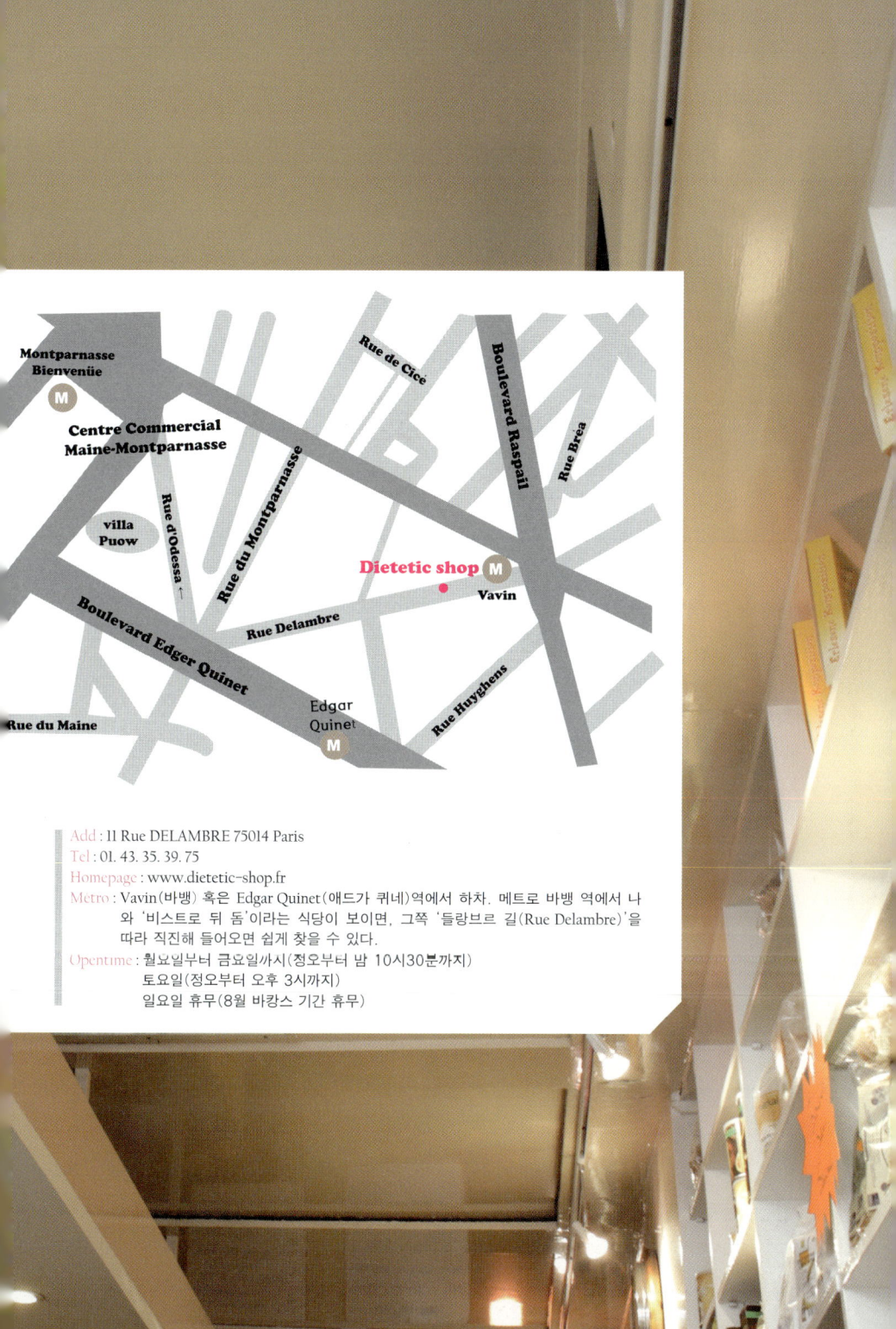

Montparnasse
Bienvenüe

Rue de Cicé

Boulevard Raspail

Rue Bréa

Centre Commercial
Maine-Montparnasse

Rue d'Odessa

Rue du Montparnasse

villa
Puow

Dietetic shop   Vavin

Rue Delambre

Boulevard Edger Quinet

Rue du Maine

Edgar
Quinet

Rue Huyghens

Add : 11 Rue DELAMBRE 75014 Paris

Tel : 01. 43. 35. 39. 75

Homepage : www.dietetic-shop.fr

Metro : Vavin(바뱅) 혹은 Edgar Quinet(애드가 퀴네)역에서 하차. 메트로 바뱅 역에서 나
와 '비스트로 뒤 돔'이라는 식당이 보이면, 그쪽 '들랑브르 길(Rue Delambre)'을
따라 직진해 들어오면 쉽게 찾을 수 있다.

Opentime : 월요일부터 금요일까시(정오부터 밤 10시30분까지)
토요일(정오부터 오후 3시까지)
일요일 휴무(8월 바캉스 기간 휴무)

채식주의, 유기농, 마사지, 다이어트 등 웰빙 바람은 파리의 외식업계에도 불어왔다. 그리고 하나둘씩 이와 관련된 가게들이 생겨나기 시작했다. 내가 아는 프랑스 친구 (라고는 하지만 나이가 50대)인 조르주는 '웰빙(불어로는 비앙-에트르^{Bien-être})' 즉, 잘 먹고 잘 사는 것에 대한 관심이 아주 많다. 그래서 길을 지나다가도 채식레스토랑이 보이면 메뉴판을 유심히 살펴본다거나, 내가 가끔 인삼이나 한국 전통차를 선물해 주면 매우 기뻐하곤 했다.

한국식당에 가면 인삼과 대추가 들어있는 삼계탕만 찾고, 한국의 마사지 기계에까지 관심이 있었다. 아무튼 건강은 엄청 챙기는 분이다. 사실 조르주 뿐만 아니라 실제로 상당수의 프랑스 사람들이 요즘 건강한 먹을 거리에 많은 관심을 기울이고 있는 실정이다.

건강은 위한 선택

몽파르나스에 위치한 〈다이어테틱 샵〉은 유기농 컨셉과 어울리는 초록색 외관 그리고 노란색 가게 이름과 테이블 등 보기만해도 상큼함이 느껴지는 가게다. 주변의 무채색 건물들에 비해 유독 색깔이 눈에 띄어 멀리서도 쉽게 찾을 수 있다. 가게 바깥에는 오늘의 메뉴를 비롯해 현재 판매중인 요리나 디저트가 무엇이 있는지 칠판에 빼곡히 적어 놓았다. 이 메뉴들은 공수해온 신선한 재료들에 따라 수시로 변경되기 때문에 이곳을 자주 찾는 단골들에게 더욱 인기가 있다.

실내 벽면에는 다양한 유기농 식료품들이 진열되어 있다. 주스, 수프, 오일, 잼, 통조림, 향신료, 초콜릿, 비스킷, 영양제, 과일퓨레, 시리얼, 글루텐 무첨가 비스킷, 잡곡과자, 야채 절임, 샴페인과 와인 등을 판매중이다. 마치 식료품점처럼 이곳에 들러

주인 아주머니와 정답게 이야기를 나누며 저녁거리를 사가는 주부들도 있다. 특히 아기에게 먹일 몸에 좋은 간식거리를 구입하기도 한다. 최근 급증한 아토피 등의 피부질환과 성인병의 예방 차원에서 어린 아이들은 물론이고 성인들도 가급적 가공식품을 먹지 않는 것이 좋다는 인식이 점점 확산되고 있기 때문이다.

실내 천장에도 메뉴가 적힌 칠판이 테이블에서 보기 좋은 위치에 있다. 동그랗고 귀여운 조명들이 실내를 밝히고, 안쪽 벽면에는 멋진 사진들도 걸려 있다. 공간이 좁은 편이기 때문에 주방 쪽 바에 앉아서도 음식을 먹는다. 사람이 많이 몰리는 시간대에는 이 좌석도 차지하기가 쉽지 않지만 조리하는 것을 가장 가까이에서 볼 수 있는 자리라서 더욱 선호하는 사람들도 있다. 테이블 위에는 여러 가지 양념을 구비해놓아 취향대로 추가해 먹을 수 있도록 했고, 물병에 담아놓은 물은 무료로 제공되는 것이니 물어보지 않고 그냥 마셔도 된다. 작은 가게이지만 즐거운 식도락의 시간을 보낼 수 있도록 배려한 흔적들이 곳곳에서 느껴진다.

〈다이어테틱 샵〉을 정의하자면, 카페, 식료품점, 미니 레스토랑 정도가 되겠다. 유기농 상품들을 기본으로 한 요리들을 맛볼 수 있는데 신선한 바이오 재료들로 주문 즉시 조리에 들어간다. 예를 들면 바질릭 토마토 펜네 샐러드와 브르타뉴지방의 신선한 해초캐비어, 사과졸임과 요구르트 케이크 등 몸에 좋은 천연재료가 가득한 음식들이다. 〈다이어테틱 샵〉은 1969년에 탄생했으며, 편안한 미니 레스토랑으로 100% 바이오 상품과 독창적인 원조요리를 선보인다.

유기농 식료품들이 내부 벽면 곳곳에 배치되어 있어 직접 골라서 구매해갈 수 있으며, 모든 음식은 테이크 아웃이 가능하다.

오후 3시부터 6시 30분까지는 살롱 드 떼(찻집)로 커피와 차, 유기농 인퓨전 차를 마실 수 있고 디저트나 간식을 곁들이면 좋다. 〈다이어테틱 샵〉의 주 메뉴는 각종 샐러드, 따뜻한 채소와 잡곡요리, 수프, 디저트, 음료 등이다.

건강식이라는 특성 때문인지 가격은 조금 비싼 편이다. 이곳은 혼자 식사하러 오는 사람들이 유독 많은 곳이니 나홀로 여행객이라도 쑥스러워하지 말고 당당하게 들어가보도록 하자. 조용한 분위기에서 이색요리나 음료를 접해보고 싶은 사람에게도 좋은 공간이다. 고객의 주 연령층은 다소 높은 편인데 건강에 관심이 많고 매일 들러도 금전적인 부담을 느끼지 않는 세대가 주로 노인층이기 때문이다. 〈다이어테틱 샵〉에서는 건강식품이나 영양제 같은 상품도 판매하니 한국에 있는 지인들을 위한 선물로 구입해도 좋을 것이다.

이곳에서 파는 음식은 자극적인 것을 좋아하는 사람들에게는 굉장히 생소하게 느껴지거나 입에 맞지 않을 수 있다. 음료들도 마찬가지다. 독창적이고 새로운 재료의 조합으로 탄생한 메뉴들이기 때문이다. 예를 들면, 생강이 들어간 칵테일은 피로회복에 굉장히 좋다고 주인 아주머니는 항상 강조하시지만 누구나 마시기 쉬운 음료는 아니다. '하드 칵테일'이란 이름의 음료인데 사과, 오렌지, 생강, 육두구(강장제 등으

로 쓰이는 식물), 귤 등을 함께 섞어 만든 것이다. 특히 처음 빨대로 마셨을 때 강한 생강 맛에 놀랄 수도 있으나, 조금씩 마시다 보면 익숙해지고 생각보다 맛이 나쁘지 않다. 인자한 아주머니에게 재료 설명을 부탁하면 아주 친절히 알려주시니 주문 전에 물어보는 것도 좋다.

고기류는 없지만 절임 정어리와 훈제연어 등의 생선류는 요리에 사용된다. 만일 요리 재료 중에 싫어하는 것이 있다면 다른 것으로 바꿔달라고 해도 괜찮다. 언제나 미소로 주문을 받고 즐겁게 일하시는 아주머니가 있어 〈다이어테틱 샵〉을 찾을 때마다 마음이 편안해지고 몸도 건강해지는 기분이다.

Bonneterre
Petit Fondant
Lait Noisettes
Petit Fondant
Lait Noisettes
Petit Fondant
Noir Agrumes
Bonneterre
Bonneterre
Bonneterre
Bonneterre
Lait Noisettes

CB

CB

sans
Gluten

Les cafés

커피류 2,4유로

유기농 에스프레소(Café expresso BIO)　　　　유기농 시리얼 커피(Café de céréales)

Les thés

차 종류 4~5유로

자스민, 녹차, 민트, 다즐링, 실론티, 얼 그레이, 캐러멜, 베르벤느, 오렌지, 카모마일, 아니스 녹차 등(Jasmin, Vert, Vert Menthe, Darjeeling, Ceylan, Earl Grey, Caramel, Verveine, Oranger, Camomille, Anis vert)

Les rafraichissantes

신선한 음료 3~4유로선

과일 병주스 (18cl), (25cl) - 자두, 사과, 귤 (Jus de fruits, en bouteille : Pruneau, Pomme ou Raison Myrtille)
두유 (18cl), 3,6유로(25cl)Lait de Soja

알콜 혹은 무알콜 독일밀 맥주(Bière à l'épeautre avec ou sans alcool 33cl)
사과주(Cidre de terroir 33cl)

Cocktail

칵테일 6유로정도

하드 칵테일25cl (생강, 육두구, 오렌지, 사과, 귤; Hard Cocktail - Gingembre, noix de muscade, orange, pomme, jus de myrtilles)
과일 칵테일25cl (오렌지, 자몽, 배, 바나나, 사과 등 계절과일; Cocktail de fruits - Orange, pamplemousse, poire, banane, pomme, selon la saison)
야채 칵테일25cl (당근, 무우, 회향; Cocktail de légumes - Carotte, betterave, fenouil)
스윗 칵테일25cl (두유, 사과, 귤과즙; Sweet Cocktail - Lait de soja, pomme, jus de myrtille)
　　르 듀오 (당근-사과, 당근-레몬, 당근-오렌지; Le duo - Carotte-pomme, carotte-citron, carotte-orange)
　　　　사과주(Cidre de terroir 33cl)

Grignotage et Plat

간식이나 식사류 6유로~14유로 선

브르타뉴지방의 신선한 해초 캐비어 (Le caviar d'algues fraîche de Bretagne)

유기농 연어 요리(Assiette de saumon bio)

야채샐러드와 함께 나오는 홈메이드 채소 테린느 (Terrine végétarienne maison avec ses crudités)

얇게 썰어 훈제한 두부와 차가운 렌틸콩 (La super assiette de lentilles froides au tofu fumé émincé)

펜네샐러드와 허브두부 (Salade de pennes et tofu aux herbes)

홈메이드 수프 (Potage maison)

라 다이어테틱 샵 (시리얼2, 야채볼과 채소) (La dietetic shop - 2 céréales, 2 boulettes végétales et
légumes) 10유로

Dessert

디저트 3,4유로~6유로 선

최고급 다크 초콜릿 (La fameux au chocolat noir)

사과 타르트 혹은 배 타르트 (Tarte aux pommes ou aux poires)

과일 졸임 (Compote de fruits)

말랑말랑한 말린 자두 (Pruneaux moelleux)

진한 초콜릿 무스 (Mousse au chocolat noir)

프로마주 블랑 흰 치즈 + 1선택(꿀, 밤 크림, 설탕졸임, 건자두, 과일샐러드, 무설탕 카시스 소스)
(Fromage blanc composé+miel, crème de marrons, compte, pruneaux, salade de fruits
frais, ou coulis de cassis sans sucre)

두유 혹은 양유가 들어간 요구르트 (Yaourt au lait de soja ou lait de brebis)

Café Paris
Dietetic Shop Menu

기차 없는 기차역 카페

La Gare

라 갸르

햇살은 슬프도록 눈부시게 아름답고 하얀 구름은 솜사탕처럼 달콤하다. 저 멀리서 묵직한 기차의 기적소리가 들려오는 듯하다. 오랫동안 가슴앓이를 하게 했던 옛 연인을 기다리며 그리움의 플랫폼에 서본다. 기차소리가 가까워올수록 나의 심장은 더욱 빠르게 요동친다. 그러나 수많은 사람들의 웃음과 눈물 속에도 그의 모습은 보이지 않는다. 바람을 타고 시간과 추억이 깃든 이야기들이 귓가에 전해져온다. 매표소 앞 대기실에 앉아 사랑을 속삭이던 간지러운 목소리는 가슴에 메아리쳐 쓸쓸한 미소로 번진다. 이제 더 이상 그를 볼 수 없지만, 지난 시간들은 바로 기차역에 도착해 있다.

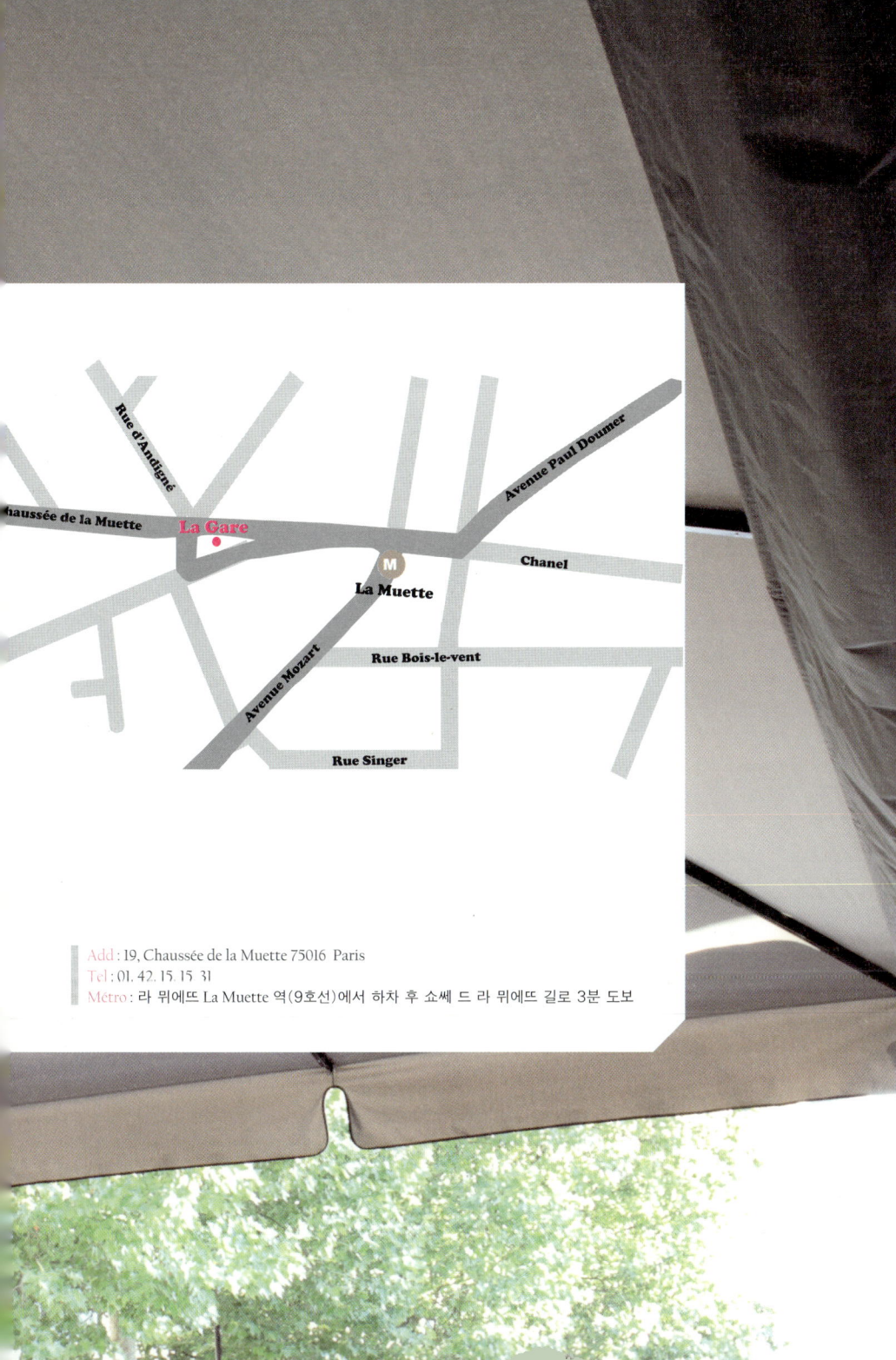

Rue d'Andigné

Avenue Paul Doumer

Chaussée de la Muette

La Gare

M La Muette

Chanel

Avenue Mozart

Rue Bois-le-vent

Rue Singer

Add : 19, Chaussée de la Muette 75016 Paris
Tel : 01. 42. 15. 15. 31
Métro : 라 뮈에뜨 La Muette 역(9호선)에서 하차 후 쇼쎄 드 라 뮈에뜨 길로 3분 도보

LA GARE

01 42 15 15 3

TOUS LES JOURS DE 12H À 2H
WWW.RESTAURANTLAGARE.COM

19

CHAUSSÉE DE LA MUET

75010

PARIS

오래전 이곳은 실제 기차역이었다. 수많은 만남과 헤어짐이 교차했던 추억의 장소. '파씨 라 뮈에뜨^{Passy La Muette}'라 불리는 기차역이었던 이곳은 1996년 500제곱 미터 실내에 185명 좌석을 가진 공간으로 탈바꿈해 이제는 파리에서 가장 큰 레스토랑 중 하나가 되었다. 또 다시 연인들은 이곳에서 사랑을 나누며 시간을 보내게 된 것이다. 비록 이제는 카페레스토랑으로 그 모습이 바뀌었을지라도……

〈라 갸르〉는 정형화되지 않은 독특한 장식으로 꾸며져 있고, 광활한 넓이와 높은 천장, 붉은 벽돌로 된 벽, 커다란 창문을 가진, 파리에서 보기 드문 매우 이색적인 바^{Bar} 겸 카페레스토랑이다. 또한 예전에 유명 레스토랑 〈아피시우스^{Apicius}〉와 〈기 사부아^{Guy Savoy}〉에서 일했던 실력 있는 셰프가 주방을 담당하고 있어 늘 푸짐하고 맛있는 요리를 제공하며 꾸준히 창의적인 메뉴를 개발하고 있다.

저녁식사를 할 수 있는 좌석은 150 ~ 300개이고, 한 번에 300-600명이 칵테일을 즐길 수 있을 만큼 넓은 바^{Bar} 공간을 확보하고 있다. 그래서 단체나 회사에서 그룹으로 방문하기에 좋으며 자유롭고 모던한 분위기에서 가볍게 시간을 보낼 수 있다. 또한 파리의 여름이 찾아오면 파리지엥들은 친구들과 함께 주말을 이용해 테라스석에서 경쾌한 파티를 열기도 한다. 보통 평일에는 비즈니스를 하는 사람들이 바이어를 접대하거나 혹은 가족끼리 캐주얼한 모임을 갖는 경우가 많다. 편안하고 생동감이 넘치면서도 고급스러운 수준의 서비스를 제공하기 때문이다.

'정거장, 역(驛)'이라는 의미의 〈라 갸르^{La Gare}〉는 서울 청담동과 비슷한 분위기의 동네에 위치해 있다. 다양한 인종이 모인 파리에서 유독 순수 토종 프랑스인들이 주로 모여 있는 카페레스토랑이기도 하다. 고객들의 연령대는 20대 중후반부터 40대 정도이고, 아주 어리거나 나이든 사람은 발견하기 힘들다. 부촌인 이유도 있지만, 그들

은 가장 왕성하게 경제활동을 하는 연령대이기 때문에 비싼 샴페인과 안주를 주문하는 것에 큰 부담을 갖지 않는다.

그리고 이곳에서 하는 주말파티나 모임에 등이나 가슴이 푹 파인 드레스를 입고, 손에는 클러치를 들고 나타나는 파리지엔들도 있다. 또한 아이들을 동반한 가족들을 위해 〈라 갸르〉에서는 일요일에 한해 애니메이션을 상영해주기도 한다.

레스토랑으로 만든 지하층과 기차역 플랫폼 공간에서 즐기는 식사는 색다른 기분을 느끼게 한다. 넓고 웅장하며 개성 있는 인테리어로 꾸며져 있고 시야가 트여있어 답답하지 않다. 철도의 모습, 붉은 커튼과 연극무대를 연상시키는 레스토랑 구조 등 역사의 어느 날로 돌아간 듯하다. 세련된 이 공간은 두 개로 나뉘어져 있으며, 철로와 승강장이었던 곳을 개조한 것이라고 한다.

레스토랑의 양 옆 좌석들은 로맨틱한 분위기를 풍기기 때문에 연인에게 프로포즈 하기에도 안성맞춤이다. 파리의 멋진 카페레스토랑에서 연인이 청혼을 해온다면 어찌 거절할 수 있겠는가. 파리의 일반 카페레스토랑들과 다르게 테이블 간격이 여유가 있어 사적인 대화도 가능하니 사랑고백을 해도 부끄러운 상황이 발생하지는 않을 것이다. 하지만 인기가 많은 이 사이드 좌석에서 식사를 하고 싶다면 예약시 미리 부탁해야 한다. 편안한 좌석과 기분 좋은 서비스를 갖추었으나 요리가 빨리 나오는 편이 아니기 때문에 다소 인내심이 필요하다. 따라서 성격이 급하거나 시간적 여유가 없는 사람들은 이것을 미리 염두에 두고 방문해야 한다.

1층(프랑스식 0층)은 카페&바Bar 공간이고, 지하는 레스토랑으로 사용하며 예약은 인터넷으로도 가능하다.

전통요리 중 일부를 시즌마다 새롭게 재창조해 호평을 받고 있으며, 라 갸르 퓨레와 닭고기요리, 어린 양고기 등은 가격에 비해 질이 뛰어난 메뉴 중 하나다. 황새치 카르파치오, 아보카도와 크랩, 블랙 앵거스 슬라이스 쇠고기 스테이크, 파인애플 파나코타 등 프랑스의 다른 레스토랑에서 발견하기 힘든 독특한 요리도 있다. 디저트로는 앵두 아이스크림과 함께 나오는 체리 티라미수, 화이트초콜릿 아이스크림과 함께 나오는 촉촉한 초콜릿 케이크 혹은 리 오 래(떠먹는 걸쭉한 우유에 익힌 쌀을 넣은 것, riz au lait) 등을 추천한다.

Menu déjeuner en semaine
평일 점심 세트 메뉴(월~금) 20유로 대

전식 + 본식 + 후식   entrée + plat + dessert

당근 3부작(Trilogie autour de la carotte)

샐러드(당근, 고수, 마늘, 커민, 오렌지 퓨레)   카페 구르망 혹은 오늘의 디저트
대구 안심, 당근 무스와 크리스피

정통 메뉴(Menu tradition)

분홍 새우와 아보카도, 칵테일 소스, 메스클랑   마렝고식 송아지 요리, 감자
샐러드   카페 구르망 혹은 오늘의 디저트

신선한 메뉴(Menu fraîcheur)

신선한 콩 요리   카페 구르망 혹은 오늘의 디저트
허브 생대구요리, 야채

매주 일요일 브런치 30유로 대 : 정오부터 오후   (매년 메뉴변경과 가격인상 가능성 있
3시까지   음)

식사 세트메뉴 (상세 메뉴판에서 직접 선택가

능) 30유로 대   매일 정오부터 오후 2시 30분까지, 저녁 8시부

(전식 + 본식) 혹은(전식 + 후식)   터 자정까지 식사 가능

(전식 + 본식 + 후식)   카페-바는 정오부터 새벽 2시까지 / 주말(식사)

은 예약 필수

아페리티프(식전주) 4~11유로 선 : 모히토 오리   공휴일 중 오픈하는 날짜: 11월 1일과 11일 / 7

지날 / 샴페인 한 잔 / 생맥주 혹은 시드르(사과   월 14일 / 1월1일 / 5월 1일과 8일 / 8월 15일

주) / 무알코올 칵테일 / 마티니   가격인상 : 부활절 주간 월요일, 오순절 월요일,

부활절, 오순절, 레스토랑 창립일

간식(핑거푸드) 6~15유로 선: 정오부터 밤 11시   인터넷으로 식사 예약시 샴페인 한 잔 제공

까지 - 토스트, 샐러드, 연어 안주 등 / 플랑슈   셰프 - 피에르 알랭 갸르니에Pierre-Alain

(소시지, 버터, 햄, 치즈 등) / 클럽 샌드위치와   Garnier

감자튀김, 샐러드 /   디렉터 - 올리비에 마쏭 Olivier Masson

일요일 브런치 때는 아이들을 위한 애니메이션

음료 3~12유로 선: 칵테일 / 스무디와 샴페인 /   과 장난감 이용 가능

과일주스 / 소다음료 / 차와 앙젤리나 인퓨전차

/ 에스프레소 / 크림커피, 카푸치노, 쇼콜라쇼 /

커피 혹은 차 구르망   Café Paris
                                           La Gare Menu

경 래 항 유 기 농   카 페 에 서   수 다 떨 기

La Ferme
라 페름므

파리에서 친구들과 만나면 몇 군데 자주 가는 동네가 있었는데, 그 중 하나가 오페라 가르니에 주변이다. 지하철의 여러 노선이 만나는 환승역이라 집 위치가 제 각각인 친구들끼리 만나기에 좋은 곳이었다. 특히 이곳은 일본인과 한국인들이 가장 많은 지역이라 느낌이 편안하고 한국식당, 일본식당들이 줄지어 있어 '쌀밥'이 그리울 때 부담 없이 찾게 된다. 게다가 대형백화점 두 곳과 중저가 의류매장들도 있어서 쇼핑하기에도 좋다. 하지만 이 동네에는 갈만한 카페가 별로 없다는 단점이 있다. 하지만 그럼에도 불구하고 유일하게 자주 가는 카페가 하나 있었으니 바로 아이코라는 일본 친구가 소개해 준 〈라 페름므 La Ferme〉다.

Rue Danielle Casanova

Avenue de l'Opéra

Point Bar

La Ferme

Starbucks

Rouge Saint Honoré

Passage des Jacobins

Barlotti

L'Absinthe

Rue des Moulins

Rue Saint-Roch

M Pyramides

Rue d'Argenteuil

Kunitoraya

Naniwa

Aubert Hôtel Prince Albert

Add : 55-57, rue Saint Roch 75001 Paris

Métro : 오페라나 피라미드 역에서 하차 후 도보. 오페라 역에서 나와, 오페라 극장을 등지고 오른쪽 길로 직진하다보면 살짝 들어가있는 골목에서 카페의 초록색 간판을 발견할 수 있다. 피라미드 역에서 좀 더 가깝고, 왼쪽 길에 있는 스타벅스의 맞은 편 정도에 위치

카페 안으로 들어서자마자 친절한 종업원들의 인사가 나를 반겨준다.

≪ 봉주르! ≫

≪ 응 그래, 봉주르! ≫

이곳에 오는 날은 정말로 '좋은 날Bonjour'이 되는 것만 같다. 〈라 페름므〉는 생토노레 거리에 이어져 있고, 오페라에서 루브르로 가는 대로에 위치해 있어 찾기도 쉽다. 노트북을 가져와 인터넷을 하는 젊은 파리지앵부터, 파리에 거주하는 일본인과 한국인 여성들까지 친구들과의 아지트로 제격인 카페. 특히 주말이면 언어교환을 하는 외국인늘을 흔히 볼 수 있다.

예를 들면, 일본인과 프랑스인이 무료로 서로의 언어를 가르쳐주는 식이다. 한국어와 프랑스어를 교환하는 한국인-프랑스인 친구들도 있다. 혹은 내가 요코상과 했던 것처럼 한국어와 일본어를 교환하는 사람들도 〈라 페름므〉에 자주 온다(나는 매주 토요일마다 일본인 아주머니 요코상과 만나 언어교환 수업을 했다. 물론 설명은 불어로 했다).

오페라 극장 주변의 회사나 상점가에서 일하는 사람들도 이곳에서 편하게 시간을 보내고는 한다. 주문과 계산 등 기본적으로 셀프 서비스이기 때문에 제대로 대우받기를 원하는 사람들보다는, 가볍고 자유로운 분위기를 즐기려는 사람들이 주요 고객층이다.

1999년에 오페라 극장 근처에 첫 지점을 낸 〈라 페름므〉는 빠른 서비스를 원하는 손님들의 요구에 맞추어, 신선하고 다양한 패스트 음식과 음료를 제공하는 셀프 카페로 등장했다. 주로 바쁜 직장인들과 캐주얼한 분위기를 선호하는 학생들을 타깃으로 한 것이다. 2008년 9월 마들렌에 두 번째 매장을 연 이래로 2009년 11월, 베리 길에 세 번째 지점을 그리고 2010년 2월, 라 데팡스 지점을 만들어 산업 신도시의 직장인들에게 많은 인기를 얻고 있다. 파리에는 이러한 스타일의 카페나 샌드위치 가게가 별로 없기 때문에 그 희소성으로 인해 더욱 인기가 있다.

이 카페의 컨셉은 '무공해'이다. 아기자기한 느낌
의 카페 입구로 들어서면 왼쪽으로 계산대와 파
티쓰리 판매대가 보이고, 오른쪽으로는 온갖 먹을
거리가 진열되어 있다. 콜라 등의 탄산음료를 제
외하면 이곳의 모든 식품은 바이오 제품이다. 프
랑스도 점점 웰빙에 관심이 많아지면서 이러한
식재료 문화가 확산되고 있다고 하니 반가운 소
식이 아닐 수 없다. 게다가 프랑스의 외식산업은
까다로운 검열 하에 있기 때문에, 믿을 만한 위생
상태와 일정 수준 이상의 질을 보장받을 수 있다.
냉동 식재료는 사용할 수 없고, 수시로 주방 점검
을 나오는 등 사람이 먹는 음식에 대해서는 매우
철저하게 관리한다.

백 퍼센트 천연과즙 음료와 샐러드, 파스타, 떠먹
는 요구르트, 샌드위치, 키슈, 과일 그리고 마들렌,
타르트 등 간단하게 끼니를 해결하면서 맛과 건
강도 놓치지 않는 실속 메뉴만 구비해놓고 있다.
실제로 음식 맛을 보면 정말로 건강해질 것만 같
은 신선한 느낌이다.

또한 인테리어 역시 나무와 천연소재를 사용했기
때문에 매우 아늑하고 편안하다. 마치 숲 속 펜션
에 놀러온 기분이랄까? 특히나 조용하고 널찍한
공간이라 파리의 기존 카페들과는 차별화되었다

는 것을 알 수 있다. 일단 테이블과 의자의 크기가 여유롭고 간격도 충분하며 소재도 대부분 나무를 사용했다.

심지어 카페의 넓은 한쪽 면은 밝은 초록의 풀들로 채워져 있다. 살아있는 풀들은 아니지만 햇살이 카페 내부까지 깊게 들어오면 마치 숲 속에 와 있는 것만 같은 착각이 든다. 나무 의자에 앉아 책을 읽고 컴퓨터 작업을 하거나 친구와 담소를 나누며 〈라 페름므〉의 샌드위치를 한 입 베어 물면, 도심 속에서도 휴식과 낭만을 누릴 수 있게 된다. 카페 한쪽에는 잡지와 신문이 배치되어 있어 혼자 방문한 사람도 지루하지 않은 시간을 보낼 수 있도록 해놓았다.

상큼한 건강식 섭취하기

유기농 밀가루로 만든 빵에 으깬 검은색 올리브를 바른 뒤 신선한 토마토와 모차렐라 치즈, 허브 등을 채워 넣은 샌드위치, 그리고 훈제연어가 들어간 베이글 샌드위치는 맛이 담백할 뿐만 아니라 영양도 가득하다. 특히 허브의 향이 아주 그윽하고 온 몸 구석구석 그리고 기분까지도 건강하게 만들어준다.

모양이 피자나 타르트처럼 생긴 '키슈Quiche'라는 파이도 있다. 느끼하지 않으면서 야채와 계란이 많이 들어가 간단한 요기로 좋은 메뉴다. 다양한 종류의 시리얼과 신선한 염소치즈, 절임토마토, 요거트, 주문 시 바로 갈아서 주는 생과일 주스 등도 〈라 페름므〉의 대표 메뉴들이다.

붉은 과일로 만든 크럼블, 겨울에 맛볼 수 있는 두 가지 수프(돼지고기, 당근 등이 들어간 것/감자와 치즈가 들어간 것), 푸알란의 빵으로 만든 따뜻한 타르틴이 있다. 또 체리가 얹어진 파이에 커피를 곁들이면 잘 어울리는 궁합이 된다. 브런치는 12유로 정도면 즐길 수 있다. 테이블 위에는 무료로 제공하는 물 한 병이 놓여있으므로, 음료로 생수보다는 생과일주스를 주문하는 것이 더욱 합리적이다.

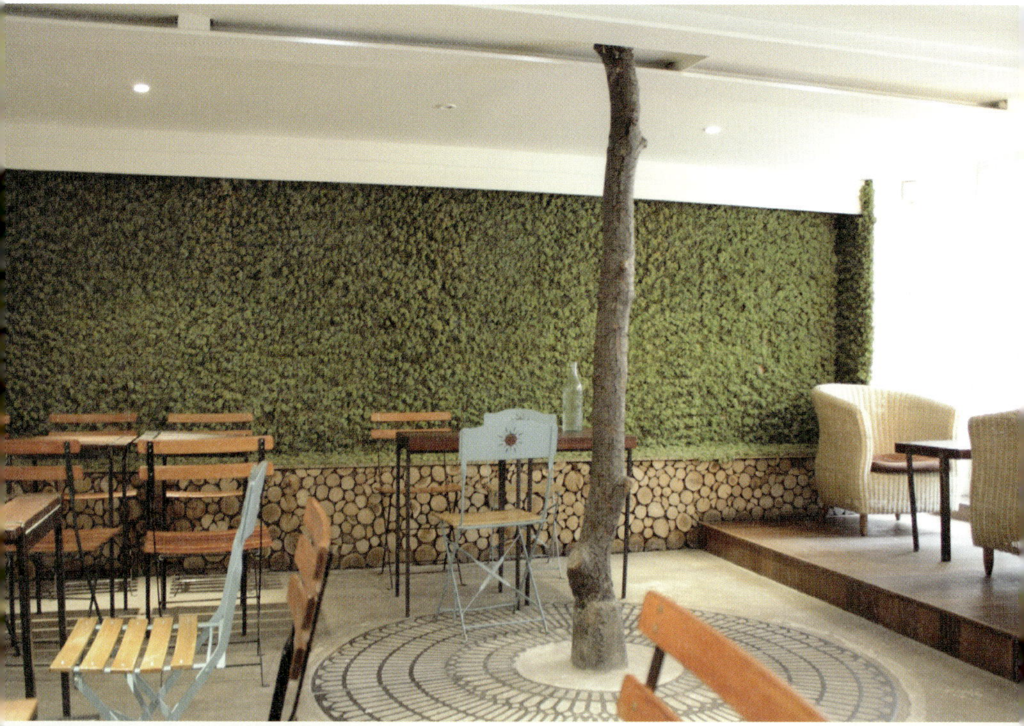

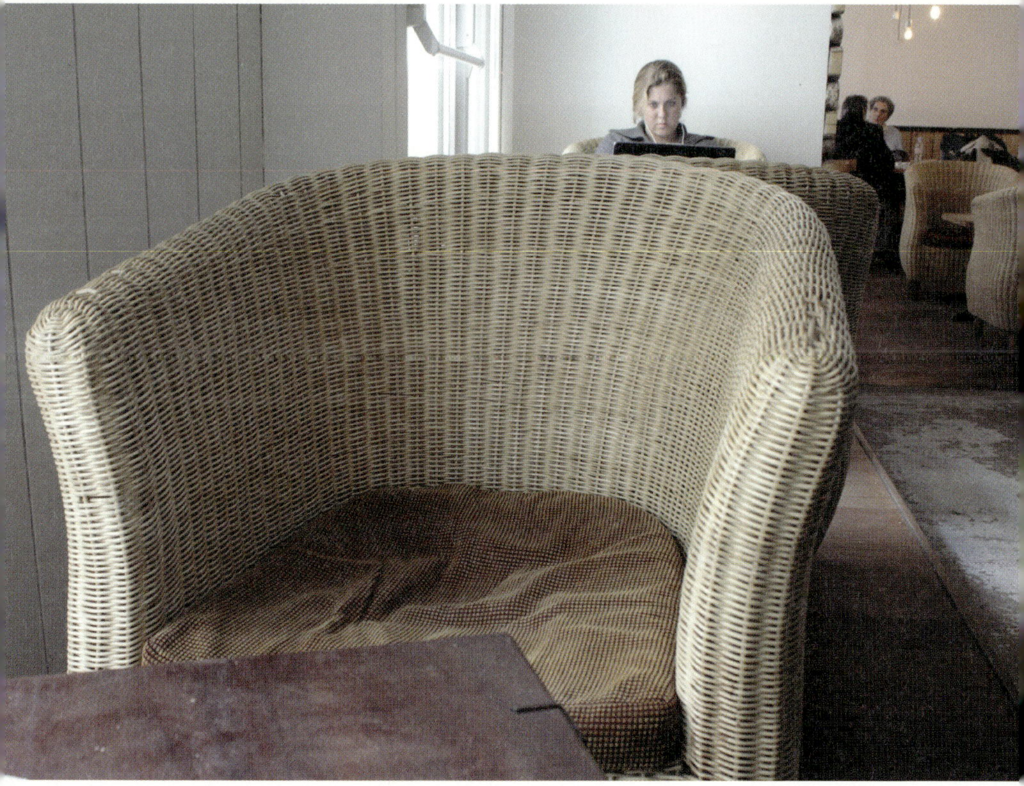

귀여운 젖소 그림이 있는 초록색 쟁반 역시 이 카페의 컨셉을 잘 보여주는데, 마치 자연에서 한적하게 풀을 뜯으며 사는 소의 울음소리가 들려오는 듯하다.

아무래도 유기농 제품이다보니 다른 샌드위치 가게들 보다는 가격이 조금 비싼 편이다. 메트로 피라미드 Pyramides 역이나 오페라 Opera 역에서 가장 가깝고, 노트북을 가져오면 무선인터넷을 무료로 이용할 수 있다. 모든 음식은 테이크 아웃이 가능하고 슈퍼에서 물건을 구매하듯이, 포장되어 있는 음식을 선택해 계산한 후 테이블로 가져가 먹을 수 있으므로 간편하고 부담이 없다. 단, 가져갈 것인지 테이블에서 먹을 것인지를 계산할 때 물어본다. 이때 포장해가는 것은 '아 앙뽀떼 A Emporter', 테이블에서 먹는 것은 '쉬르 쁠라스 Sur Place'라고 말하면 된다.

마들렌 지점
- LA FERME MADELEINE
28, boulevard de la Madeleine
75008 Paris

베리 지점
- LA FERME BERRI
33, rue de Berri
75008 Paris

라 데팡스 지점
- LA FERME DEFENSE
38, cours Michelet
92060 Paris LA DEFENSE 10

대부분 5유로~20유로 선(가격은 약간의 변동
가능)

파티쓰리 1 - 2유로
타파스, 스낵 등 2 - 5유로
오늘의 요리 5유로
소프트 드링크 1,70 - 2,50유로
(요거트 - 1,7유로 / 라페름므 우유 - 2,5유로)
브런치 15 - 17유로
아침식사, 샌드위치, 파스타샐러드 등 6유로 선

Café Paris
La Ferme Menu

날개 돋친 개미 본 적 있나요?

La Fourmi Ailée

라 푸르미 엘레

마치 오래된 도서관 같기도 하고, 한편으로는 우리식 옛날 다방처럼 금방이라도 장발의 디제이가 나와 신청곡을 받을 것만 같다. 아니나 다를까, 카페에는 조용하고 클래식한 음악이 흐르거나 잔잔한 톤의 라디오 진행자 목소리가 들려오기도 한다. 마치 금기라도 되는 냥, 이곳을 방문한 파리지앵들도 시끄럽게 떠들지 않는다. 간단한 식사를 하거나 차를 마시며, 혼자만의 시간을 보내거나 데이트를 하는 현지인들이 주로 단골이다. 이곳이 마치 그들의 개인 서재인 것처럼 자연스럽게 느껴지는 이유이기도 하다.

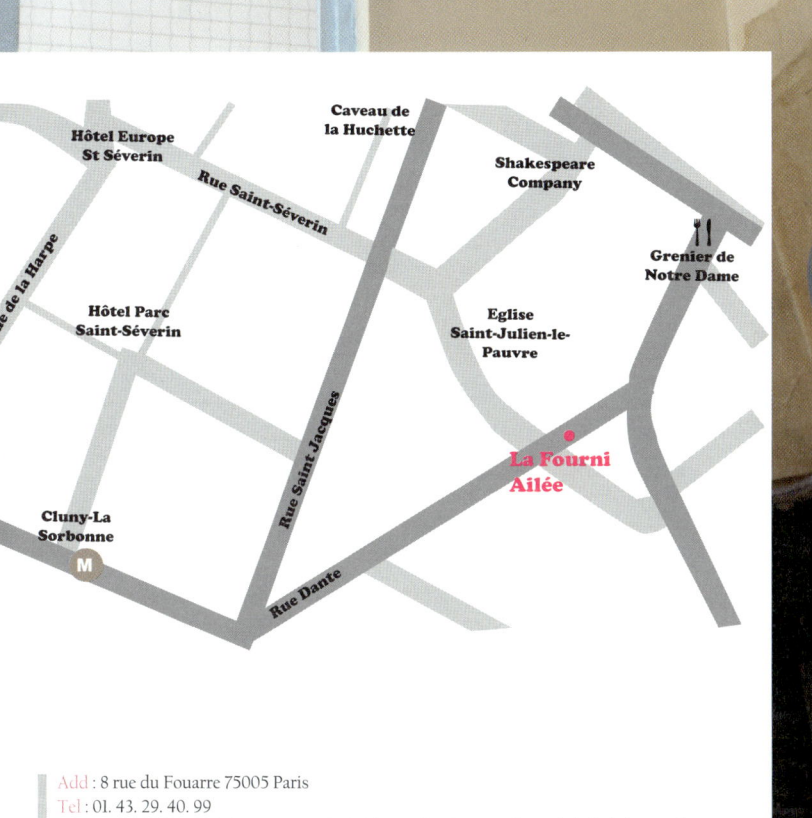

Hôtel Europe St Séverin

Caveau de la Huchette

Rue Saint-Séverin

Shakespeare Company

Rue de la Harpe

Grenier de Notre Dame

Hôtel Parc Saint-Séverin

Eglise Saint-Julien-le-Pauvre

Rue Saint Jacques

La Fourni Ailée

Cluny-La Sorbonne

M

Rue Dante

et foll

Add : 8 rue du Fouarre 75005 Paris
Tel : 01. 43. 29. 40. 99
Metro : 지하철 생-미쉘 Saint-Michel역(4호선) 혹은 모베르-뮈튀알리떼 Maubert-
Mutualité역(10호선) 혹은 클뤼니 라 소르본 Cluny La Sorbonne역(10호선)에서
하차 후 약간의 도보

꿈꾸는 다락방

유명한 노트르담 성당과 소르본느 대학이 있는 동네에, 이곳 분위기와 어울리는 조용하고 기분 좋은 카페 〈라 푸르미 엘레 La Fourmi Ailee〉가 있다. 뜻을 해석하면 '날개달린 개미'쯤 되겠다. 예전에는 카페에 커다란 개미 인형이 놓여있었는데 지금은 없어졌다.

나는 수업을 마치면 외국인 친구들과 이곳에 자주 방문해 담소를 나누며 추억을 만들었다. 배가 살짝 출출해지면 '키슈 Quiche'나 '오늘의 요리 Plat du jour' 하나를 시켜 먹고 헤어지는 게 습관이었다.

특히 내가 좋아했던 나무계단을 통해 올라가는 2층 공간은 자연광이 들어와 매우 밝고, 마치 다락방처럼, 소근소근 비밀이야기를 나누거나 턱을 괴고 한가롭게 책을 읽으면 좋을 만한 곳이었다. 또한 넓은 테이블이 있어서 6-7명이 우루루 몰려가도 부담없이 자리를 차지하고 시간을 보내기에 좋았다. 책에 둘러싸여 서로 자기 나라의 문화에 대해 설명을 할 때면 글로벌한 안목이 생기는 것 같아 기분이 좋아지기도 했다.

특별한 주인님

마지막으로 〈라 푸르미 엘레〉를 찾았던 날은 그동안 보지 못했던 특별한 손님이 와 있었다. 그건 바로 '미(Mie)!'라고 불리는 예쁜 수컷 고양이였다. 내가 키웠던 고양이 '꼬미'와 아주 닮은 유러피안 종이었다. 바로 어제 입양돼서 왔다는데 이미 카페에 적응한 듯 자유롭게 돌아다니며 손님들에게 애교를 부렸다. 카페의 2층 공간에는 '미'를 위한 고양이 사료와 화장실이 한쪽에 놓여 있었다. '미'의 안방은 광활했고 뛰어오를 계단과 가지고 놀 장난감도 충분했다. 대부분의 프랑스인들이 그렇듯 고양이를 무서워하거나 싫어하는 손님은 단 한 명도 없었고 오히려 '미'를 보러 자주 와야겠다는 파리지엔 고객도 생겼다.

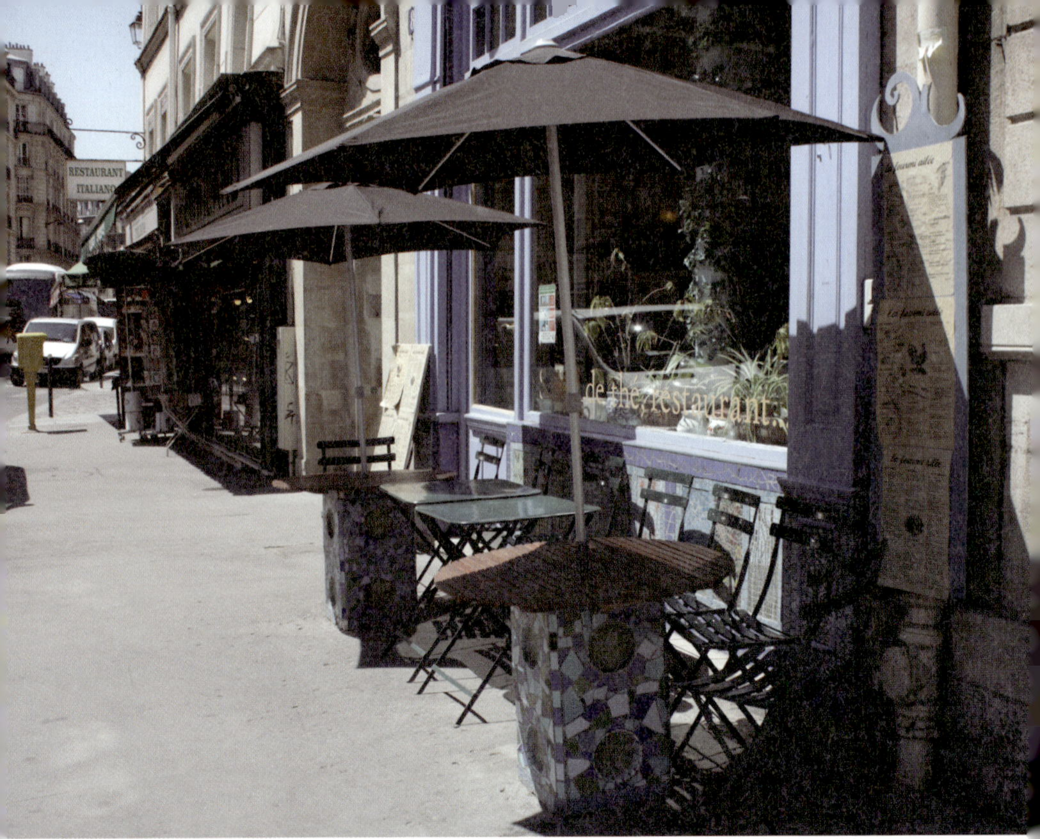
RESTAURANT
ITALIANO

la fourmi ailée
Les salades...
Le plat du jour
Les viandes...
Blanquette de veau 15 €
Carpaccio à la Niçoise 14,50 €
La Souris d'Agneau confite 16€
les quiches
Les poissons...
Les Farcis Niçois 15,50€
Assiette fumée chaude 14,30 €
Les végétales...

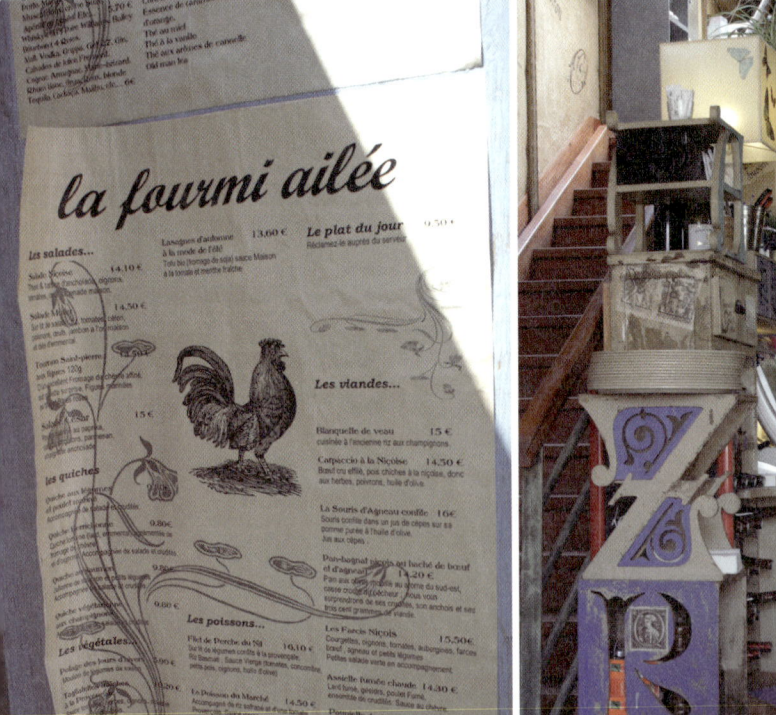

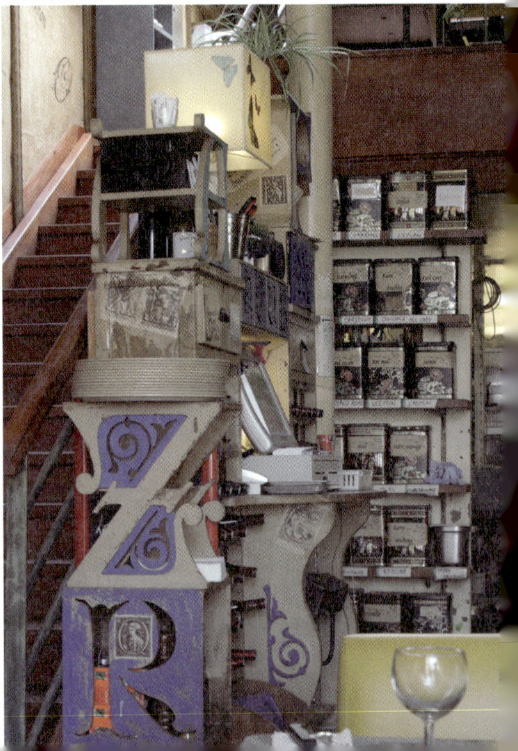

프랑스의 경우, 동물이나 새들이 사람에 대한 경계심을 거의 갖고 있지 않다. 이는 사람들이 길거리의 동물을 해치는 일이 거의 없기 때문일 것이다. 동물을 사랑하고 아끼는 프랑스인들의 마음이 그대로 반영된 결과라고 할 수 있다. 사람이 접근했을 때 고양이가 자동차 밑으로 숨어 버리는 경우보다, 꼬리를 치켜들고 신체적 접촉을 하면서 먹이를 달라고 하는 경우가 더 많다. 심지어 공원 벤치에 앉아 있으면 조용히 사람 무릎 위로 올라와 잠들기까지 하는 길고양이를 만난 적도 있었다.

우리들의 서재

〈라 푸르미 엘레〉는 동물에 대한 애정이 담긴 이름을 가진 카페라서인지 '미'의 보금자리로 정말 잘 어울렸다. 젊은 파리지엔 두 명이 꾸려나가고 있는 아늑하고 조용한 이곳은 마치 친구네 집처럼 편안하고 즐겁기만 하다. 마음을 평화롭게 만들어주는 요소들이 많다고 할까?

높은 천장까지 쌓아올린 책을 어떻게 꺼낼까 고민할 필요는 없다. 항시 대기중인 사다리가 화장실 옆쪽 벽에 우스꽝스럽게 기대어 서 있다. 책을 자세히 살펴보면 오래된 옛 문학가들의 정취가 그대로 묻어나는 고전이 주류를 이루고 있음을 알 수 있다. 문학과 클래식을 사랑하는 프랑스인들의 취향은 젊은 층에게도 그대로 적용된다. 특히 상위계층으로 갈수록 더욱 이러한 문화를 중시하는 경향이 있으며 예술을 즐기는 고상한 취미를 드러내기 좋아한다. 그리고 〈라 푸르미 엘레〉에서는 이러한 분위기가 그들의 일상임을 깨닫게 된다.

카페 한쪽에는 벽난로가 있어 오래된 프랑스 시골집을 연상케 하기도 한다. 성냥갑같이 다 똑같은 모습의 아파트 주거형태를 매우 싫어하는 프랑스인들은 무조건 조금씩이라도 다른 인테리어와 건물 외양을 고집한다. 네모 반듯한 못생긴(!) 아파트에 거주하는 사람들은 주로 가난하고 소외된 사람들이나 유학생들인 경우가 많다.

파리의 아파트들을 자세히 살펴보면 건물마다 모습이 다 다르고 층도 다르며 현관문의 구조도 다르다. 이렇게 건축디자인에 신경을 많이 쓰기 때문에 인테리어에 관한 전문 TV프로그램이나 채널이 존재하기도 한다. 카페들의 모습도 예외가 아니다. 저마다 각기 컨셉이 분명하고 모두 다른 분위기를 풍긴다. 카페 〈라 푸르미 엘레〉에서는 마치 전원주택에서 사는 것과 같은 낭만과 평온함이 흐른다. 무릎에 담요를 덮고 벽난로 앞 흔들의자에 기대앉아 책을 읽으며 차 한 잔을 마시는 듯한 여유로움이

이곳을 자주 찾게 만드는 푸근한 매력이 아닐까 싶다.

카페 손님들 중에는 편안한 소파에 나란히 앉아 따뜻한 찻잔을 손으로 감싼 채 사랑
스러운 눈빛으로 서로를 바라보는 연인들의 모습도 보이고, 당장 내일 중요한 시험
이 있는지 열심히 공부를 하는 학생도 있다. 이곳에서는 시간이 멈춘 듯 어제의 풍
경과 오늘의 풍경이, 또 내일의 풍경이 늘 한결같다. 우리를 둘러싸고 있는, 몇 십 년
은 족히 되었을 책들이 우리의 모습까지 변하지 않게 해주는 세월의 방패막이는 아
닐는지……. 현재 대학에 다니고 있는 20대 초반의 청춘과, 그곳을 꾸준히 찾았던
머리 희끗한 할머니의 순수한 마음은 진정 아무런 차이가 없을지도 모른다.

메뉴판은 얼핏 신문처럼 보인다. 34종류나 되는 차가 갖춰져 있어 어느 것을 골라야 할지 모르겠다면, 여러 번 방문해서 때마다 다른 것을 마셔보는 것도 좋다. 부담 없는 채식메뉴도 있어 건강까지 챙기는 산뜻한 식사를 할 수 있다. 버섯, 유기농 두부, 다진 고기 등으로 만든 요리가 있고, 다양한 종류의 키슈(Quiche, 식사용 파이)가 있어 입맛대로 선택이 가능하다. 샐러드와 갈레트(Galette), 연어 요리(쏘몽, Saumon) 등도 프랑스 요리를 좋아하는 이들에게 적당한 메뉴. 휴무일 없이 오전 10시부터 자정까지 오픈하지만 식사는 정오부터 오후 3시까지, 저녁은 오후 7시부터 11시까지만 가능하다.

Boisson
음료

인퓨전 3,8 - 4유로	사과주(시드르) 8,3유로
아로마 차 4,5유로	커피, 헤이즐넛, 알롱제 1,9유로
생과일주스 6유로	크림커피 3,6유로
과일주스 4,4유로	핫초코 3,8유로
소다음료 4,4유로	비엔나커피 4유로
맥주 4유로	카푸치노 4유로
와인 한 잔 3,5유로	

Dessert
디저트

사과 타르트 7유로	과일쿨리와 레몬배 셔벗 5,8유로
(Tarte aux pommes Bonne-femme)	(Sorbet poire au citron et son coulis de fruits)
자두 레몬타르트 6,5유로	
(Tarte au citron sur lit de pruneaux)	붉은 과일 수프 6,2유로
퐁당 오 쇼콜라 6,8유로(Fondant au chocolat et noix)	(Soupe de fruits rouge maison)

Plat et Grignotage
간식이나 식사류 6유로~14유로 선

샐러드 14,1 - 15유로 사이	라자냐 13,6유로
식사류 14,2 - 22,5유로선	파스타 10,2유로
오늘의 요리 9,5유로	(매년 약간의 가격인상이 있을 수 있음)
키슈 9,8유로	

Café Paris
La Fourmi Ailée Menu

우 리 집 거실처럼 편안함

L'apparemment Café

라파라망 카페

파리 3구에 위치한 예전의 '아파트(l'Appartement 라파르트망)'가 매우 생동감이 넘치고 가족적인 카페 〈라파라망 l'Apparement〉으로 탈바꿈했다. 피카소 미술관 근처에 있는 〈라파라망〉은 바^{bar}겸 카페레스토랑이자 갤러리, 도서관, 놀이공간으로 고객층 역시 그 컨셉만큼이나 다양하다. 일단 카페의 로고를 보면 '미로찾기'형태로 되어 있어, 이곳이 '놀이를 즐길 수 있는' 카페라는 것을 알 수 있다.

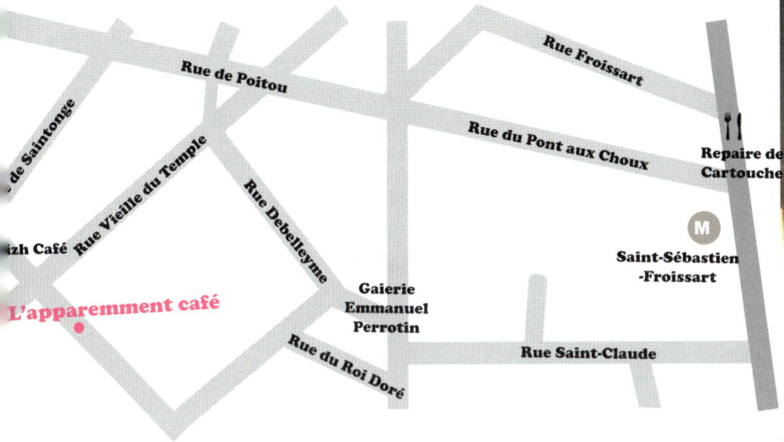

Rue Froissart

Rue de Poitou

Rue du Pont aux Choux

Repaire de
Cartouche

de Saintonge

Rue Vieille du Temple

Rue Debelleyme

M

Saint-Sébastien
-Froissart

izh Café

Galerie
Emmanuel
Perrotin

L'apparemment café

Rue du Roi Doré

Rue Saint-Claude

Add : 18 rue des Coutures St-Gervais, 75003 Paris
Tel : 01. 48. 87. 12. 22
Métro : 생-세바스티앙-프라싸르 Saint-Sébastien-Froissart 혹은 생폴St Paul 혹은 오뗄 드
빌 Hôtel de Ville 역에서 하차 후 도보. 피카소 박물관 뒤편에 있다.
메트로 '생 세바스티앙 프라싸르'역에서 나와 슈 다리 Rue du Pont aux Choux 길을
따라 직진해 푸아투 Rue du Poitou 길이 나올 때까지 걷는다. 왼편에 Rue Vieille du
Temple 길 이름이 보이면 좌회전해 직진하다가 카페 〈Breizh〉가 있는 사거리를 만나면
좌회전한다. 찾기가 힘들면 차라리 곳곳에 있는 피카소 박물관 이정표를 따라가는 것이 나
을 수도 있다.
Opentime : 월요일부터 토요일까지(정오부터 새벽 2시까지)
일요일(정오부터 자정까지)

카페 로고는 정관사 Le를 제외한 '아파라망'이라는 단어의 첫 글자인 알파벳 A를 의미하기도 한다. 실제로 카페 내부 곳곳에는 다트 판, 타로 카드, 체스 등을 비롯한 놀이기구와 오락실에서 볼 수 있을 법한 각종 게임기구의 모형들이 천장 쪽에 매달려 있다. 또한 커다란 스크린의 한국산 텔레비전도 볼 수 있다.

이곳은 저녁이 되면 다양한 이벤트와 함께 각종 모임이 이루어진다. 그래서인지 밤에 특히 사람이 많으며 〈라파라망〉이 갖추고 있는 와인과 샴페인의 종류도 매우 다양하다. 파리의 카페에서 보기 드문 푹신한 의자에 파묻혀 허물 없는 친구들과 밤늦도록 편안하고 즐겁게 게임을 즐길 수 있다. 음악소리가 지나치게 시끄러운 클럽 분위기를 부담스러워하는 20-40대 젊은 직장인들이 퇴근 후 시간을 보내기 좋은 곳이다.

반면, 낮에는 매우 조용하기 때문에 음료를 마시며 책을 읽기에 적합하다. 책장에 꽂힌 다양한 책들과 잡지, 벽면을 메우고 있는 수많은 그림들은 이곳에서 보내는 오후의 시간을 풍요롭게 해준다. 입구쪽 벽면에는 옛 파리의 지도를 조각마다 액자에 넣어 잔뜩 걸어놓았다. 이색적인 데코레이션이다. 조명 빛은 부드럽고, 테이블과 의자들은 공간마다 모두 디자인이 달라 원하는 자리를 선택할 수 있다.

〈라파라망〉은 특히 학생들과 건축가 등이 많이 찾아온다고 한다. 팔각형 테이블과 현대미술품, 조각, 사진 등이 있는 내부를 보면 이곳의 고객층 또한 짐작할 수가 있다. 카페의 벽면은 주로 나무로 되어 있고, 곳곳에 커다란 화분이 놓여 있으며, 천장에는 시원한 바람을 내는 날개가 천천히 돌아가고 있어 실내에 있어도 쾌적한 기분이 든다. 이곳의 컨셉이 '집과 같이' 편안한 분위기를 내는 것이기 때문에 종업원들

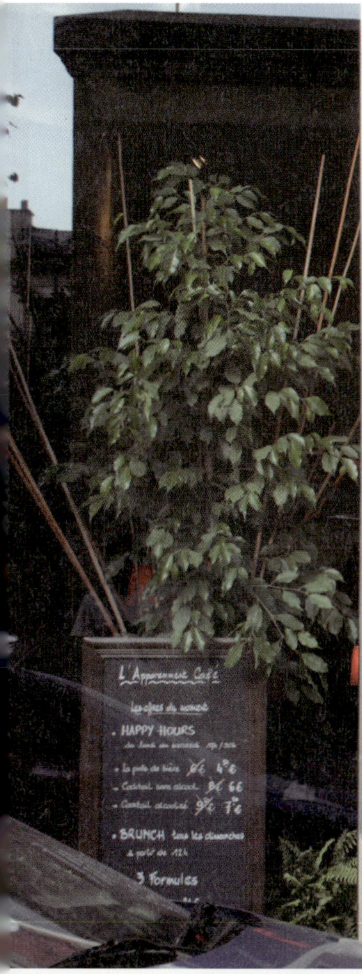
L'Appartement Café
HAPPY HOURS
BRUNCH
3 Formules

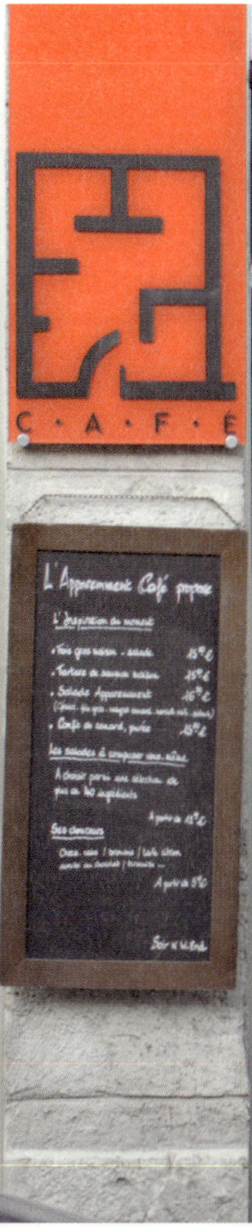
C·A·F·E
L'Appartement Café propose

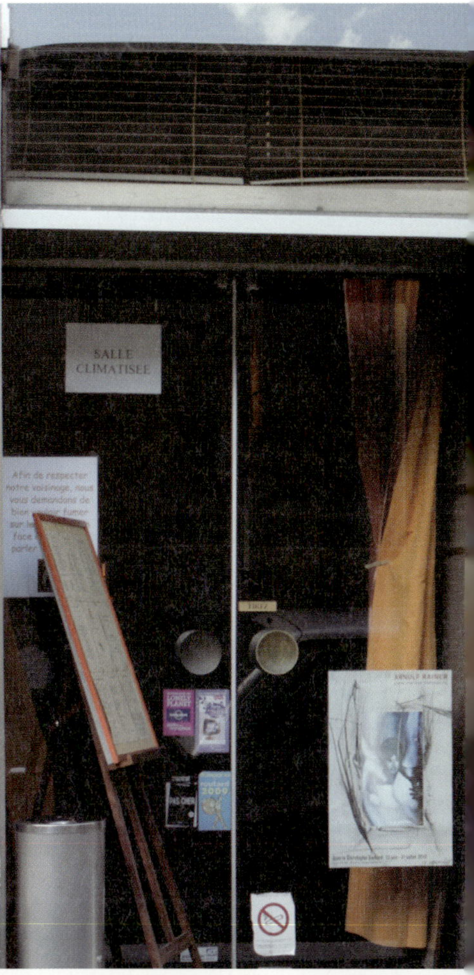
SALLE
CLIMATISEE

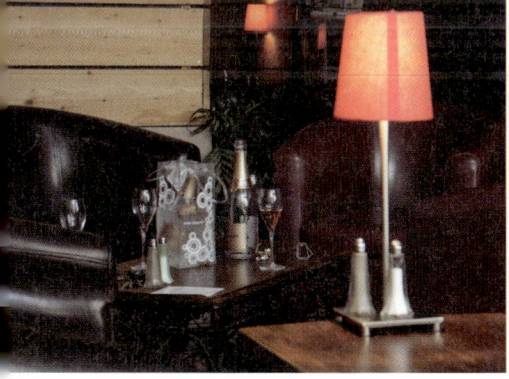

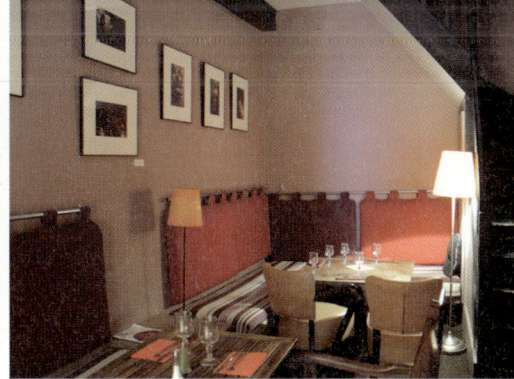

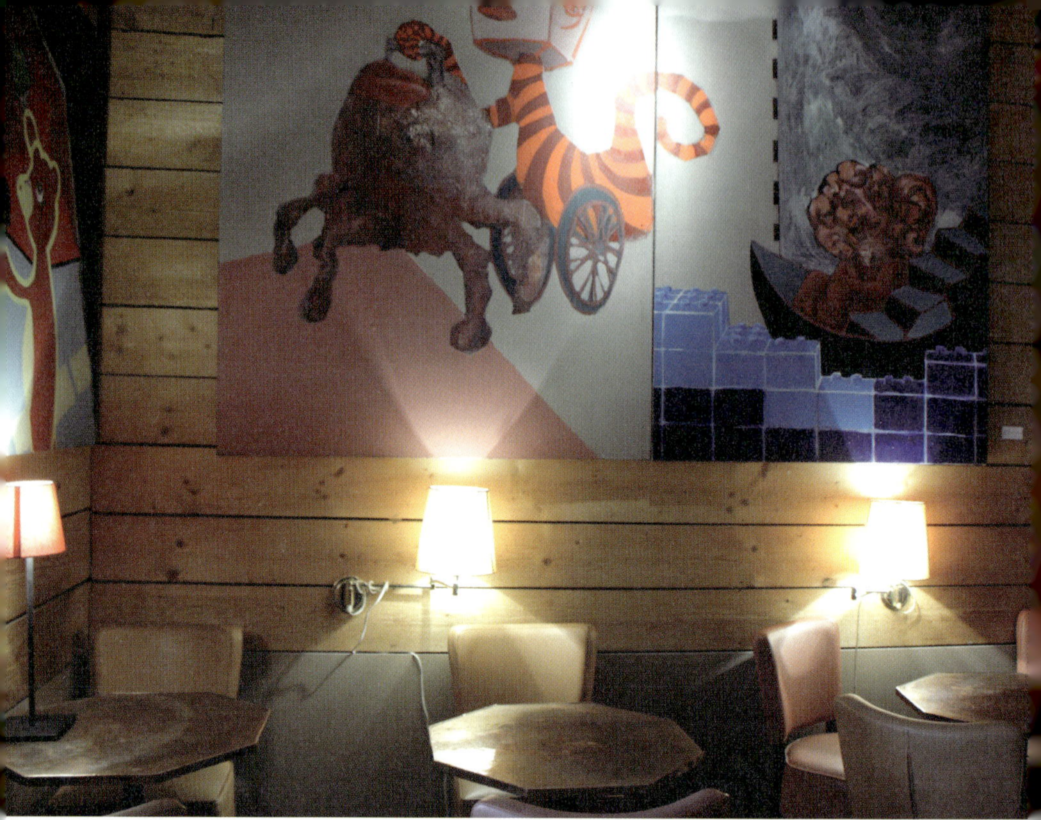

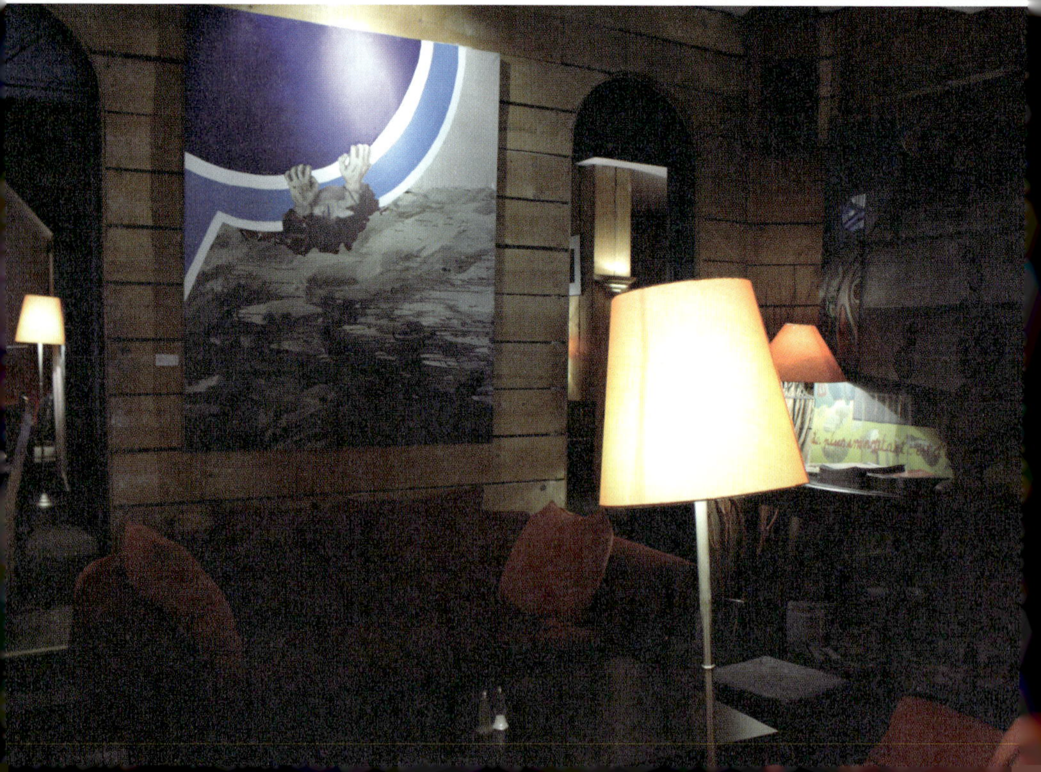

과 주인 역시 가족처럼 친절하며, 안방에서처럼 편안하게 책도 읽고 게임도 즐길 수 있다. 그리고 카페에서는 매주 월요일 저녁 8시부터 운세를 봐주는 이벤트를 열기도 한다.

평일 이른 시간이 아니라면 되도록 좌석을 예약할 것을 권한다. 8월이라면 바캉스를 떠나고 문을 닫았을 가능성이 크기 때문에 반드시 전화로 문의하는 것이 좋다. 이 카페만 해당되는 것이 아니라, 파리의 8월은 거의 사막에 가까울 정도로 현지인을 구경하기도 힘들고 상당수의 업무가 마비된다. 프랑스는 '놀기 위해(?) 일하는' 나라이기 때문에 거의 한 달이라는 긴 시간 동안 바캉스를 떠난다. 덕분에 여름이면 병원에서 근무하는 의사가 적어 응급상황에 빠르게 대처하지 못하고 더위나 질병으로 사망하는 노인들이 속출하고 있는 실정이니 이쯤 되면 커다란 사회적 문제로 봐야 하는데 아직까지 특별한 대책이 없는 듯하다. 파리에는 관광객이 몰리는 성수기인 8월임에도 불구하고 문을 닫는 카페나 레스토랑이 꽤 많다. 물론 샹젤리제 거리같이 관광특구인 경우는 사정이 다르다. 일요일에도 문을 열 정도로 관광객을 반기는 곳이 많기 때문이다. 그러나 현지인들이 자주 가는 카페를 방문해보는 것이 파리지엥들의 생활과 문화를 이해하는 좀 더 특별한 경험이 될 것이라 생각한다.

적절한 메뉴 선택하기

〈라파라망 카페〉는 햄, 치즈, 채소 등 식재료의 질이 매우 뛰어나고, 브런치 때 나오는 팬케이크나 땅콩버터 혹은 단풍나무시럽을 곁들인 머핀 등은 기분까지 달콤하게 만들어준다. 여기에 상큼한 자몽주스로 목을 축이면 멋진 일요일의 브런치가 완성된다. 물론 오렌지주스나 파인애플주스 혹은 따뜻한 차를 함께 해도 좋다. 또한 에스프레소 한 잔을 마시며 아침잠을 쫓는 것은 파리지엥들의 오랜 습관이다. 이것이 일요일 늦잠자고 일어나 느긋하게 〈라파라망〉에서 즐기는 프랑스인들의 풍요로운 첫 식사다.

이 카페에서는 평일 점심에는 간단히 샐러드를, 오후에는 차와 음료, 저녁에는 와인과 샴페인을 즐기기 좋다. 언제 찾아가도 항상 시간대에 어울리는 음료와 음식을 주문할 수 있는 파리의 몇 안 되는 카페 중 하나이니 인기가 많을 수밖에 없다. 또 식사용 타르트 등 간단히 요기를 하는 프랑스인들을 위한 메뉴도 갖추고 있다. 메뉴판에는 도마뱀 그림이 장난스럽게 그려져 있어 무언가 재미있고 흥미로운 느낌이 드는 곳이라는 것을 암시해준다.

브런치는 매주 일요일 정오부터 오후 두 시까지 가능하며 16,5유로부터 21유로까지 다양한 세트가 있고 예약을 하는 것이 좋다. 주중에는 점심시간에 직접 재료를 선택(채소, 치즈, 생선, 과일, 햄류 등)하는 샐러드 메뉴가 있어 가격이 조금씩 달라지나 보통 12-16,5유로선이다. 마지막 주문은 새벽 1시 15분까지 받고, 일요일에는 밤 10시 30분까지만 받는다. 게임기구는 책장에 배치되어 있으며, 기구 이용시 계산서에 1,5유로가 추가된다. 매주 월요일부터 수요일, 오후 5시부터 8시까지는 해피 아우어로 칵테일 가격이 대폭 할인된다. 보통 4-7유로 선이면 즐길 수 있다.

Boissons Chaudes

따뜻한 음료

커피 2,2-4유로 선

차 4- 4,5유로

쇼콜라쇼(핫초코) 4유로 선

차 세트(빵, 버터, 잼) 8유로

뱅쇼 6유로

깔루아 커피 8,5유로

Boissons Froides

시원한 음료

알콜 칵테일 9,5유로

타르트 (샐러드, 야채와 함께) 9,5유로

셔벗 8유로

소다음료와 과일주스 각 4유로

맥주 4 - 6,5유로

Grignotage et Plat

간식이나 식사류 6유로~14유로 선

푸아 그라 메종 - 샐러드 15유로

홈메이드 연어 타르타르 15유로

아파라망 샐러드 16,5 유로

오리 콩피와 퓨레 15유로

치즈케이크, 브라우니, 레몬 타르트, 초콜릿 무스,

티라미수 등 5유로부터-

Café Paris
L'apparemment café Menu

Renoma Café Gallery

레노마 카페 갤러리

〈레노마 카페 갤러리 Renoma Cafe Gallery〉가 다시 문을 열었다.
여러 번의 폐점을 거쳐 결국 새로운 컨셉의 카페로 거듭난 것이다.
이곳은 '카페, 바, 레스토랑, 도서관, 예술 갤러리'로 복합문화공간
이라 할 수 있다. 레스토랑과 갤러리, 이 컨셉은 디자이너 '모리스
레노마 Maurice Renoma'의 철학이 표현된 것이며, 2001년 이후
이곳은 그의 상상력이 반영된 반항적이고 실험적인 공간이 되었다.

George V

M

Rue du Ponthieu

Rue Vernet

Galerie point show

Avenue des Champs-Elysées

Rue de Bassano

Rue Magellan

Avenue George V

Rue Pierre Charron

Rue Marbeuf

Renoma Café Gallery

Rue François Ier

Add : 32 avenue George V / 45 rue Pierre Charron 75008 Paris
Tel : 01. 47. 20. 46. 19
Métro : 두 입구 중 어느 곳을 찾아도 하나의 공간으로 연결되어 있으므로, 조르주 생크
George V역(1호선)에서 나와 루이뷔통 건물과 카페 푸케스(Fouquet's) 사이 골목
(조르주 생크 거리)으로 계속 직진하면 왼쪽 편 길에 있다.
Opentime : 월요일부터 금요일까지(정오부터 새벽 1시까지)

모든 테이블 의자의 등받이에는 그의 작품사진이 붙어있다. 신선하고 다소 파격적인 이미지들은 그가 지향하는 작품세계를 드러내고 있다. 미술, 건축, 사진, 디자인, 요리 등을 공부하는 사람이라면 이 카페를 방문하는 것이 많은 공부가 될 것이다. 벽을 채우고 있는 독특한 그림과 그라피티, 사진에서부터 쿠션 등 작은 소품 하나하나까지 예사로운 것이 없다. 디스플레이 된 레노마의 의상과 액세서리 등도 볼만하다.

워낙 많은 예술작품들이 전시되어 있다 보니 이곳이 하나의 평범한 카페가 아니라, 갤러리에서 음료와 식사를 파는 부수적인 공간으로 느껴질 정도지만 사실은 그렇지만도 않다. 음식의 수준과 메뉴의 창의성도 디자이너의 수준만큼이나 매우 뛰어나기 때문이다. 실내디자인과 소품 그리고 메뉴는 시즌에 따라 교체된다.

가구 디자인은 20세기 스타일로 모리스 레노마의 사진들과 함께 언밸런스한 조화를 이룬다. 이곳은 레노마 전설의 또 다른 측면이라고 할 수 있다. 1960년대 이후 모리스는 흑백 사진에 자신의 모든 것을 바쳐왔지만, 이제는 〈레노마 카페 갤러리〉에 몰두하고 있다고 한다.

실내는 모리스 레노마의 그림이 있는 작품으로 탈바꿈한 긴 의자와 세련된 라인의 큰 바(bar), 구석에 있는 카나페(소파)와 낮은 테이블, 전시된 사진 등으로 꾸며져 있다. 특별히 편안하고 밝은 분위기는 아니지만, 미래적이고 모던하며 시크하다.

BAR
LOUNGE
RESTAURANT
RESTAURANT
CAFE GALLERY
renoma

PRINCE DE GALLES
PRINCE DE GALLES
PRINCE DE GALLES

〈레노마 카페 갤러리〉의 고객들은 카페가 위치한 동네 만큼이나 우아한 분위기를 풍기며, 패션관련 사업가나 유행에 민감한 사람들이 많다.

이 카페 테라스석의 장점은 사계절 언제나 나름의 운치가 있다는 것이다. 여름에는 길게 늘어진 햇살 아래 마시는 시원한 음료가 좋고, 겨울에는 흩날리는 눈을 바라보며 카푸치노 잔을 움켜쥐고 커피 내음을 맡을 수 있어서 좋다.

카페 주변에는 '플라자 아테네', '포시즌 조르주 생크' 등 내로라하는 유명 호텔들과 고급 종합식료품 브랜드인 '에디아르HEDIARD' 그리고 디자이너 브랜드 '에르메스HERMES', '아르마니ARMANI', '불가리BVLGARI', '로렉스ROLEX' 등의 매장들이 늘어서 있다. 덕분에 이곳에서 쇼핑을 마친 관광객들도 카페에 자주 찾아온다.

〈레노마 카페 갤러리〉 주변은 세련되고 깨끗한 건물들과 널찍한 대로 등 파리의 아름다움을 느끼게 해주는 곳이다. 사실 파리 시내 곳곳을 관광하다 보면 거리나 지하철, 화장실 등이 별로 깨끗하지 못하다는 것을 느낄 때가 있는데, 이와는 다르게 이 카페가 위치한 샹젤리제 거리 근처는 매우 깔끔하게 잘 정돈되어 있다.

맛있는 시간

〈레노마 카페 갤러리〉는 매주 금요일 저녁 '뉴욕의 시간'을 정해놓고 각종 행사를
벌인다. 핫 꾸뛰르 그룹의 디바 '리자 마이클'이 이끄는 흥미로운 분위기의 페스티
벌에 손님들은 늘 열광한다. 미국과 그다지 친하지 않은 프랑스지만 프랑스에 거주
하는 미국인들이나 관광객, 그리고 미국의 문화를 사랑하는 파리지엥들을 위해 음
악과 요리 등 뉴욕식 문화체험의 기회를 마련해놓은 것이다.

이렇게 펑키한 분위기 속에서 즐기는 뉴욕스
타일의 요리들은 일 인분의 양이 엄청나게 많
아서 소식가에게는 상당히 버거울 수 있다.
뉴욕 메뉴 중 콥 샐러드와 햄버거 혹은 크랩
케이크와 치즈케이크 그리고 코스모폴리탄과
아메리칸 피즈 등에 칵테일을 곁들이면 격렬
한 파티 분위기에 어울리는 즐거운 저녁이 될
것이다. 특별한 날, 조르주 생크 거리와 피에
르 샤롱 길이 만나는 곳에 위치한 〈레노마 카
페 갤러리〉의 멋진 테라스석에서 '뉴욕의 시간'을 체험해 보자.

메뉴는 단순한 편이지만 합리적인 가격에 알찬 요리들을 선보이고 있다. 세트메뉴
가 19유로 선이고, 저녁 6시부터 8시까지는 해피 아우어happy hour로 음료 주문시 타파
스 한 접시를 제공한다. 요리 역시 아방가르드 주의를 표방해 실험적이고 전위적이
며, 랑구스틴, 참치 카르파치오 등을 현대적이고 세련된 맛으로 표현해냈다는 평을
듣는다. 유행하는 데코레이션과 셰프 앙투안느 베르토의 요리 그리고 모리스 레노
마의 지난 작품들(가구, 사진, 옷 등)을 함께 감상해보자.

아침, 점심, 저녁 식사 모두 가능하며 오후에는 친구들과 차를 마시기 좋고 퇴근시간
이나 밤 늦은 시간이면 가볍게 아페리티프(식전주)나 칵테일 한 잔을 걸치는 것도

괜찮다. 또한 그룹 별로 테마 행사를 갖는 것을 허용하고 있어 학생들의 종강파티라든가, 직장인들의 환송회 등은 미리 예약하면 좀 더 저렴한 가격에 자유로운 시간을 가질 수 있도록 준비해준다.

가격은 조금 비싼 편이지만 점심메뉴를 이용하면 비교적 저렴한 식사가 가능하다. 예전에 크리옹 호텔에서 일했던 니콜라 카스텔레 셰프의 메뉴 중 '허브에 구운 따뜻한 푸아 그라와 붉은 과일 소스', '야채 칵테일', '모차렐라와 바질', '랭귀니 까르보나라', '쇠고기 타르타르' 등의 요리는 일품이다. '구운 돼지 뒷다리살' 요리와 '감자퓨레가 함께 나오는 송아지간' 등의 본식 요리도 좋다. 디저트로는 '초콜릿 무스', '딸기과즙 비스킷'과 '마스카르폰 치즈나 바닐라'와 '로즈 프랄린 리 오래'가 있다.

뉴요케(Newyorkais) 세트 메뉴 : 35유로, 매주　생선요리 16-19유로
금요일 저녁 7시부터 자정까지　　　　　　고기요리 15-26유로
전식 5-10유로　　　　　　　　　　　　디저트 6-7유로
랭귀니 파스타 12-16유로

Formule Boost The Joy

점심 메뉴 19유로

(전식 + 본식 + 음료) 혹은 (본식 + 후식 + 음료) : 각 메뉴는 메뉴판에서 선택 가능
해피 아우어 : 저녁 6시부터 8시까지, 음료 주문시 타파스 제공

Boissons Chaudes

따뜻한 음료

에스프레소, 무카페인 커피, 더블 에스프레소, 핫초코, 크림커피 2,4~5유로 선
아이리쉬 커피 14유로
차 혹은 인퓨전 5,5유로(얼 그레이, 실론티, 다즐링, 녹차, 인퓨전)

Boissons

음료

과일 주스 5유로　　　　　　　　비텔 4,4유로(50cl)
밀크 쉐이크 10,5유로　　　　　　병맥주 7유로
무알콜 칵테일 10유로　　　　　　소다 음료 4,4-6,5유로
클래식 칵테일 13,5유로
마티니 12,5유로
샴페인 칵테일 16유로

Biloba-bar

빌로바-바

카페의 2층 창가에는 작은 화분들이 놓여져 있어 소녀의 방처럼 아기자기하며 화분 하나하나마다 모두 '빌로바 biloba'의 이름이 새겨져 있다. 나무로 된 간판은 은행잎 모양으로 구멍이 뚫려있어 그린피스 정신을 간접적으로 드러낸다. 아니나 다를까 'Bar eco-culture'라는 문구도 적혀 있다. 이를테면, '환경-문화 바'라고 할 수 있는 것이다.

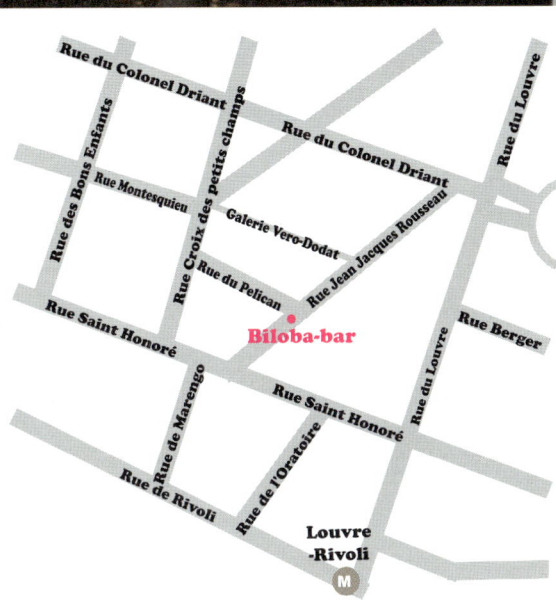

Add : 12, rue Jean Jacques Rousseau 75001 Paris
Tel : 01. 40. 13. 92. 13
Metro : 루브르 리볼리 Louvre Rivoli(1호선) 혹은 레 알 Les Halles(4호선) 역에서 하차 후 도보
Opentime : 화 - 목 (오전 8시부터 밤 11시까지)
　　　　　금요일 (오전 8시부터 자정까지)
　　　　　토요일 (오전10시부터 자정까지)

빌로바는 증권거래소와 루브르 박물관 혹은 생퇴스타슈 성당에서 가까운 곳에 위치해 있다. '루브르 길(Rue du Louvre)'로 조금만 직진하면 '생토노레 길 Rue Saint Honoré'이 나온다. 좌회전해서 걷다 보면 오른쪽 샛길에 '장 자크 루쏘 길 Rue Jean Jacques'이 나오고 몇 걸음만 들어가면 된다

환경보호에 앞장서는 카페

세실Cécile과 셀린느Céline, 이 두 친구가 만나 오늘의 〈빌로바Biloba〉 카페를 만들었다. 그들은 고객들을 손님이라기 보다는 편한 동네이웃처럼 대한다. 그래서 더욱 친근하게 느껴진다. 또한 참신한 메뉴를 갖추고 있어 독특한 메뉴를 경험해보고 싶다거나, 친환경 음료를 맛보고 싶다면 분명 만족할 만한 곳이다. 모든 메뉴는 일일이 직접 손으로 만들어 정성과 신선함이 깃들어 있다. 〈빌로바〉는 그린(자연친화) 정신을 표방한다는 일념을 이어오고 있으며, 다른 카페들과 함께 서로 맛과 정보를 교환하고 활용하는 등 항상 꾸준한 노력을 기울이고 있다.

파리에서 자연문화 공간으로서의 '바-살롱드떼(바&찻집Bar-Salon de Thé)'는 〈빌로바〉가 처음이다. 자연보호를 위해 앞장서는 유일한 장르의 카페로, '환경을 존중하자'는 새로운 컨셉을 가지고 시작했다. 그래서 메뉴뿐만 아니라 카페의 공간 역시 친환경적이다.

탄소 흔적을 줄이기 위해 최대한 자연친화적인 내부 설계를 했고, 독성이 없는 영구적인 재료들로 개조했으며, 환경에 가해지는 충격을 감소시킬 수 있는 특별한 장비들을 이용해 카페를 만들었다고 한다. 이렇게 환경친화적인 건축을 하면서 '선도적인 프로젝트'라는 거창한 이름이 붙은, 파리의 독특한 카페로 선정되기도 했다. 즉, 도심 한가운데서 모든 것이 자연친화적인 가스트로노미 복합문화 살롱이 된 것이다.

〈빌로바〉는 자연문화적인 활동의 일환으로 콘서트, 엑스포, 교육 아뜰리에, 비영리 도움단체 활동 등도 벌인다. 왜 프랑스의 카페들이 그저 '커피집'이 아닌 문화예술적인 공간으로 대우를 받는지 또 한 번 이해하게 되었다. 파리에는 평범하고 서민적인 동네다방도 많지만, 확실한 컨셉과 이념을 가지고 탄생한 이색적인 카페들도 참 많다.

독특한 설계와 인테리어

〈빌로바〉의 1층 입구로 들어가면 기다란 나무 테이블과 알록달록한 여러 색상의 타일로 장식된 벽면을 볼 수 있다. 마치 자연의 색깔을 표현한 것 같은 인테리어. 그리고 선반에 놓여진 각종 음료와 소품들, 꿀과 잼 등은 프랑스식 가정에 방문한 것처럼 익숙하고 정겨운 주방을 연상시킨다. 프랑스 사람들이 집에서 주로 먹는 간단한 아침식사 메뉴라고 할까? 또 미국식으로 설계된 바Bar에서는 〈빌로바〉의 두 여인네들이 즉석에서 만든 칵테일과 금방 만든 따뜻한 타르트도 먹을 수 있다. 이곳은 정통 프랑스식 카페와는 분위기가 많이 다른, 특히 젊은 파리지엥들이 즐겨 찾는 친근하고 가벼운 느낌의 살롱이다.

2층(프랑스식 1층)으로 올라가면 좀 더 편안한 좌석에서 시간을 보내기에 좋다. 다양한 잡지와 책들이 비치되어 있고, 아로마향 초와 올리브오일 등이 놓여 있다. 오래된 타자기와 유기농 쌀도 보인다. 한쪽 좌석의 푹신한 쿠션들을 보니 몸을 기대고 앉아 편안하게 책을 읽고 싶어진다. 혹은 창가자리에서 화분의 풀 내음을 맡으며 사색에 빠지는 것도 좋겠다. 여유 있는 시간을 보내기에 적

합한 좌석이라고나 할까?

마치 할머니와 소녀가 살고 있을 법한 이 소박하고 예쁜 실내에
도 웃음을 자아내게 만드는 독특한 공간이 있는데, 바로 화장실이
다. 우선 남자화장실과 여자화장실 사이의 벽에 부착해놓은 '빌로
바가 표방하는 컨셉'을 읽어보는 것도 재미있다. 손을 씻은 후, 건
조기에 손을 말리면서 읽으면 된다. 그리고 여자 화장실로 들어가
면 더욱 우스꽝스러운 것을 발견할 수 있는데, 벽에 그려진 수많
은 그림과 낙서들에다 이상한 모양의 변기까지 눈에 띈다. 누군가
(혹은 카페 주인 언니가) 변기의 물 내리는 버튼 위에 '왕좌(왕의
좌석, Le Trone)'라고 써놓은 것이다. 그러니까 이 변기에 앉는 사람

은 모두 '여왕'이 되는 것이다. 화장실에서 여왕이 된다 해도 그다지 기쁜 일은 아니지만 그래도 재미있는 설정이다.

예술과 맛을 추구하는 빌로바

〈빌로바〉는 종종 젊은 아티스트들을 카페로 초청해 그들의 작품들을 전시할 수 있게 해주고, 작은 라이브 콘서트도 연다. 강의를 개최하거나 독서실로 개방하기도 한다. 또한 요리사, 예술가들의 아뜰리에를 만들어 아직 실력이 미숙한 작가들을 위한 재교육도 실시한다. 일년 내내 〈빌로바〉에서는 다양한 문화활동이 한창이다.

예를 들면, '데브루이으 & 씨Debrouille & Cie'라는 단체와 함께 '장인 아뜰리에'를 열거나 '액세서리와 작품을 위한 창작 아뜰리에'를 여는데 못 쓰는 물건을 재활용해 만드는 행사라고 한다. 즉 〈빌로바〉는 이러한 즐거운 활동을 나누는 데에도 에너지를 쏟는다. 이러한 모든 경험들이 세상을 변화시키고, 환경보호과 발전에 이바지한다고 믿기 때문이란다.

동네 주거단지에 위치한 덕분에 이곳을 방문하는 많은 동네주민들은 독창적인 스타일의 장식과 보석, 액세서리와 작고 예쁜 식료품들을 구매할 수 있게 되었다. 또한 카페에서는 바이오 맥주와 와인도 구비해놓고 있다.

〈빌로바〉의 다양하고 색다른 맛을 경험하기 위해서 일행 여러 명이 서로 다른 메뉴를 주문한 뒤 함께 나누어 먹는 것을 추천한다. 유기농 생과일 주스와 혼합음료, 다양한 유기농 커피와 차, 장인이 만든 초콜릿 음료, 유기농 빵, 시니의 컵케이크 등을 〈빌로바〉의 친환경적인 공간에서 마음껏 즐겨보도록 하자.

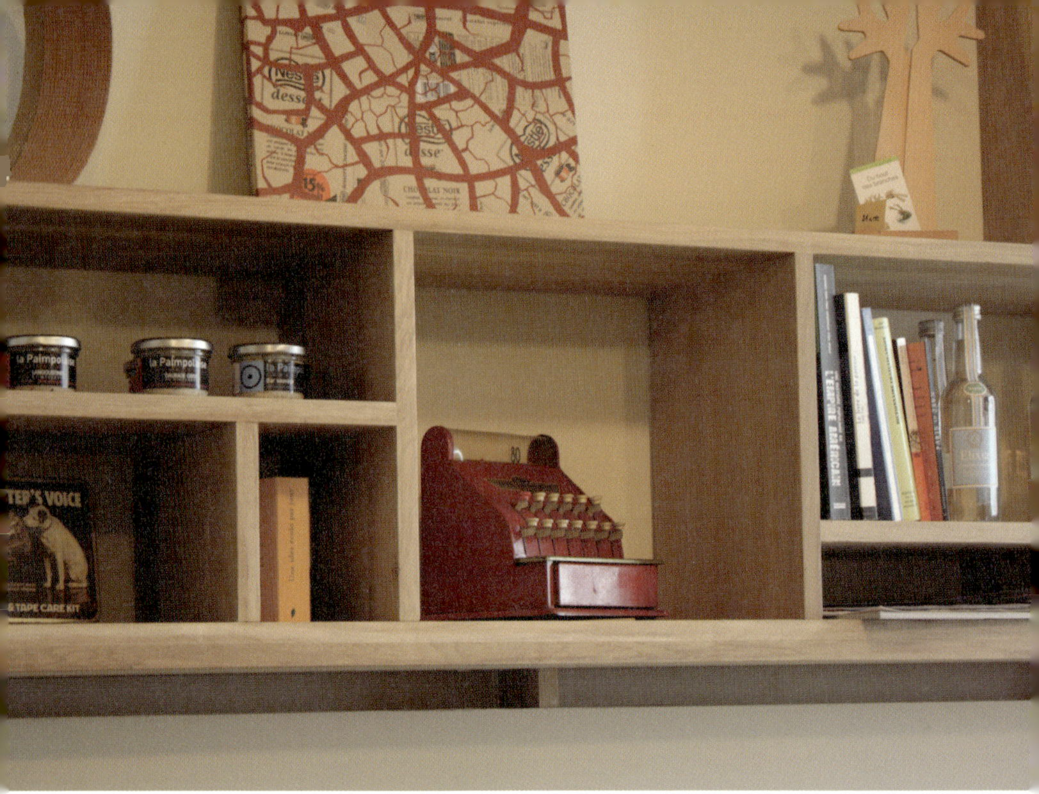

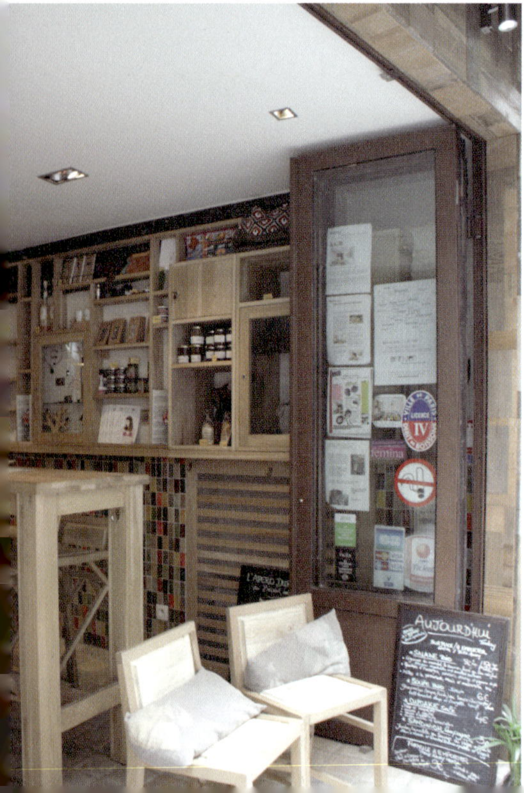
AUJOURD'HUI

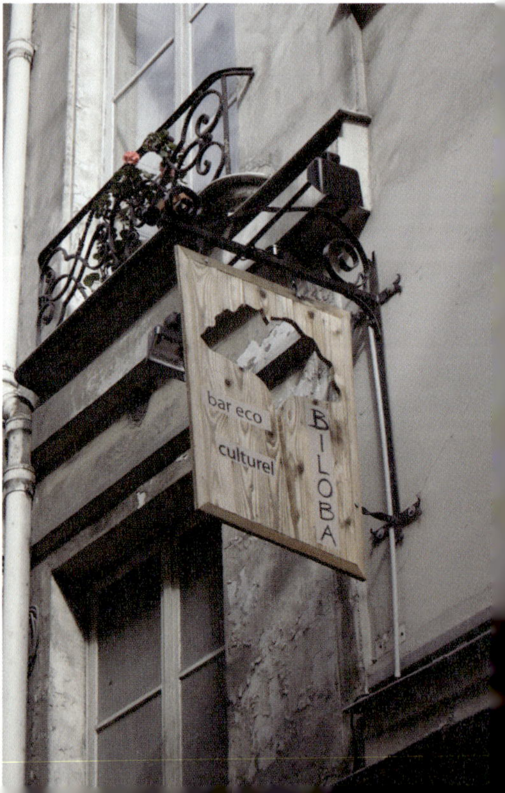
bar eco
culturel
BILOBA

- 유기농 시럽과 나오는 탄산수 1,4유로
- 직접 만든 자연 소다음료. 녹차를 베이스로 한 음료, 수공 토닉으로 만든 레몬에이드 등 3-4유로
- 유기농 인퓨전 차와 15가지 차 2,5-3,2유로
- 커피류 : 에스프레소, 카푸치노, 라떼, 모카, 바닐라 마키아또 혹은 마카다미아, 토프 넛, 화이트 초콜릿 아로마 1,8-3,5유로
- 유기농 프랑스 와인, 직접 만든 맥주, 일본 위스키, 유기농 보드카 등
- 플랑슈 13-16유로
- 아페리티프(에피타이저)로 여럿이 나눠먹을 수 있는 여러 가지 맛의 오베르뉴 지방 소시지와 기름에 볶은 해산물, 올리브와 훈제 가지, 미니 컵케이크 등
- 파리의 오리지널 흰색 햄, 리옹 지방의 말린 소시지 등
- 유기농 오늘의 수프와 샐러드
- 오렌지나무 꽃향의 유기농 빵, 수공 잼과 함께 나오는 유기농 시리얼 빵
- 시니 컵케이크, 계절 상품, 커피와 함께 나오는 미니사이즈

- 유기농 타르트 (레몬 혹은 초콜릿)

실내에서 먹거나 포장해갈 수 있는 메뉴
- 라떼, 모카 커피, 차, 핫초코 등 3,5유로
- 유기농 스무디 5유로
- 유기농 오렌지꽃 빵 1유로
- 달콤한 컵케이크 4,9유로
- 유기농 타르트 (레몬, 사과, 초콜릿) 4유로
- 아침식사 (뜨거운 음료 + 생오렌지주스 + 빵과 잼)

커피 1,8유로 / 맥주 3,1유로 혹은 5,5유로 / 과일 주스 2,6유로 / 소다 3,2유로 / 미네랄 워터 2,5유로 / 탄산수 2,8유로 / 아페리티프 2,4유로 / 오늘의 요리 12 유로

유기농 샐러드 (포장 8유로, 테이블 10-12유로) / 유기농 수프 6유로 / 샌드위치 5유로

포장 세트 메뉴 (음료수 + 요리 + 디저트) 9유로

(매년 메뉴변경과 가격인상 가능성 있음)

Café Paris
Biloba-bar Menu

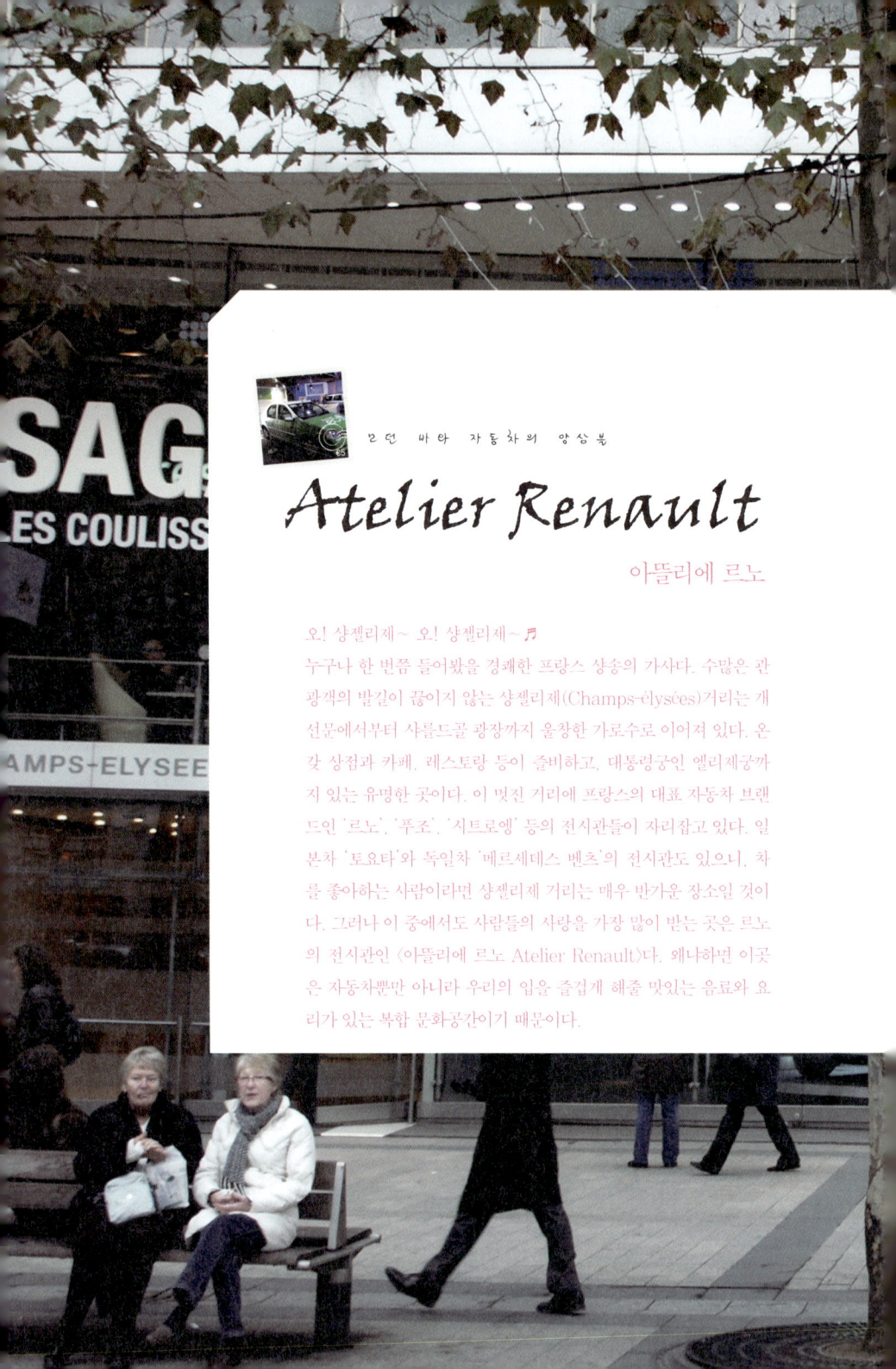

오 년 바다 자동차의 양심을

Atelier Renault

아뜰리에 르노

오! 샹젤리제~ 오! 샹젤리제~ ♬
누구나 한 번쯤 들어봤을 경쾌한 프랑스 샹송의 가사다. 수많은 관광객의 발길이 끊이지 않는 샹젤리제(Champs-élysées)거리는 개선문에서부터 샤를드골 광장까지 울창한 가로수로 이어져 있다. 온갖 상점과 카페, 레스토랑 등이 즐비하고, 대통령궁인 엘리제궁까지 있는 유명한 곳이다. 이 멋진 거리에 프랑스의 대표 자동차 브랜드인 '르노', '푸조', '시트로엥' 등의 전시관들이 자리잡고 있다. 일본차 '토요타'와 독일차 '메르세데스 벤츠'의 전시관도 있으니, 차를 좋아하는 사람이라면 샹젤리제 거리는 매우 반가운 장소일 것이다. 그러나 이 중에서도 사람들의 사랑을 가장 많이 받는 곳은 르노의 전시관인 〈아뜰리에 르노 Atelier Renault〉다. 왜냐하면 이곳은 자동차뿐만 아니라 우리의 입을 즐겁게 해줄 맛있는 음료와 요리가 있는 복합 문화공간이기 때문이다.

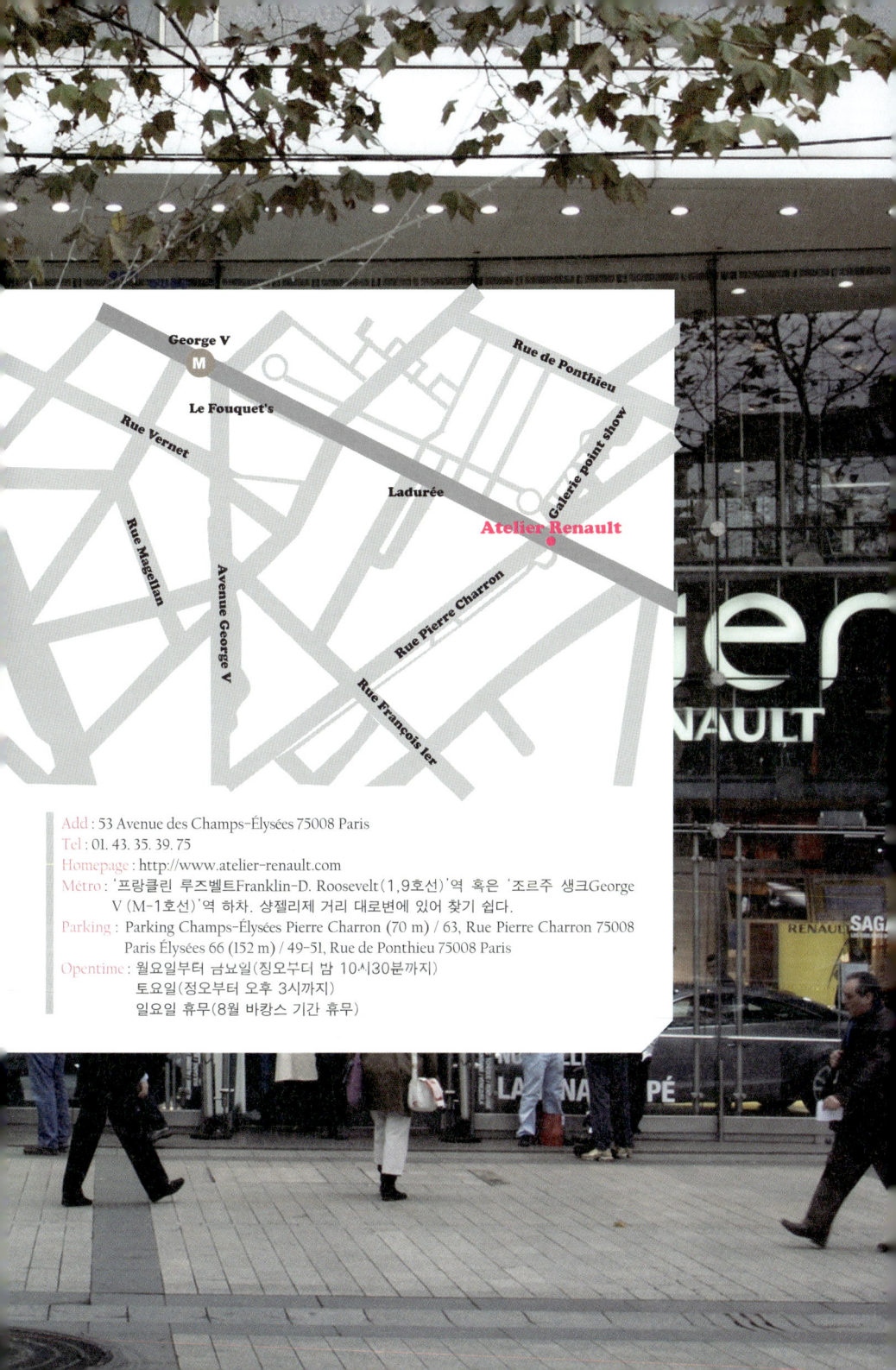

Add : 53 Avenue des Champs-Élysées 75008 Paris
Tel : 01. 43. 35. 39. 75
Homepage : http://www.atelier-renault.com
Métro : '프랑클린 루즈벨트Franklin-D. Roosevelt(1,9호선)'역 혹은 '조르주 생크George
         V (M-1호선)'역 하차. 샹젤리제 거리 대로변에 있어 찾기 쉽다.
Parking : Parking Champs-Élysées Pierre Charron (70 m) / 63, Rue Pierre Charron 75008
          Paris Élysées 66 (152 m) / 49-51, Rue de Ponthieu 75008 Paris
Opentime : 월요일부터 금요일(징오부터 밤 10시30분까지)
           토요일(정오부터 오후 3시까지)
           일요일 휴무(8월 바캉스 기간 휴무)

〈아뜰리에 르노〉는 샹젤리제 거리 53번지에 위치한 르노자동차 전시장 겸 카페레스토랑이다. 전시장을 겸하고 있는 만큼 실내의 모던한 감각이 돋보이는 곳이며, 쾌적하고 널찍한 분위기에서 차나 칵테일을 마시기에도 좋다. 또한 이곳은 맛있는 아이스크림을 판매하는 것으로도 유명하다. 프랑스 요리잡지에 실려 높은 평가를 받을 정도로 음식의 수준도 뛰어나므로 식사를 하기에도 괜찮다.

크리스마스 시즌에 찾아간 샹젤리제 거리의 밤은 화려한 가로수로 밝게 빛났다. 수를 헤아릴 수 없는 많은 전구들이 나무에 장식되어 샹젤리제 거리의 찬란함과 아름다움을 돋보이게 해주었다. 창가 쪽 테이블에 앉아 예쁜 색깔의 칵테일을 마시며 샹젤리제 거리를 바라보는 기분은 정말이지 영화 속 한 장면처럼 낭만적이었다. 이 황홀한 거리에서 연인과 함께 크리스마스를 보내고 싶어하는 수많은 사람들로 인해 매년 겨울이면 일찌감치 파리행 비행기 티켓이 매진된다고 한다.

'르노'와 '아뜰리에 르노'는 무슨 관계?

르노가 샹젤리제 거리에 들어선 것은 1910년이지만 자동차 전시관 내에 레스토랑이 생긴 것은 1963년이었다. 처음에는 차를 구매하러 오는 고객들을 위해 넓은 공간의 펍으로 개조했다가, 2000년이 되어서야 일반 대중들에게 문을 열었다고 한다. 그 이후로 〈아뜰리에 르노〉는 샹젤리제 거리의 대표적인 명소로 떠오르게 되었다. 초기부터 '펍 르노Pub Renault'라는 이름으로, 대중과 브랜드 사이의 소통 장소 역할을 하며 자연스럽게 자동차와 브랜드의 홍보효과를 누렸다.

현재 1층은 자동차 전시장으로, 2층은 카페 겸 바Bar 그리고 레스토랑으로 다양한 고객들의 눈과 입을 만족시켜주고 있다. 실내는 자동차를 비추는 화려한 불빛 덕분에, 모던하고 세련된 인테리어가 유난히 돋보인다. 1층에는 어린이들도 이용이 가능한 게임기가 설치되어 있고, 2층의 레스토랑에서는 9유로짜리 어린이 메뉴를 주문할 수도 있어 가족 단위의 방문객에게도 적합한 곳이다. 관광하다 지치면 이곳에 들러

1910-2010
LES CHAMPS
ELYSEES
DE RENAULT

CHAMPS-ELYSEES 5

목을 축이거나 간단한 요기를 한 뒤, 새로 출시된 차를 감상하거나 차량관련 용품들을 구매하면 좋다. 1층에 배치된 스크린을 통해 모터쇼를 상영해 주는 등 볼거리를 제공하기도 한다.

세련되고 깔끔한 맛

〈아뜰리에 르노〉를 다시 찾게 만드는 이유 중 하나는 맛있는 칵테일이다. 특히 무알코올 칵테일은 여성들에게 인기 만점이다. 예쁜 색깔과 상큼한 맛이 입맛을 돋게 한다. 보통 한 잔에 9,5유로 내외인데, 평일(월~금) 오후 5시부터 8시까지는 해피 아우어로 맥주, 칵테일 등의 음료 가격을 50%나 할인해 준다.

〈아뜰리에 르노〉의 식사는 현대식 고급 프랑스 요리(17-25유로)에서부터 샌드위치, 파스타 같은 간단한 요기 거리(13-18유로)까지 선택의 폭이 다양하다. 주요리(본식)에 전식이나 디저트가 추가된 2코스 메뉴는 20유로 선이면 먹을 수 있고, 세 가지 모두 선택할 경우에는 금액이 추가된다. 요일별로 주요리가 달라지니 미리 알아 보고 가는 것이 좋다.

오후 2시 반에서 5시 사이에 식사를 할 경우, 세트 메뉴를 제외한 2코스 식사에는 20% 할인이 적용된다. 메뉴는 일 년에 세 번 바뀌고, 전통 프랑스요리를 비롯해 다양한 국적의 요리를 맛볼 수 있다. 4월부터 9월까지는 테라스 좌석도 마련해 샹젤리제 거리의 활기찬 분위기를 더욱 만끽할 수 있다. 일요일 12시부터 4시까지는 브런치(23유로 선)메뉴가 있는데 커피나 '마리아주 프레르'의 차 혹은 핫초코(쇼콜라쇼)를 무제한으로 이용할 수 있고, 생과일 주스와 다양한 종류의 빵이 제공되며 오믈렛 혹은 타파스나 샐러드 등을 선택할 수 있다. 디저트로는 치즈케이크 혹은 바닐라 아이스크림이 곁들여진 사과 크럼블 등이 있다.

점심은 11시부터, 저녁은 7시부터 가능하고 인터넷으로 예약하고 방문할 수도 있으나 성수기의 붐비는 시간대가 아니면 기다리지 않고 바로 입장할 수 있다.

Boissons Chaudes
따뜻한 음료

무카페인 커피 / 에스프레소 / 더블 에스프레소
크림 커피 / 카푸치노 2,6 유로~5 유로
핫초콜릿(쇼콜라쇼) 5유로 이내
카페 구르망(에스프레소커피+미니산딸기 티라

미수+딸기수프+미니마카롱) 7유로 선
차(tea) 구르망 / 초콜릿 구르망
- 8유로 선 (Chocolat gourmand)

Bar Menu
바 메뉴

칵테일 9,5유로 (무알코올 8유로)
맥주 6 ~ 8,5유로 사이
에비앙(75cl) 4,3유로
바두아(75cl) 4,3유로
샤텔동 생수(1L) 6,6유로

페리에(33cl) 5유로
오렌지나 자몽 생과일주스(33cl) 5유로
과일주스&소다음료(33cl) 4유로
- 살구, 바나나, 배, 망고, 산딸기 등
  코카콜라, 스프라이트, 환타 등

Dessert
디저트

미 퀴 쇼콜라 (초콜릿)와 산딸기 셔벗 9유로
차가운 마카롱, 버터 캐러멜 8,5유로
딸기 티라미수 8,5유로
아뜰리에 르노의 와플
(초콜릿소스, 샹티이크림, 딸기잼) 7,5유로

아뜰리에 치즈케이크 8,5유로

아이스크림 11유로 ~ 13.5유로 사이, 혹은 3 스쿱
당 8유로

(매년 메뉴 변경과 가격 인상 가능성 있음)

Café Paris
Atelier Renault Menu

영화 '아멜리에'의 운명적 사랑

Les deux Moulins

카페 레 두 물랑

2001년 개봉한 장 피에르 주네 감독과 오드리 또뚜 주연의 프랑스 영화 「아멜리에」는 우리나라에서도 큰 인기를 끌었다. 통쾌하게 악당(?)을 약올려주는 상큼한 여주인공 아멜리에는 살짝 바깥으로 뻗은 단발머리에 짧은 앞머리를 가진 톡톡 튀는 인물이다. 우리나라에는 「아멜리에」라는 제목으로 개봉했지만 사실 'Amelie'는 불어로 '아멜리에'가 아니라 '아멜리'라고 발음하는 것이 맞다. 어쨌든 한국에도 이 영화를 좋아하는 사람들이 많다 보니 2005년 말에 '포터블 그루브 나인'이라는 가수의 '아멜리에'라는 노래까지 등장했다.

Café Les Deux Moulins

Rue Lepic

Rue Lepic

Rue Puget

Le Moulin Rouge(물랑 루즈)

Villa des Platanes

Ⓜ Blanche

Add : 15 rue Lepic 75018 Paris
Tel . 01. 42. 54 90. 50
Métro : 블랑슈Blanche 역에서 나오면 왼쪽에 바로 빨간 풍차 모양의 물랑 루즈가 보이는데,
　　　　바로 그 오른쪽 골목으로 100미터 정도만 직진해 올라가면 왼쪽편에 기페가 보인다.
Opentime : 매일 오전 7시 30분부터 새벽 2시까지

아멜리에 - 포터블 그루브 나인

딸기 셔벗 노란색 레몬 에이드 시럽 없는 아이스 커피

두 조각 치즈케이크에 하얀 우유 주세요

예쁜 오드리 또뚜 상큼한 오드리 또뚜 사랑에 푹 빠지고 싶어

사랑을 찾아 나섰던 요정 오드리 또뚜 사랑은 너처럼 꼭 영화 속의 주인공들처럼

처음 봤을 때 알아보는 것 사랑은 정말 그런 것

오랜 시간 다른 시간 속에 서로를 찾아 헤매다가

처음 얼굴을 마주칠 때 안녕 인사도 필요 없이

사랑해요 눈을 감으면서 그대 입술에 입술을 맞출래

내가 사랑에 빠진다면 하얀 우유와 케이크처럼

달콤하게 때론 촉촉하게 향기처럼 부드럽게

이 노랫말조차 영화 속 주인공인 사랑스러운 '아멜리에'를 꼭 닮아 있다. 그렇다면 영화와 이 카페가 무슨 연관이 있을까? 바로 이곳, 카페 〈레 두 물랑 es deux Moulins〉은 영화 「아멜리에」에 등장하는 실제 카페다. 〈레 두 물랑〉이라는 이름은 '두 개의 풍차'라는 뜻인데, 이것은 카페와 가까이에 위치한 두 개의 풍차 즉 '물랑 루즈'와 '걀레트 물랑 루즈'를 상징하는 것이다. 나는 카페에 앉아 영화 속에 나오는 음악을 들으면서 소녀적이고 아름다운 사랑을 꿈꾸는 '아멜리에'의 캐릭터를 떠올리곤 했다. 영화 속 아멜리가 일하던 카페가 바로 이 〈레 두 물랑〉인데 실제 카페의 내부 모습은 약간 다르지만 전체적으로는 그 모습 그대로 남아있다. 그리고 장면들이 주로 몽마르트르 언덕 주변에서 진행되고, 그 풍경이 참 예쁘게 나와서 이 영화가 마치 몽마르트르의 아름다움을 찬미하기 위해 만들어진 것처럼 느껴질 정도다.

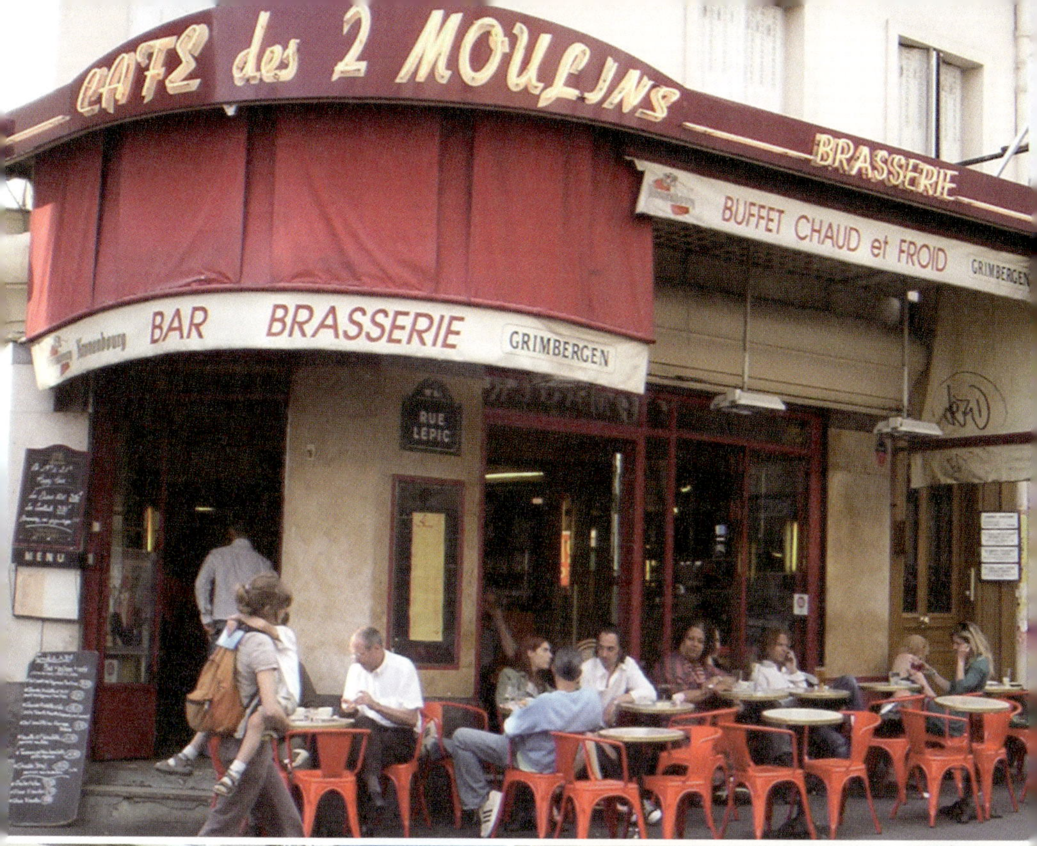
CAFE des 2 MOULINS
BRASSERIE
BUFFET CHAUD et FROID
GRIMBERGEN
BAR
BRASSERIE
GRIMBERGEN
RUE LEPIC
MENU

CAFE des 2

MACHINE

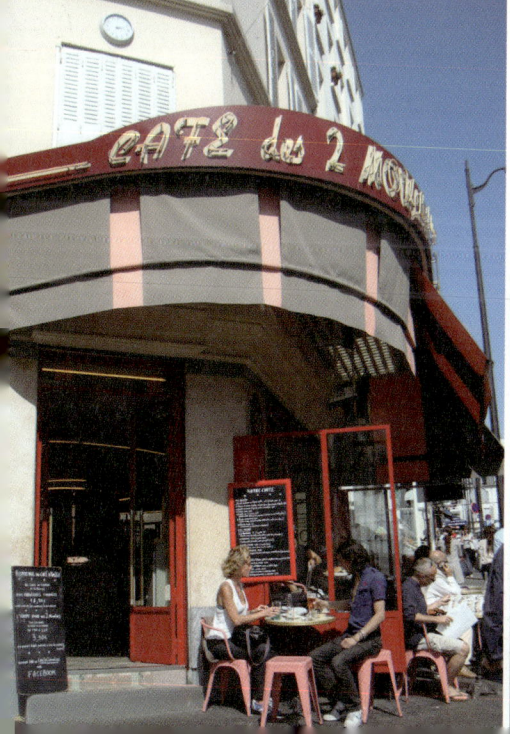

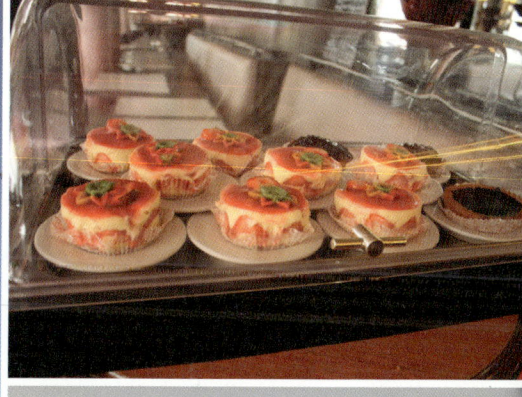

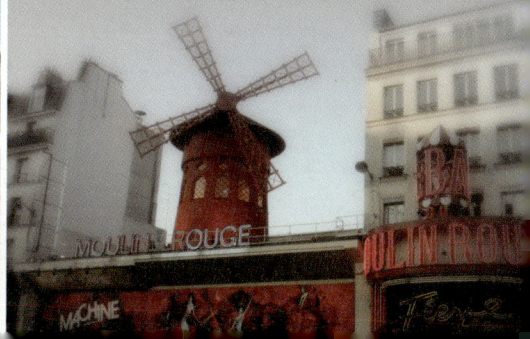

영 화   속   장 면 을   떠 올 리 면 서

이 카페에 들어서면 우선 오드리 또뚜의 사인이 있는 커다란 영화 포스터가 먼저 눈에 들어오고, 바 한 쪽에 영화 속 장면의 스틸 컷이 걸려 있는 것을 발견할 수 있다. 완전히 똑같은 모양은 아니지만 자주 등장했던 아멜리에 아버지의 인형도 있다. 그리고 영화 속에서는 아멜리에 덕분에 사랑에 빠지게 된 여자동료가 카페에서 담배를 판매하는 장면이 나오는데, 실제로는 이곳 카페 주인이 바뀐 2002년부터 담배판매 코너는 사라졌다고 한다.

영화 속 코믹했던 카페 장면들을 기억 하는가? 담배를 팔던 이 아주머니와 옛애인인 스토커 아저씨가 카페 화장실에서 격렬하게 사랑을 나누던 장면을. 현재도 똑같은 모습을 유지하고 있는 이 화장실의 문을 밀고 들어서면 바로 오른쪽에 「아멜리에」 영화 포스터와 엽서, 사진, 인형 등이 아기자기하게 놓여 있다. 비록 유리로 막혀 있어 만질 수는 없지만 보는 것만으로도 귀엽고, 영화장면이 떠올라 팬시리 웃음까지

난다. 또 아멜리에가 사랑에 빠진 남자를 기다리며 초조하게 바라보았던, 천장에 매달린 시계도 잘 작동되고 있다.

사실 이 카페가 영화 속 장소로 선정된 이유는 몽마르트르를 배경으로 하는데다 가장 '프랑스적인 동네카페' 분위기를 가지고 있었기 때문이다. 화려하거나 비싸지도 않고 동네 주민 누구나 부담 없이 자주 들러서 커피나 맥주를 마시고 가는 곳. 자칫 허름해보일 수 있으나 영화 속 설정 역시 서민들의 삶을 자연스럽게 드러내는 것이었기에 딱 맞아떨어진 듯하다.

이제 이곳은 영화의 성공 덕분에 관광명소가 되었다. 뿐만 아니라, 카페에서 멀지 않은 곳에 영화 속에서 아멜리에가 자주 들렀던 채소가게가 실제로 있으니, 기회가 되면 지나가 보는 것도 좋겠다. 유명한 몽마르트르 언덕과 물랑 루즈와도 가까워서 주변을 한꺼번에 둘러볼 수 있다.

아멜리에처럼 상큼하게 먹기

대부분의 메뉴는 전형적인 프랑스식이고 햄버거 등으로 간단한 식사도 할 수 있다. 식사메뉴판은 영어로도 쓰여있으며 프랑스음식에 대해 조금만 알고 가도 충분히 원

하는 것을 주문할 수 있다. 그리고 종업원들이 영어를 할 줄 알기 때문에 모르면 설명을 부탁하도록 하자. 알코올 음료를 마시고 싶다면 안주로 치즈나 햄 등을 곁들이면 좋다. 샐러드, 빵, 피클, 치즈 등이 함께 나오는 플랑슈가 10유로 안팎이므로 둘이서 하나만 시켜도 음료와 함께 간식으로 충분하다. 버터가 얹어진 쇠고기 스테이크도 가격대비 훌륭한 메뉴 중 하나다.

영화 「아멜리에」 없이는 이 카페가 존재할 수 없다는 듯, 메뉴 이름들 조차 아멜리에와 관련되어 있다. '아멜리에의 아침식사 Amelie's breakfast' 혹은 '아멜리에 맛보기 메뉴 Goûter d'Amelie' 등이 그것이다. 또한 메뉴판 표지에도 아멜리에의 얼굴이 그려져 있다. 저녁 7시부터 9시까지는 해피 아우어로 4유로 정도에 칵테일 한 잔이나 생맥주 파인트를 마실 수 있다. 가급적 이 시간대를 이용해 저렴하게 칵테일을 즐겨보도록 하

자. 그리고 세트메뉴는 오후 3시 이전에 가야만 주문이 가능하다.

카페 〈레 두 물랑〉에서 아멜리에가 좋아하는 '크렘 브륄레 Crème Brûlée'라는 디저트를 주문한 뒤, 그녀처럼 딱딱한 표면을 스푼으로 '톡톡' 깨서 먹어보자. 부드러운 푸딩의 느낌에 달콤한 쇼콜라 쇼까지 함께 곁들이면 행복감이 밀려온다. 〈레 두 물랑〉은 이제 관광객들이 몰리는 유명 카페가 되었지만, 여전히 편안한 분위기를 풍기는 프랑스 서민들의 안식처로 남아있으며, 메뉴들의 가격 또한 저렴한 것이 특징이다.

개성이 있는 테마카페

Formule Rapide

포르뮐 라피드 2,8유로

커피 + 타르틴 (버터, 잼, 누뗄라, 꿀 중 택1)

Formule Petit Déjeuner

포르뮐 쁘띠 데죄네 6,9유로

따뜻한 음료(카푸치노는 0,8유로 추가) + 생오렌지주스 + 타르틴(버터, 잼, 누뗄라, 꿀 중 택1)
+ 비에누아즈리(타르틴, 크루아상, 초콜릿빵, 토스트 중 택1)

Amélie's breakfast

아멜리에의 아침식사 9,9유로선

계란요리 + 생오렌지주스 + 따뜻한 음료(카푸치노는 0,8유로 추가) + 타르틴(버터, 잼, 누뗄라,
꿀 중 택1) + 비에누아즈리(타르틴, 크루아상, 초콜릿빵, 토스트 중 택1)

Goûter d'Amélie

아멜리에 맛보기 6,8유로

따뜻한 음료(카푸치노는 0,8유로 추가) + 파티쓰리 택1

Grignotages

그리뇨타주(핑거 푸드)

"두 물랑" 접시 6,6유로
(Assiette 'Deux moulins')
소시지 플레이트 6,6유로 (Saucisse perche)
치즈 플레이트 9,9유로 (Planche de fromage)

훈제햄류 플레이트 9,9유로 (Planche de charcuterie)

Happy Hour

해피 아우어 3,9유로

(저녁 7시부터 9시까지, 맥주와 칵테일 중 이름 앞에 *별표시가 없는 것으로 선택 가능)

Plat

식사류

샐러드 9,9 - 11,9 유로사이

소고기 타르타르 11,9유로

소고기 카르파치오 11,6유로

소고기 스테이크 16,5유로

연어 스테이크 13,9유로

버거/샌드위치류 : 햄버거 10,6유로

치즈버거 11,8유로

디럭스 버거 12,2유로

베지버거 12,8유로

크로크 무씨으 8,2유로

크로크 베제타리안 9,5유로

크로크 마담 8,6유로

닭고기 클럽샌드위치 10,8유로

Dessert

디저트

마카롱 모음(Assiette de macarons assortis) 5유로

카페 구르망(커피, 피스타치오와 코코넛과 마카롱이 들어간 피낭시에 과자)
5유로 Café Gourmand

퐁당 오 쇼콜라 (캐러멜 크림이 들어있고, 바닐라 아이스크림이 함께 나오는)
6,5유로 Fondant au chocolat Coeur caramel, glace vanilla

크렘 브륄레 5,8유로 La crème brûlée des 2 moulins

Les Glaces

아이스크림 6,5유로

아크로 (바닐라아이스크림, 초콜릿소스, 샹티이크림, 비스킷 머랭) Accroc

폴리 프레즈 (딸기아이스크림, 생딸기, 샹티이크림, 마카롱) Folies Fraises

초콜릿 쏘 시크 (초콜릿아이스크림, 브라우니, 초콜릿소스, 샹티이크림) Chocolat so chic

(모든 메뉴는 약간씩의 가격 인상 가능성 있음)

Café Paris
Les deux Moulins Menu

공간(空間) 의 미학

Café KONG

카페 콩

천장과 벽이 통유리로 되어 있어 하늘과 파리 시내가 시원하게 보이고, 노을이 어스름하게 지는 시간이면 오묘한 하늘색 덕분에 분위기가 매우 로맨틱해진다. 그러면 이곳 〈카페 콩〉의 창가 자리에서 수줍은 사랑고백을 받고 싶다는 생각이 들기도 한다. 하지만 의자에 붙어 있는 수많은 얼굴들이 쳐다보고 있어 왠지 부끄러워질 것만 같다.

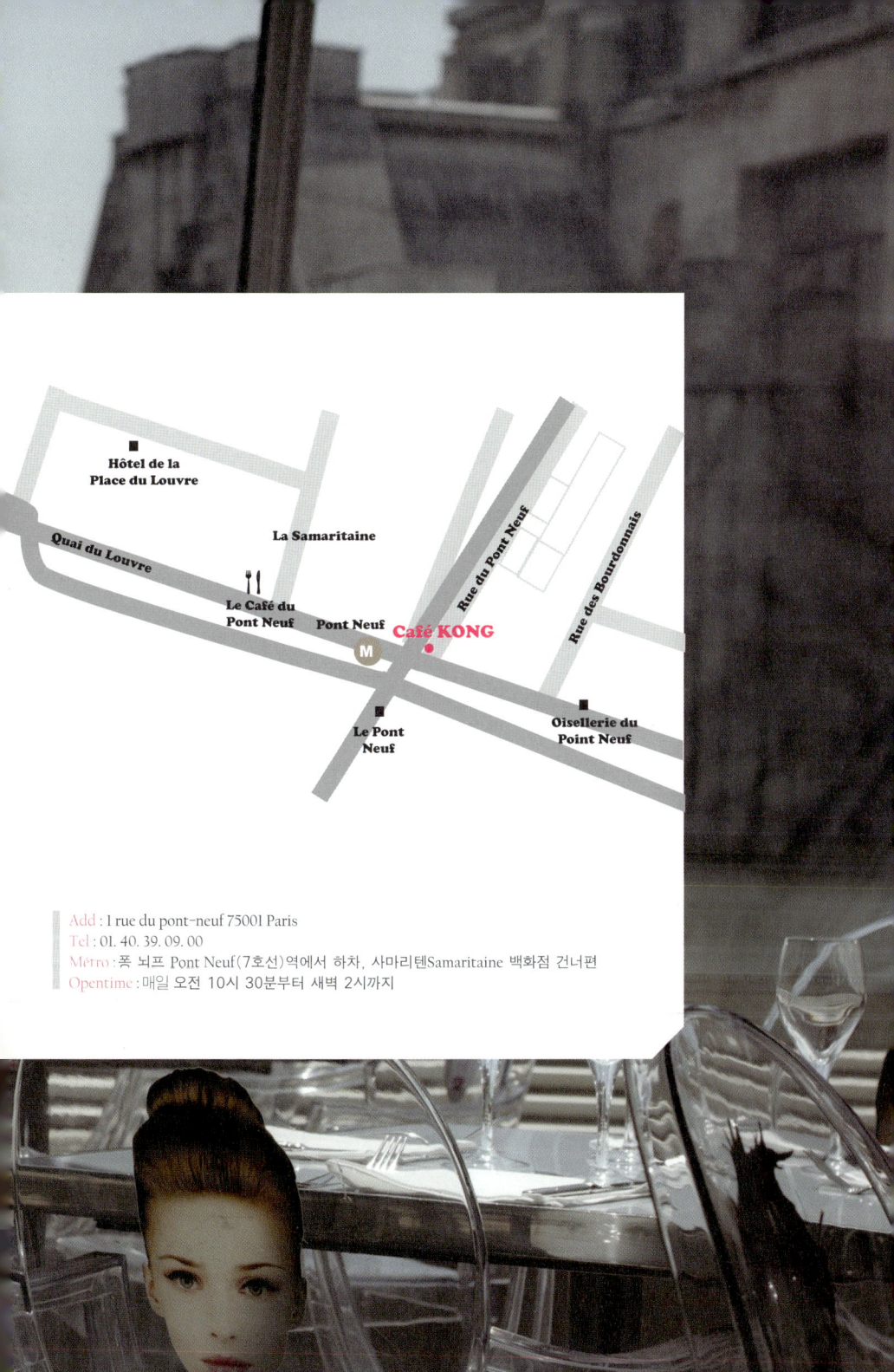

Hôtel de la
Place du Louvre

Quai du Louvre

La Samaritaine

Rue du Pont Neuf

Rue des Bourdonnais

Le Café du
Pont Neuf

Pont Neuf

M

Café KONG

Le Pont
Neuf

Oisellerie du
Point Neuf

Add : 1 rue du pont-neuf 75001 Paris
Tel : 01. 40. 39. 09. 00
Métro : 퐁 뇌프 Pont Neuf(7호선)역에서 하차, 사마리텐Samaritaine 백화점 건너편
Opentime : 매일 오전 10시 30분부터 새벽 2시까지

이 카페에 오면 가장 먼저 미국 드라마 「섹스 앤 더 시티」와 프랑스 영화 「퐁뇌프의 연인들Les Amants du Pont-Neuf」이 생각난다. 드라마 속에서 주인공들이 파리를 방문해 식사하는 장소가 바로 이곳 〈카페 콩KONG〉이다. 그리고 카페 앞에 있는 퐁뇌 프라는 다리는 영화 속 아름다운 장면들을 떠오르게 한다. 〈카페 콩〉은 그만큼 로맨 틱한 장소로 각광받고 있는 곳이기도 하다. 그렇다면 특이한 카페이름인 '콩KONG'은 무엇을 의미할까? 이것은 한자로 '공간(空間)'을 뜻하는 '공'을 'KONG'이라고 표기 한 것이라고 한다.

프랑스와 일본의 극적인 만남

독특한 디자인이 돋보이는 겐조 건물 입구 앞에는 〈카페 콩〉의 개성 있는 트레이드 마크인 '여자의 얼굴들'이 '콩'을 안내해주고 있다. 메뉴판이 바깥에 놓여 있어 미리 주문하고 싶은 것이 있는지 살펴볼 수 있다. 카페의 유명세와 위치적 특성상 저렴한 가격은 아니라서 식사를 하는 것이 조금은 부담스러울 수 있다. 그렇다면 평일 이른 시간대에 가서 음료만 주문하고 카페의 분위기를 느껴보는 것도 괜찮다. 하지만 독 특한 퓨전요리를 즐기고 싶은 사람은 요리에 들어가는 재료를 확인한 뒤 입맛에 맞 는 것으로 즐겨보는 것도 색다른 추억이 될 것이다.

〈카페 콩〉은 사마리텐 백화점 옆의 '겐조Kenzo' 건물 5, 6층을 각각 바Bar와 레스토랑, 카페로 사용하고 있다. 5ème étage (5층, 한국식 6층)라는 표시를 따라 건물 입구로 들어가면 엘리베이터 앞에 위치한 스크린이 다시 한 번 메뉴판을 보여주고 있다. 단, 6층 카페레스토랑을 가고 싶다면 엘리베이터 5층에서 내려 한 층은 걸어서 올라가 야 한다. 하지만 올라가는 도중에 5층의 멋진 실내전경을 구경할 수도 있으니 너무 불편하게 생각하지는 말자. 5층 내부는 구비해놓은 일본만화책과 독특한 인테리어 로 사람들의 눈길을 사로잡는다.

6층에 올라오면 예쁘고 화려한 소파 하나가 눈에 띄고 투명한 테이블과 의자가 손 님 맞을 준비를 한 채 정돈되어 있다. (이곳에 놓인 화려한 가구들은 모두 '겐조' 브 랜드의 제품이라고 한다. 그만큼 고급스럽고 아름답다.) 6층에 올라와 가장 먼저 눈 에 띄는 것은 천장의 커다란 '게이샤' 사진이다. 왠지 우스꽝스러운 모습을 하고 있

지만 유카타를 입고 누워있는 모습이 한편으로는 야릇한 느낌도 풍긴다. 또한 화장
실에는 스모선수를 연상케 하는 뚱뚱한 일본 남자아이의 사진이 커다랗게 붙어 있
어 손님들의 웃음을 자아낸다. 파리 풍경이 내려다 보이는 현대적이고 낭만적인 카
페 분위기에다, 일본의 다양한 문화가 접목되어 있는 점이 프랑스인들의 호기심을
자극하는 듯하다.

퓨전요리의 진수

〈카페 콩〉은 세계적으로 유명한 디자이너인 필립 스탁Philippe Starck과 로랑 타이브Laurent
Taib가 실내 디자인을 한 것으로 유명하다. 현대와 전통이 공존하는 카페로, 게이샤와
오모테산도의 여자, 유럽 여자가 한데 모여 결국 하나가 된다는 독특한 발상의 이야
기가 담겨 있다. 메뉴판 역시 특이하다. 반으로 접힌 것을 펴면 하나의 얼굴이 되는
데, 얼굴들마다 모두 같은 곳에 점이 찍혀 있다.
이곳에는 일본요리를 활용한 퓨전요리가 많은데 쫄깃한 우동면과 해산물을 이용해
서 만든 프랑스식 요리도 있다. 퓨전요리들은 주로 '후미코 코노'라는 일본 셰프의
작품이다. 오렌지 오리고기 냄(쌀피를 말아 만든 것으로 춘권과 비슷함), 아스파라

거스와 문어샐러드, 구운 푸아그라 테린느가 새로운 메뉴로 추가되었고, 특히 미국인들이 '파티쓰리의 피카소'라고 부르는 피에르 에르메Pierre Hermé의 '바닐라 타르트Tarte infiniment vanille'와 '초콜릿 마카롱Macaron chocolat passion'은 입 안에서 부드럽고 진하게 녹아든다. 바Bar를 이용할 수 있는 밤 10시부터는 다양한 칵테일을 마시기 좋은데, 경쾌한 테크노 음악과 어울려 흥겨운 분위기가 한껏 고조된다.

잊지 못한 추억 만들기

이곳을 찾는 손님들은 파리지엥과 외국인 관광객들이 대부분이지만 카페의 컨셉답게 역시 일본인들도 꽤 많이 보인다. 주문한 요리가 나올 때마다 연신 "오이시소오-(맛있겠다)"를 외치며 카메라 셔터를 눌러대는 일본관광객들의 모습이 낯설게 느껴질 때, 내가 관광객이 아닌 진정한 파리지엥으로 이곳에 머물고 있음을 느끼곤 했다.

여자친구와 함께 점심식사를 하러 온 한 미국인 사업가는 아주 만족스러운 듯 실내를 둘러보고는 종업원에게 이런저런 질문을 했다. 친절한 젊은 남자 종업원들이 옆에 대기하면서 서비스 해주는 모습에 왠지 영화 속 한 장면을 보고 있는 것 같은 생각이 들기도 했다.

다소 가벼운 분위기에서 특별한 대접을 받고 싶을 때 〈카페 콩〉에 들러 기분전환을 하는 것도 아주 좋을 듯하다. 그러나 만약 저녁시간이나 주말에 방문하고 싶다면 반드시 미리 예약을 해야 한다. 대기하는 사람이 워낙 많아 무조건 찾아가면 헛걸음할 확률이 높기 때문이다.

간단한 식사

낮 12시부터 저녁 8시까지
: 샌드위치나 샐러드 등을 선택할 수 있고, 가격대는 15-18유로선

Dessert

디저트

딸기, 딸기 셔벗 Fraises, sorbet fraise 12유로
초콜릿 디저트 〈부드러운 초콜릿, 셔벗, 샹티이
크림〉
- Le tout chocolat (Moelleux, sorbet, chantilly) 13유로

산딸기 《파티》 Framboise(party) 13유로
스무디, 셔벗, 산딸기 smoothie, sorbet, framboise   11유로
사과 타르트, 바닐라 아이스크림
Tarte aux pommes, glace vanille 8유로

Glace & Crème chantilly

아이스크림과 샹티이크림 8유로선

셔벗 : 딸기, 망고, 산딸기 Sorbets : fraise, mangue, framboise

아이스크림 : 바닐라, 초콜릿 Glaces : vanille, chocolat

Boissons

음료

무알코올 칵테일(Sans alcools) 9유로
기타 칵테일 15-16유로선
과일 주스(Jus de fruits) 6유로
스무디(망고생강/산딸기/멜론코코넛/바나
나 캐러멜 - Mangue Gingembre / Tout
Framboise / Melon Coco / Banane Caramel)
12유로
레몬에이드 로리나, 코카콜라, 오랑지나, 네
스티, 페리에, 슈웹스 (limonade lorina,
coca-cola, orangina, nestea, perrier,
schweppes) 6유로

레드 불(Red bull) 8유로
커피, 무카페인커피, 콩 커피(Café, déca,
kong) 4유로
카푸치노, 더블 에스프레소, 크림커피, 핫
초코, 바닐라우유(Capuccino, Double
Express, Café Crème, Chocolat, Lait
vanille) 5유로
차 종류(얼그레이, 실론티, 녹차, 민트, 카모마
일 등) 5유로

(약간의 가격인상 가능성 있음)

Café Paris
Café KONG Menu

Café Paris

맛, 맛, 맛!

정통식 – 빵과 디저트가 맛있는 카페

라뒤레 Ladurée

까레트 Carette

르 팡 코티디앙 Le Pain Quotidien

앙젤리나 Angelina

퓨전식 – 빵과 디저트가 맛있는 카페

델리안 Delyan

뢰르 구르망드 L'Heure Gourmande

르 루아르 당 라 테이에르 Le Loir dans la Théière

마미 갸또 Mamie Gâteaux

세계 최고의 차와 커피가 있는 카페

마리아주 프레르 Mariage Frère

카페 베를레 Café Verlet

카페오테크 La Caféothèque de Paris

쿠스미 티 Kusmi Tea

세상에서 가장 맛있는 마카롱

Ladurée

라뒤레

말로만 듣던 디저트카페 〈라뒤레〉를 처음 방문하고 나는 신세계를
발견한 것처럼 흥분이 되었다. 잡지기사를 쓰기 위해 인터뷰할 장
소를 찾다가 우연히 들어간 샹젤리제 지점은. 그저 관광객들을 유
인하는 터무니 없는 가격의 평범한 카페일 거라고 생각했던 나의
편견이 엄청난 오산이라는 것을 깨닫게 해준 매력적인 곳이었기 때
문이다.

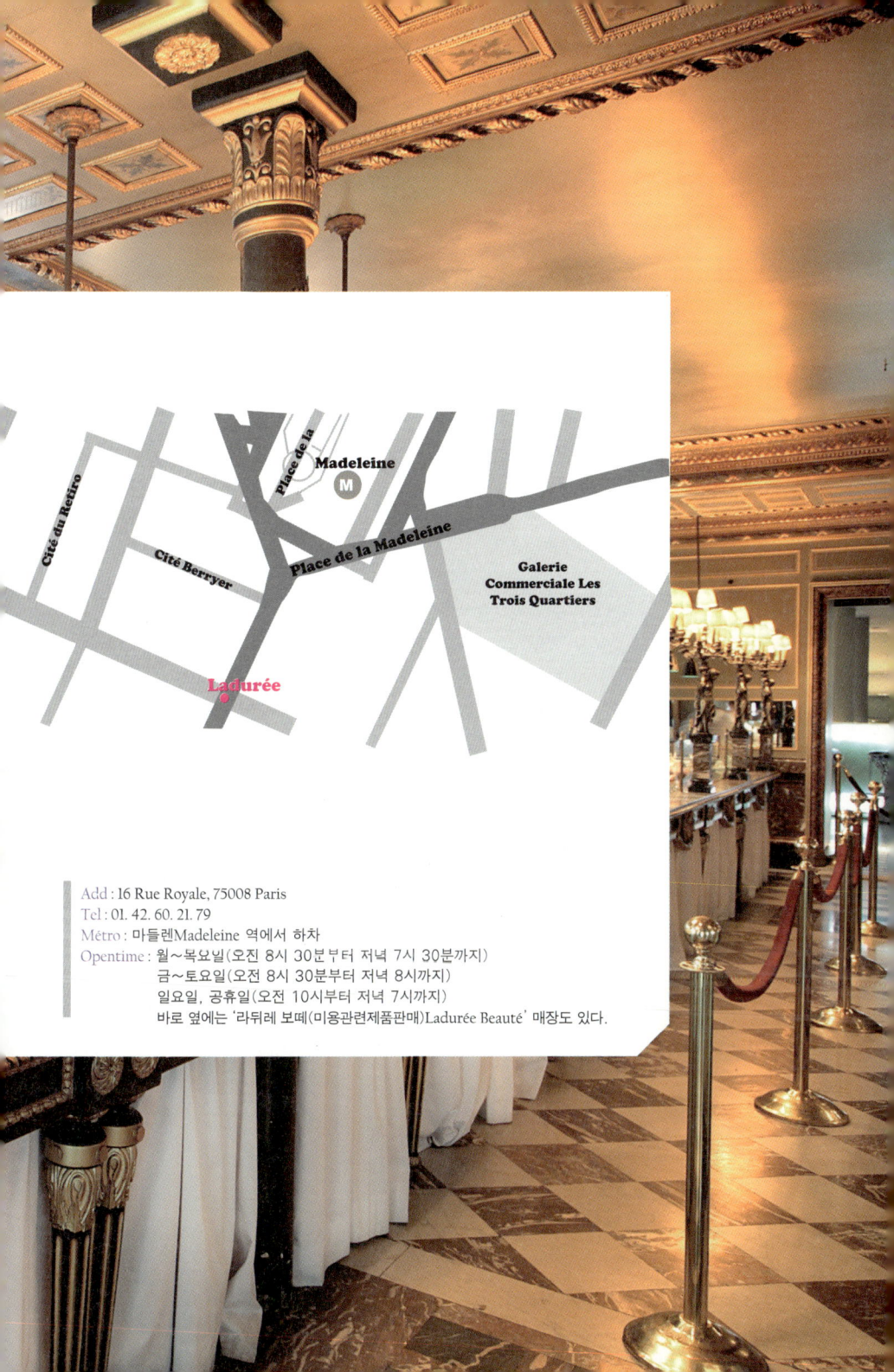

Madeleine

M

Place de la Madeleine

Place de la Madeleine

Cité du Rétiro

Cité Berryer

Galerie
Commerciale Les
Trois Quartiers

Ladurée

Add : 16 Rue Royale, 75008 Paris
Tel : 01. 42. 60. 21. 79
Métro : 마들렌Madeleine 역에서 하차
Opentime : 월~목요일(오진 8시 30분부터 저녁 7시 30분까지)
　　　　　 금~토요일(오전 8시 30분부터 저녁 8시까지)
　　　　　 일요일, 공휴일(오전 10시부터 저녁 7시까지)
　　　　　 바로 옆에는 '라뒤레 보떼(미용관련제품판매)Ladurée Beauté' 매장도 있다.

Tarte aux Agrumes

5,40 €

Harmonie

마카롱이 뭐길래

우선 카페의 실내 분위기와 화려함에 나의 입이 다물어지지 않았다. 마치 다른 세상에 와 있는 것만 같았다. 달콤하다는 표현만으로는 부족한, 카페 안으로 들어가자마자 코끝으로 전해져 오는 가득한 향기. 그 향기의 근원지는 말로만 듣던 마카롱 Macarons이었다. 물론 화려하고 귀여운 모양의 빵과 파이들도 나란히 줄지어 손님들을 기다리고 있었지만 눈에 가장 먼저 들어온 건 형형색색의 동글동글한 마카롱. 초코파이 정도 되는 커다란 크기의 것도 있지만 개인적으로 작은 미니 마카롱이 더 감칠맛이 났다. 마치 어릴 적에 먹던 계란과자를 연상시켜서 그렇게 느낀 것일까. 게다가 그 색상의 아름다움에 이내 매료되고 말았다. 그것은 마치 파스텔톤의 크레파스로 색칠한 동화 속 마을에 사는 공주의 양식일 것만 같다. 아기자기한 그 모습 덕에 여성과 어린이들에게 특히 큰 인기를 얻고 있는 디저트다.

보기 좋은 떡이 맛도 좋다고 했다. 나는 원래 단 것을 별로 좋아하지 않지만, 〈라뒤레〉의 마카롱 만큼은 언제 먹어도 그 고급스러운 맛에 감탄하게 된다. 특히 차에 곁들일 때 그 맛의 진가를 발휘하는 과자라고 할 수 있다. 종류가 매우 많은데다, 원재료의 식감과 진한 맛을 잘 살렸다는 점을 높게 평가 받는다.

프랑스의 각종 차The와 커피Café, 와인Vin은 깊은 맛과 다양한 풍미를 가진 음료라는 점에서 공통점이 있다. 그리고 이들과 어울리는 오묘한 맛을 지닌 〈라뒤레〉의 마카롱을 함께 할 줄 아는 사람이야말로 진정한 미식가라고 할 수 있지 않을까 싶다.

마카롱은 밀가루를 전혀 사용하지 않고 계란 흰자와 아몬드 가루, 색을 내는 천연재료 등으로 만든 머랭쿠키 사이에 다양한 종류의 잼이나 크림을 넣은 것이다. 자칫 평범한 방식이라 생각할지 모르지만, 고급재료를 사용하고 보기보다 만들기도 힘든 디저트 중 하나다. 그리고 그만큼 맛과 감촉에 있어서도 훌륭하다. 프랑스인들이 주로 좋아하는 식감이 겉은 바삭하고 속은 부드러운 것인데, 매일 주식으로 먹는 바게트 ^{Baguette}빵이나 생선요리 등이 그러하다. 쉽게 부서지는 고소한 맛의 쿠키와 그 사이에 부드럽게 발라진 크림이나 잼은 진한 여운을 남긴다. 커피와도 어울리지만, 연하면서 은은한 향과 깔끔한 맛을 내는 차와 곁들이는 것이 개인적으로는 더 좋다. 이렇게 입 속을 즐겁게 해주는 요소들이 만나면 상승작용을 거쳐 티타임의 행복감은

배가 된다.
〈라뒤레〉 전 지점에서 하루에 팔리는 마카롱은 무려 1만 5천 개나 되고, 샹젤리제 지점의 경우 30분 이상 줄을 서서 기다려야 차례가 올 정도다. 48시간 동안 차갑게 보관한 후 판매해 최고의 맛을 유지하는 디저트, 마카롱은 다른 과자점보다 〈라뒤레〉의 것을 최고로 친다. 초콜릿, 바닐라, 커피, 헤이즐넛, 장미, 피스타치오, 산딸기, 레몬 등 클래식한 맛의 마카롱들뿐만 아니라, 계절별 상품도 따로 선보이고 있다. 봄에는 '활짝 핀 제비꽃맛', 여름에는 '코코넛맛'과 '초록 레몬과 바질 맛', 겨울에는 '밤맛', '감초맛'의 마카롱 등을 출시한다.
이외에 인기 메뉴로는 겉에 초콜릿이 발라진 기다란 슈^{Chou} 속에 크림을 듬뿍 넣은 에끌레르^{eclaire}와 얇고 바삭한 겹겹의 과자 층과 크림으로 만든 밀페이으^{Milles feuilles}가 있다. 특히 밀페이으는

은은한 커피향과 입 안에서 부서지는 즐거운 감촉, 부드러운 크림과 신선한 딸기 등이 어우러져 티타임에 빠질 수 없는 추천 상품이라고 할 수 있다.

라뒤레가 왼길래

이렇게 예쁜 가게는 어떻게 탄생하게 됐을까? 1862년, 남서 프랑스 출신의 제분업자 라뒤레^{Louis Ernest Ladurée}가 파리의 Royale 거리 16번지에 빵집을 차린 것이 〈라뒤레〉의 시작이다. Royale 거리는 마들렌느 교회와 콩코르드 광장을 잇는 길로, 그 주변은 당시 한창 비즈니스 중심지로 성장하고 있었고 각종 고급 상점들이 들어서는 중이었다.

그리고 1871년에 발생한 화재가 전화위복이 되어 빵집을 제과점으로 재건축하게 되었고, 쥘 셰레^{Jules Chéret}라는 유명한 화가가 새 제과점의 데코레이션을 맡았다. 그가 매장 천장에 그린 '천사 파티시에'는 이후 〈라뒤레〉의 상징이 되었다. 사랑스러우면서도 신비로운 느낌을 풍기는 이 아기천사 그림을 보고 있노라면 〈라뒤레〉의 마카롱들이 마치 천사가 만든 구름과자 같다는 생각을 하게 된다. 달콤하고 포근하면서도 폭신폭신한 느낌의 마카롱들은 알록달록 무지개로 물들인 것 같기도 하다.

20세기 초에 접어들어, 창업자 라뒤레의 손자인 피에르 데퐁텐^{Pierre Desfontaines}은 마카롱 쿠키 두 장 사이에 크

림을 집어넣은 과자를 생각해냈고, 그것이 유명한 마카롱 과자의 시초가 되었다. 그리고 루앙 지방 호텔리어의 딸이자, 창업자 에른스트 라뒤레의 부인이었던 쟌느 수샤르Jeanne Souchard는 카페와 제과점을 겸하는 컨셉을 제안했고, 그 후 라뒤레는 파리 최초의 살롱 드 떼Salon de Thé가 되었다. 그래서일까. 오늘날 파리의 수많은 살롱 드 떼 중에서도 단연 〈라뒤레〉의 인기는 실로 대단하다.

1993년 〈라뒤레〉는 홀더Holder 그룹(유명한 제과제빵 체인 폴Paul의 모기업)에 인수되었다. 현재 루아얄 거리 지점은 옛 데코레이션을 아직 그대로 간직하고 있다. 데코를 맡은 쥘 세레는 바티칸의 식스티나 소성당의 천장화에 사용된 그림 기법에 영감을 받았던 것으로 전해진다. 그리고 보나파르트 거리 지점은 19세기 데코레이션을 유지하는 덕분에 건축의 보물로 정해졌다고 한다. 화려한 금속 장식과 대리석 테이블 등이 고급스럽고 여성스럽다. 실제로는 1990년에 설계한 것이지만 그 재료들이 이전 세기의 것이라서 더욱 뜻깊은 의미가 있다.

〈라뒤레〉 매장을 방문하면 세련된 그림과 장식의 아름다움도 한껏 느껴보자. 오래된 크리스털의 우아함과 푸른색 안개를 표현한 그림들은 어느덧 우리를 환상의 세계로 데려갈지도 모를 일이다.

식사세트메뉴 : (전식+본식) 혹은 (본식+후식) 29,5 유로

Menu Enfant

어린이 세트 메뉴 15,8유로

Dessert

차 종류

이스파한(Ispahan) 7,1유로

피스타치오 에끌레르
(Eclair à la Pistache) 4,9유로

아이스 머랭(Meringue glacée) 7,4유로

리에주식 커피 혹은 초콜릿
(Café ou Chocolat Liégeois) 7,4유로

Petit-Déjeuner

아침식사

라뒤레 쁘띠 데죄네(Le Petit-Déjeuner Ladurée) 18유로

샹젤리제 쁘띠 데죄네(Le Petit-Déjeuner Champs-Elysées) 27유로

Les Viennoiseries Ladurée

비에누아즈리

크루아상, 건포도빵 등 2,1 ~ 3,5유로 사이

La Pâtisserie

파티쓰리

밀페이으, 비스킷, 파이 등 6,1 ~ 9,6유로 사이

Les Tartes Ladurée

타르트

레몬타르트, 산딸기 타르트 등 6 ~ 9,6유로 사이

Les Macarons Ladurée

마카롱

큰사이즈 5,2유로 (커피, 초콜릿, 바닐라, 피스 타치오, 레몬, 산딸기)

미니마카롱 각 2유로
미니마카롱 4개 선택 7,1유로

Les Thés Ladurée

차 3,4유로~6유로 선

실론티, 캐러멜티, 얼그레이 등 6,3유로

특별 혼합차(Thé Mélange Spécial Ladurée) 6,8유로

Boissons Froides

시원한 음료

우유, 커피, 초콜릿, 오랑지나 등 3,3 ~ 7,6 유로 사이

Boissons Chaudes

따뜻한 음료

우유(Lait chaud) 3,3유로
에스프레소(Café expresso) 3,3유로
헤이즐넛 커피(Café noisette) 3,5유로
라뒤레 커피(Café Ladurée) 3,6유로
크림 커피(Café crème Ladurée) 4,6뉴로
비엔나 커피(Café Viennois) 5,2유로

카푸치노(Cappuccino) 5,2유로
더블 에스프레소(Double expresso) 5,6유로
핫초코(Chocolat Chaud Ladurée) 6,5유로
비엔나 핫초코(Chocolat Viennois) 6,9유로
인퓨전차(Les Infusions Ladurée) 5,5유로
(매년 가격인상과 메뉴변경 가능성 있음)

Café Paris
Ladurée Menu

우 아 한 바 이 른 빛 마 카 롱 처 럼

Carette

살롱 드 떼 까레뜨

테라스석에서는 유명한 샤이오궁이 보이고, 에펠탑과 인접해 있어 멋진 파리의 경치를 감상할 수 있는 살롱 드 떼 〈까레뜨Carette〉는 메트로 트로꺄데로 역 바로 앞에 있어 찾기도 아주 쉽다. 〈까레뜨〉의 양 옆으로는 큰 규모의 카페 〈말라코프Malakoff〉와 〈클레베르 Kléber〉가 있다. 오랜 명성을 가진 〈까레뜨〉 트로꺄데로 본점은 파리의 유명 파티쓰리(제과점) 중에서도 높은 평가를 받고 있는 곳 중 하나다. 세밀한 맛과 오래된 전통을 존중하는 〈까레뜨〉의 정신을 잘 이어왔기 때문일 것이다.

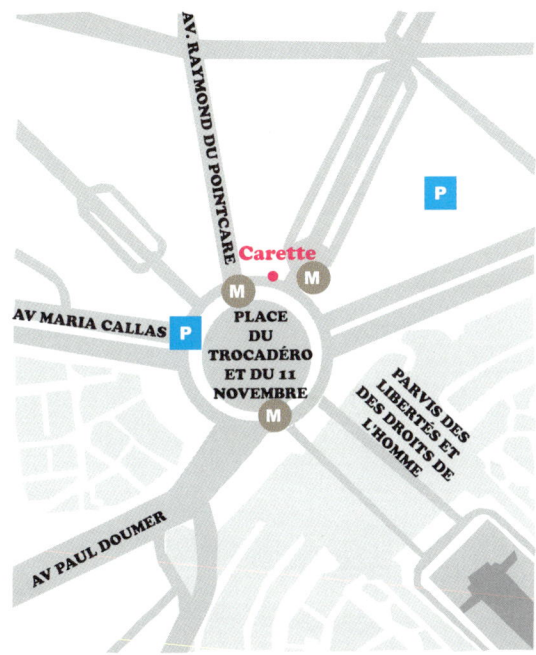

Add : 4 Place du Trocadéro et du 11 Novembre 75016 Paris
Tel : 01. 47. 27. 98. 85
Métro : 트로카데로Trocadéro(ligne 9 ou ligne 6) 역에서 '아브뉘 클레베르Avenue Kléber'
　　　혹은 '래몽 푸앙꺄레Raymond Pointcarré'방향 줄구로 니오면 바로 앞에 보이는 큰
　　　카페 〈말라코프〉 옆에 붙어있다.
Opentime : 매일 오전7시부터 자정까지

꺄레뜨의 역사와 분위기

1927년 쟝 꺄레뜨Jean Carette라는 사람이 트로꺄데로 광장에 자리를 잡고 당시 파리의 화려한 분위기를 잘 드러내는 멋스러운 살롱 드 떼를 열었다. 그리고 그 후 몇 년 만에 본점은 '도시에서 가장 아름다운 살롱 드 떼'라는 평판을 얻었다. 아르 데코 장식과 넓은 테라스석, 뛰어난 품질의 과자와 케이크 등이 고객들에게 크게 어필했다. 지금도 실내 벽에 남아 있는 자화상의 주인공인 '마담 꺄레뜨'는 꽤 오랜 시간 효율적이고 안정적인 경영을 했던 인물이다. 그러나 어느 때부턴가 손님이 점점 줄어들기 시작했고 고민 끝에 카페는 인테리어 보수공사를 하기로 결정한다. 식상하고 진부한 메뉴와 내부 모습 때문이라 판단한 것이다.

그리고 결국 〈꺄레뜨〉는 다시 예전의 화려함을 되찾았다. '아무것도 변화시키지 않기 위해 모든 것을 변화시켜라'가 그 모토였다. 새로이 되살아난 장식과 파티시에 셰프인 프레데릭 테씨에Frédéric Tessier가 만든 달콤하고 부드러운 과자가 다시 사람들을 하나 둘씩 〈꺄레뜨〉로 불러 들였다. 그리고 좋은 가게라면 어디나 그렇듯 친절하고 주의 깊은 서비스도 한층 업그레이드 되었다.

〈꺄레뜨〉는 정성스럽고 우아한 요리와 아침식사를 제공해온 하나의 역사적인 카페다. 전통방식으로 만든 크루아상과 쇼콜라쇼(핫초코)는 마치 낭만적인 파리의 맛과도 같다. 이곳의 마카롱은 〈라뒤레Ladurée〉 혹은 〈피에르 에르메Pierre Hermé〉의 것처럼 달콤하기도 하고 〈꺄레뜨〉만의 또 다른 개성이 느껴지기도 한다. 천연재료로 맛과 색을 낸 마카롱은 너무나 여성스럽고 은은한 분위기를 풍기며, 포장 상자 또한 로맨틱한 색상을 띠고 있다. 〈꺄레뜨〉의 냅킨에는 샤이오궁 사이에 있는 에펠탑의 모습(실제 카페에서 보이는 풍경)이 그려져 있는 등 센스도 돋보인다.

브랜드 '지방시Givenchy'의 디자이너 위베르Hubert에 의해 아르데코 스타일로 꾸며진 카페 실내는 세련되고 화려한 살롱의 모습을 하고 있다. 길게 드리워진 차양, 대리석

마스, 맛스, 맛!

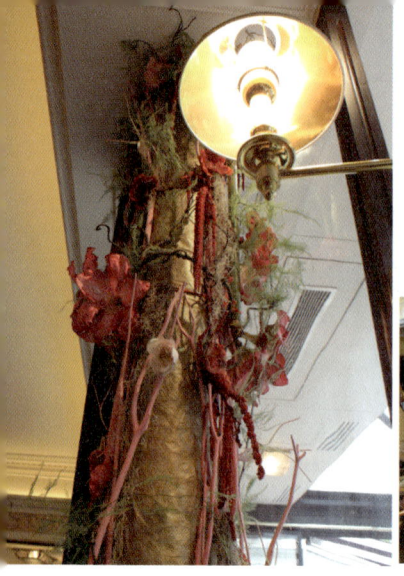

원탁과 푹신한 의자, 은은한 조명, 삼각뿔 모양으로 만들어 놓은 알록달록 마카롱, 고풍스러운 벽시계, 코니스 장식 등이 어우러져 특히 여성들이 좋아하는 로맨틱하고 우아한 분위기를 낸다. 벽면을 가득 채운 커다란 거울과 정통 프랑스식 카페에서만 볼 수 있는 타일로 된 바닥, 흘러내리는 빗물이 그대로 다 보이는 테라스석의 유리 천장은 정통식 파티쓰리 〈꺄레뜨〉를 완성하는 고유의 운치를 만들어낸다.

꺄레뜨를 맛보다

처음 이곳을 찾았던 때는 어느 여름날의 점심 시간이었다. 나는 〈꺄레뜨〉의 테라스석 중에서 가장 좋은 자리에 앉았다. 화이트 와인(뱅 블랑$^{Vin\ Blanc}$) 한 잔을 곁들여 연어클럽샌드위치를 먹었는데, 햇살이 낮게 깔려 파리의 오후가 주는 여유로움과 나른함이 충만한 하루였다. 마지막으로 방문한 날 주문한 것은 피스타치오 케이크(기다란 파운드케이크를 슬라이스한 것을 프랑스에서는 케이크라 부름) 한 조각과 에스프레소였다. 상반된 듯한 맛이 오히려 각각의 맛을 살려주는 즐거운 조합이었다. 프랑스의 카페나 레스토랑에서는 언제나 주문을 하기 전 미리 맛의 조화를 상상해 보는 것이 좋다.

또한 달콤한 맛이 일품인 초콜릿 마카롱, 버터캐러멜 마카롱, 산딸기와 카시스 바이

올렛 마카롱 등 매우 감미롭게 입 안을 감싸는
매혹적인 마카롱들이 커피와도 잘 어울렸다.
아침식사를 하거나 차를 즐기기 위해 이곳으로
몰려든 사람들의 모습은 대체로 한가로워 보인
다. 입구 바로 앞에 주차해놓은 화려한 고급 스
포츠카는 〈꺄레뜨〉의 아몬드 빵, 마카롱, 케이크, 초콜릿 에끌레르, 밀페이으(천겹파
이), 사과잼 파이를 사러 온 한 가족의 것이었다. 나이는 들었지만 온갖 치장을 한
멋쟁이 할머니들은 신나게 수다를 떨고, 일을 마친 사업
가는 기분 좋게 휴식을 취하기도 한다.

파리의 다른 카페들과는 다르게 내부 공간에서 시간을 보
내려는 사람들이 많고, 위치적 특성 때문에 관광객도 몰
려든다. 현지인 가족들과 여러 세대의 손님들이 브런치와
점심 혹은 훌륭한 디저트들을 함께 나눈다. 어릴 때부터
부모님과 이곳을 찾던 고객들이 세월이 흘러 이제는 그들
의 자녀들과 방문하는 경우가 생겨나고 있다. 그래서인지
고객들의 연령대는 다소 높은 편이다. 또한 트로꺄데로

광장이라는 위치적 특성상 가격은 비싼 편이지만, 주변환경과 서비스, 인테리어, 맛
과 품질 등을 감안하면 고개가 끄덕여지는 수준이다.

〈꺄레뜨〉는 문을 연 이래로 매일 아침 7시 30분부터 밤 11시 30분까지 맛있고 향기
로운 역사를 고객들에게 들려주었다. 지하 주방에서는 고객들의 입 속 즐거움을 위
해 열 명이 넘는 파티시에들이 과자와 케이크를 열심히 굽고 있다.

오늘의 요리, 클럽샌드위치 그리고 브런치까지 〈꺄레뜨〉의 맛은 늘 한결같다. 스크럼블 에그는 식감이 매우 좋으며 구운 타르틴은 겉은 바삭하고 속은 부드럽다. 맛있는 식사를 하고도 아쉬움이 남거나 집에 있는 식구들이 생각난다면 미니 마카롱이나 여러 가지 재료가 혼합된 미니 샌드위치를 포장해가는 것도 좋다.

매우 프랑스적인 카페, 〈꺄레뜨〉에서 파티쓰리와 쇼콜라쇼를 함께 즐기는 것은 정말 행복한 일이었다. 그러나 아침식사 시간 혹은 오후 5시쯤이면 차를 마시러 오는 사람들이 많으니 빠른 서비스를 원한다면 가급적 이 시간은 피해서 방문하도록 하자.

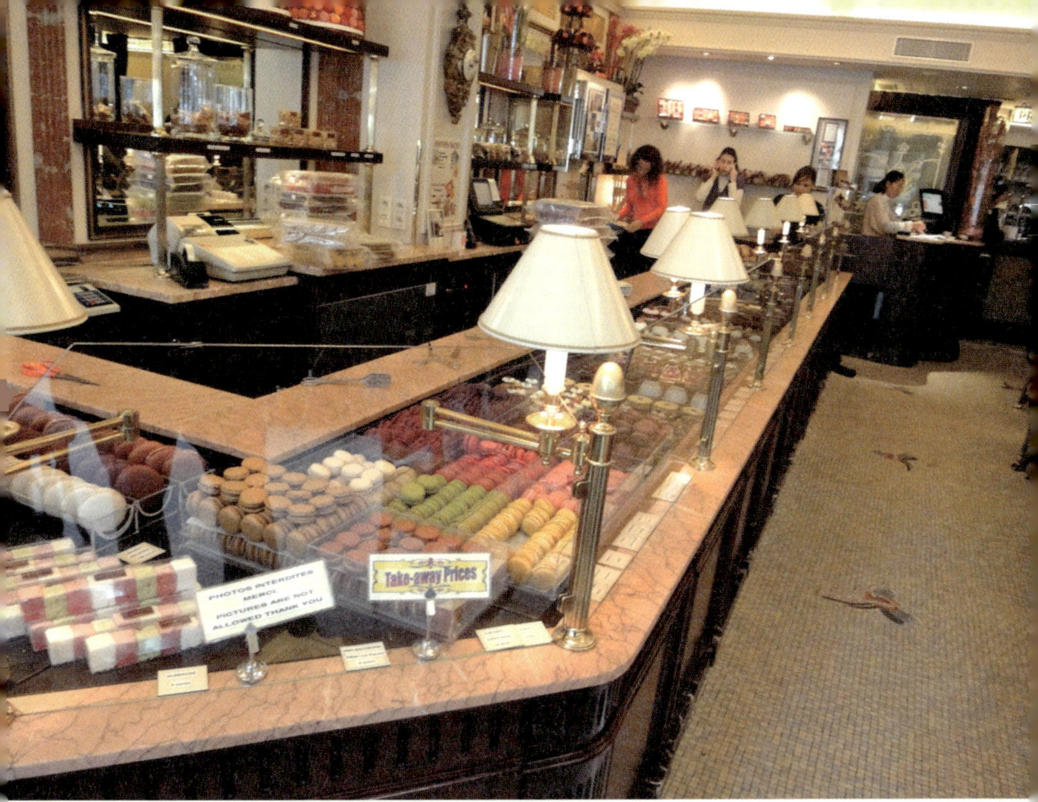
PHOTOS INTERDITES
MERCI
PICTURES ARE NOT
ALLOWED THANK YOU
Take-away Prices

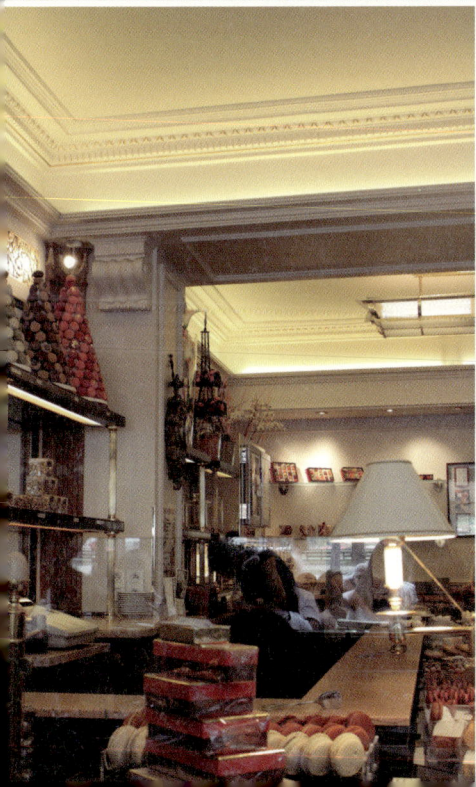

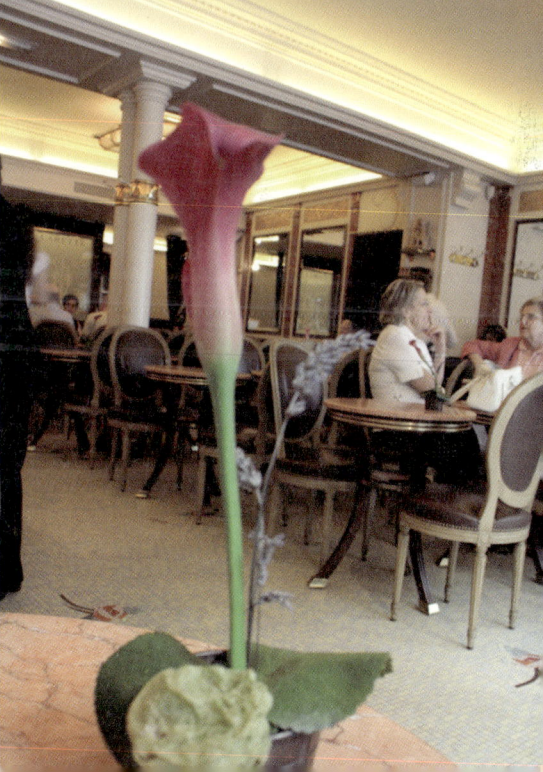

Cocktail

칵테일 15유로 정도

유기농 에스프레소(Café expresso BIO)   유기농 시리얼 커피(Café de céréales)

Crème glacée et sorbet

아이스크림과 서벗

쿠프 파리지엔(2스쿱 9유로, 3스쿱 12유로)

리에주식 커피 혹은 초콜릿 12 유로

쿠프 트로꺄데로, 담므 블랑슈, 쿠프 프리볼, 쿠프 꺄레뜨, 쿠프 구르망디즈, 쿠프 카라이브, 쿠프 델리스 14유로

Crêpe

크레이프

크레이프 꺄레뜨 8유로

크레이프, 오 쉬크르(설탕) 5유로

크레이프 시트롱 에 쉬크르(레몬과 설탕) 6유로

크레이프 오 그랑-마르니에 7,5유로

과일 혹은 아이스크림 크레이프 7유로

잼 크레이프 5,5유로

크레이프 오 쇼콜라 메종(홈메이드 초콜릿) 5,5유로

(샹티이 크림 혹은 생크림 추가시 +3유로 / 아이스크림이나 셔벗 추가시 +3,5유로)

Pâtisserie

파티쓰리

에끌레르(초콜릿 혹은 커피) 7유로

파리 꺄레뜨(헤이즐넛 크림, 설탕조림) 8유로

밀페이오 8유로

파인애플 바바 럼 8유로

오페라(커피버터크림, 초콜릿가나슈) 8유로

생토노레 8유로

딸기파이 8유로

초코-촉 8유로

몽블랑 8유로

산딸기 델리스(바닐라마카롱, 크렘브륄레, 피스타치오, 산딸기) 8,5 유로

레몬 타르트 8유로

산딸기 타르트 8,5유로

사과 타르트 7유로

A L'Heure du Thé

티타임(오후 3시부터 6시까지) 13유로

더블 에스프레소 혹은 크림커피 혹은 핫초코 혹은 차 중 선택 + 미니마카롱 5개 혹은 파티쓰리 한 개 선택

Canapé maison

카나페 메종(핑거 샌드위치)

파리햄 3,5유로	계란샐러드 3,5유로
치즈 3,5유로	닭고기 3,8유로
토마토 3,5유로	햄 4,8유로
오이 3,5유로	훈제연어 4,8유로

Repas

식사류

아침식사(쁘띠 데죄네) 17유로 선	블랙 앵거스 등심 스테이크 240그램 - 26유로
익스프레스 세트 9,5유로	안심 쇠고기 스테이크 250그램 - 34유로
브런치 27유로	송아지 스테이크 180그램 - 21유로
스크램블 에그 11유로부터 19,5유로 사이	
식사용 샐러드 16유로부터 24유로 사이	

Boissons Froides

시원한 음료

아이스 커피 8,5유루	콜라, 오랑지나, 레몬에이드, 페리에, 시드르(사과주), 슈웹스, 사과주스, 토마토주스 6,5유로
아이스 크림커피 8,5유로	신선한 우유 5유로 (시럽 추가시 6유로)
아이스 비엔나커피 11유로	생과일주스(오렌지, 레몬, 자몽) 7,5유로
아이스 초코 8,5유로	과일주스(살구, 망고, 산딸기, 야채) 7,5유로
아이스 초코 + 바닐라 아이스크림 11유로	
아이스 비엔나 초콜릿 11유로	
아이스 실론티 8,5유로	
밀크 쉐이크 12유로	
맥주 8,5-9유로	

Café Paris
Carette Menu

20

프랑스인들이 매일 먹는 웰빙 빵 카페

Le Pain Quotidien

르 팡 코티디앙

원목으로 만든 가구와 테이블로 둘러싸인 실내에서 옹기종기 붙어 앉아 편안하게 식사나 차를 즐기는 〈르 팡 코티디앙〉의 파리지엥들 은 마치 옆집에 사는 반가운 이웃 같다. '르 팡 코티디앙Le pain quotidien'은 '매일의 빵'이라는 뜻이다. 이 가게는 이름 그대로 매 일 이곳에 들러 한가로운 일상을 보내는 듯한 정겨운 기운이 감도 는 곳이다. 아니면 마치 시골 할머니네 집에 방문해 가족끼리 식탁 에 모여 앉아 단란하게 식사를 하는 것 같은 느낌도 풍긴다. 실제로 〈르 팡 코티디앙〉의 매장은 파리 곳곳에 위치해 있어 그들의 하루 하루를 풍성하고 건강하게 채워주고 있다.

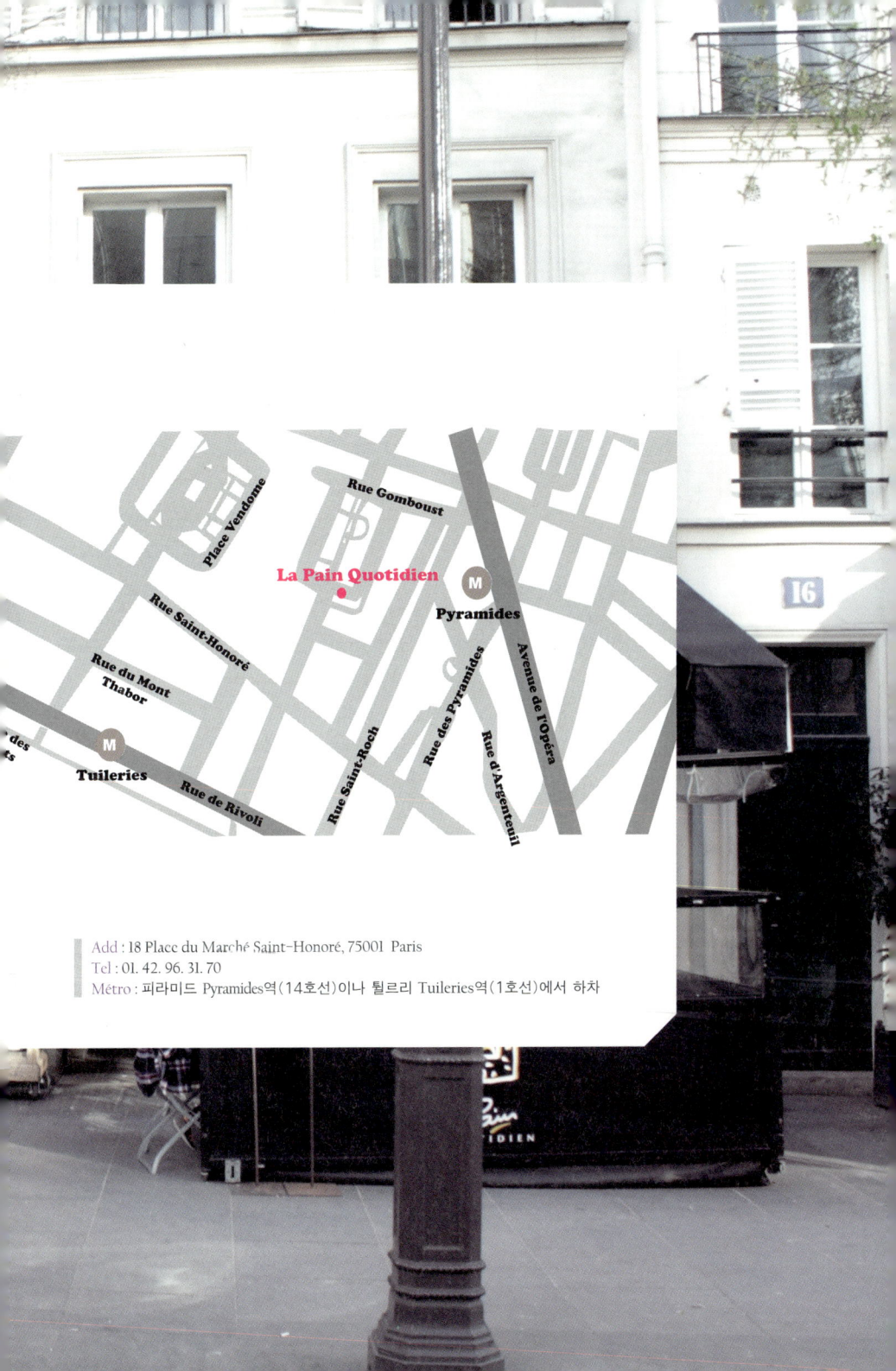

La Pain Quotidien

Place Vendome

Rue Gomboust

Rue Saint-Honoré

Pyramides

Rue du Mont
Thabor

Rue des Pyramides

Avenue de l'Opéra

Rue Saint-Roch

Rue d'Argenteuil

des

Tuileries

Rue de Rivoli

16

Add : 18 Place du Marché Saint-Honoré, 75001 Paris
Tel : 01. 42. 96. 31. 70
Métro : 피라미드 Pyramides역(14호선)이나 튈르리 Tuileries역(1호선)에서 하차

파리의 일상을 채워주는 빵집

이 베이커리 카페에는 특히 머리가 금발이고 눈이 에메랄드색인 프랑스인들이 많다. 즉, 다양한 인종이 모여 사는 파리이지만 이곳은 유독 이민자나 2세들이 아닌 '원조' 프랑스인이 많다는 얘기다. 특히 동양인은 더 찾아보기가 힘들다. 하지만 그렇다고 해서 괜히 어색해하거나 부담을 가질 필요는 없다. 단지 이 카페가 그들의 취향에 가장 잘 부합하기 때문일 것이다. 불친절한 대우를 하는 것도 아닐뿐더러, 카페에는 점점 다양한 고객층이 생기고 있는 실정이니 오히려 프랑스인들의 일상이 스민 〈르 팡 코티디앙〉을 경험해보는 것은 즐거운 추억으로 남을 것이다.

맛있는 이야기

다양한 빵과 음료, 샐러드 등이 모두 유기농 제품이라 하니, 보는 순간부터 건강해지는 느낌이다. 푸짐하게 담아주는 접시 가득 샐러드와 빵, 수프를 먹고 나면 입 안과 뱃속까지 싱그러워진다. 이렇게 프랑스 사람들의 입맛을 사로잡은 벨기에 베이커리

카페브랜드 〈르 팡 코티디앙〉은 최근 세계적인 마니아층의 인기를 한 몸에 받고 있다.

기다란 나무테이블 위에는 곰돌이 모양의 아카시아 꿀부터 올리브오일, 발사믹 식초, 미네랄 소금, 통후추를 비롯해 매우 다양한 종류의 잼들이 놓여져 있다. 이 중에서도 특히 꼭 맛보아야 하는 것은 달콤하면서도 진한 '잼'이다. 땅콩 잼, 헤이즐넛 잼, 망고 잼, 라즈베리 잼, 초코 잼 등 종류가 너무 많아 고르기 어려울 정도다.

이곳에서 식사류를 주문하면 기본적으로 두 가지 정도의 빵이 제공되는데 다양한 잼과, 우유맛이 진하고 부드러운 고품질의 버터를 함께 발라 먹으면 정말 달콤하고 고소한 맛이 일품이다. 게다가 바구니에 담아오는 이 빵은 다 먹고 나서 추가주문을 하면 무료로 더 가져다 준다. 이 카페의 빵들은 좋은 밀가루와 제조기술을 이용해서 만들기 때문에 여느 동네 빵집의 것보다 맛과 질이 뛰어나다고 할 수 있다.

그러나 우리를 기다리고 있는 맛있는 음식들을 위해 빵으로만 미리 배를 채울 수는 없다. 모든 메뉴가 다 맛있기 때문이다. 또한 주문 즉시 만들어오는 레몬에이드와 오

www.alicewandering.com

렌지주스 등의 신선한 음료부터 맥주, 시드르(사과주)까지 상큼한 느낌으로 갈증을 해소할 수 있다.

르 팡 르티디앙에서는?!

벨기에와 뉴욕의 레스토랑에서 일하던 알랑 쿠몽이라는 벨기에 사람이 1990년에 처음으로 브뤼셀에 만든 〈르 팡 코티디앙〉은 현재 벨기에에 25개, 프랑스 14개, 스위스 3개, 영국 4개, 미국 20개 그리고 쿠웨이트 및 아랍 등의 국가에도 여러 지점이 있을 정도로 규모를 늘렸고 성공적인 경영을 유지해왔다. 특별한 광고 없이 입소문만으로 이렇게 세계적인 브랜드가 되었다고 하니 〈르 팡 코티디앙〉의 매력이 대단하긴 대단한가 보다. 프랑스가 아닌 다른 유럽국가에서도 이 카페를 만날 수 있지만 빵의 나라인 프랑스와 원조 매장인 벨기에 지점 등을 방문하는 것이 최상의 품질과 서비스를 누릴 수 있는 기회가 될 것이다.

맛있는 전통식 빵과 타르틴, 샐러드, 수프, 디저트 등의 유기농 음식과 나무로 만든 실내 공간이 자연친화적인 느낌을 풍긴다. 브런치는 토요일과 일요일은 온종일 이용할 수 있지만, 평일에는 오전 11시 30분 이전에 가야만 주문이 가능하다.
메뉴판에 나와 있는 모든 빵과 잼, 쿠키 등은 카운터에서 따로 구매할 수도 있다. 실제로 동네 빵집처럼 매일 아침마다 빵을 사가려는 주민들의 발길이 끊이지 않으며 자연스러운 일상처럼 줄을 서서 기다리고는 한다. 카페의 입구 쪽에 마련된 코너에서 가져갈 메뉴를 주문하고 계산하면 된다.
〈르 팡 코티디앙〉은 다양한 유기농 브랜드들과 계약을 맺고 유기농 와인과 다른 상품들을 판매하기도 한다. 어린이가 먹기에 좋은 메뉴도 있어 가족 단위의 고객도 많이 찾는다.

크루아상(Croissant) 2,2유로

초콜릿빵(빵 오 쇼콜라, Pain au Chocolat) 2,3유로

바이오 야쿠르트(Yaourt Bio Nature) 3유로

아몬드 크루아상(Croissant aux Amandes) 2,45유로

작은 건포도빵(Petit Pain aux Raisins) 2,5유로

생과일 샐러드(Salade de fruit frais)

작은 볼 4,5유로 큰 볼 6,2유로

빵 플랑슈(Planches de pain) 2,5유로

: 빵 종류 선택(호두빵, 바게트, 건포도시리얼 등)

'불랑제' 유기농 빵 모음 바구니(Le Panier Bio du
"Boulanger": assortiment de pains) 7,5유로

르 파르페(Le Parfait) 6유로 : 유기농 그라놀라, 야
쿠르트, 생과일주스(granola bio, yaourt bio et
fruits frais)

Petit Déjeuner "Le Pain Quotidien"

아침식사 평일 정오까지, 주말과 공휴일은 오후 5시까지

크루아상, 빵바구니, 과일주스, 따뜻한 음료,
(croissant, panier de pain, jus de fruit, boisson
chaude) 8,6유로

크루아상, 빵바구니, 과일주스, 따뜻한 음료와 유
기농 계란반숙(croissant, panier de pain, jus de
fruit, boisson chaude & un oeuf coque bio) 10
유로

Boissons

음료

에스프레소/ 무카페인 2,3유로(스몰) 3,3유로(라지)

롱 커피(Café Long) 2,3유로(스몰) 3,3유로(라지)

크림 커피(Café Crème) 3,3유로(스몰) 4,3유로(라지)

카푸치노(Cappuccino) 3,5유로(스몰) 4,5유로(라지)

따뜻한 두유/시원한 두유(Lait ou Lait de Soja
Chaud / Froid) 2,3유로(스몰) 3,3유로(라지)

핫초코(Chocolat Chaud) 3,3유로(스몰) 4,3유로(라지)

차나 인퓨전(Thé ou infusions) 3,1유로

오렌지 주스(Jus d'orange 20cl) 3,9유로

홈메이드 레몬에이드(Citronnade Maison
25cl) 3,9유로 (산딸기 혹은 민트 framboise ou
menthe 4,8유로)

유기농 과일주스 혹은 야채주스(Jus de bio fruits
ou légumes bio 20cl) 2,9유로 (사과, 배, 사과-카시
스 pomme, poire, pomme/cassis 75cl 7,8유로)

유기농 야채수프 (유기농 빵과 함께 나오는) : 작
은 볼 4,9유로 / 큰 볼 6,4유로 (Soupe du jour aux
légumes bio(servie avec pain biologique))

Tartines

타르틴 6,7~11,5 유로 사이

키슈 & 따뜻한 타르틴 (Quiche & Tartines Chaudes), 작은 샐러드와 함께 나옴
훈제닭고기와 치즈로 만든 타르틴 10,9유로 (Tartine Gratinée Poulet Fumé Roquette et Cheddar)
연어와 샐러리 타르틴 12유로 (Tartine tiede Saumon et Celeri, sauce aux herbes)
오늘의 타르틴(Tartine Chaude du Jour) 10,9 유로
오늘의 유기농 키슈(Quiche Biologique du Jour) 14,3유로
사과주 Cidre de terroir 33cl

Grignotage

핑거푸드 유기농 빵과 함께 나오는

건조토마토, 타프나드&바질오일(Tomates séchées, tapenade & huile de basilic) 6,4유로
아티초크 크림과 올리브오일(Crème d'artichaut & huile d'olive extra vierge) 6,4유로
유기농 훈제햄 플랑슈(Planche de Charcuteries Biologiques) 13,7유로
유기농 페르미에 치즈 플랑슈(Planche de 4 Fromages Fermiers Biologiques) 14유로
토스카나 모듬 : 유기농 햄, 리코타 치즈, 아티초크 크림, 건조토마토 12,9유로 / 레몬 렌틸콩, 훈제햄, 모차렐라) 14유로

Salade

샐러드 프로방스 소스와 유기농 빵과 함께 제공

로케뜨 치즈와 팔마산 치즈 미니샐러드 6,5유로
매스클랑 작은 샐러드 4,5유로
팔마산 치즈와 바질릭의 훈제 닭 샐러드 13,3유로
세 가지 소스의 두부 샐러드 11,6유로
아티초크와 바질오일, 콩이 들어간 샐러드 12,5유로
리에주 시럽의 염소치즈 샐러드 13,2유로
구운 야채 샐러드(호박, 팔마산치즈, 모차렐라, 리코타, 건조 토마토 등) 13,8유로
마레 샐러드(훈제닭고기, 아보카도, 푸른치즈, 계란, 프렌치드레싱 등) 15,7유로
살사소스에 망고, 토마토, 아보카도, 새우가 들어간 샐러드 15,9유로
모차렐라 디 버팔라 샐러드(토마토, 바질오일, 최고급 올리브오일 등) 11,5유로

Café Paris
Le Pain Quotidien Menu

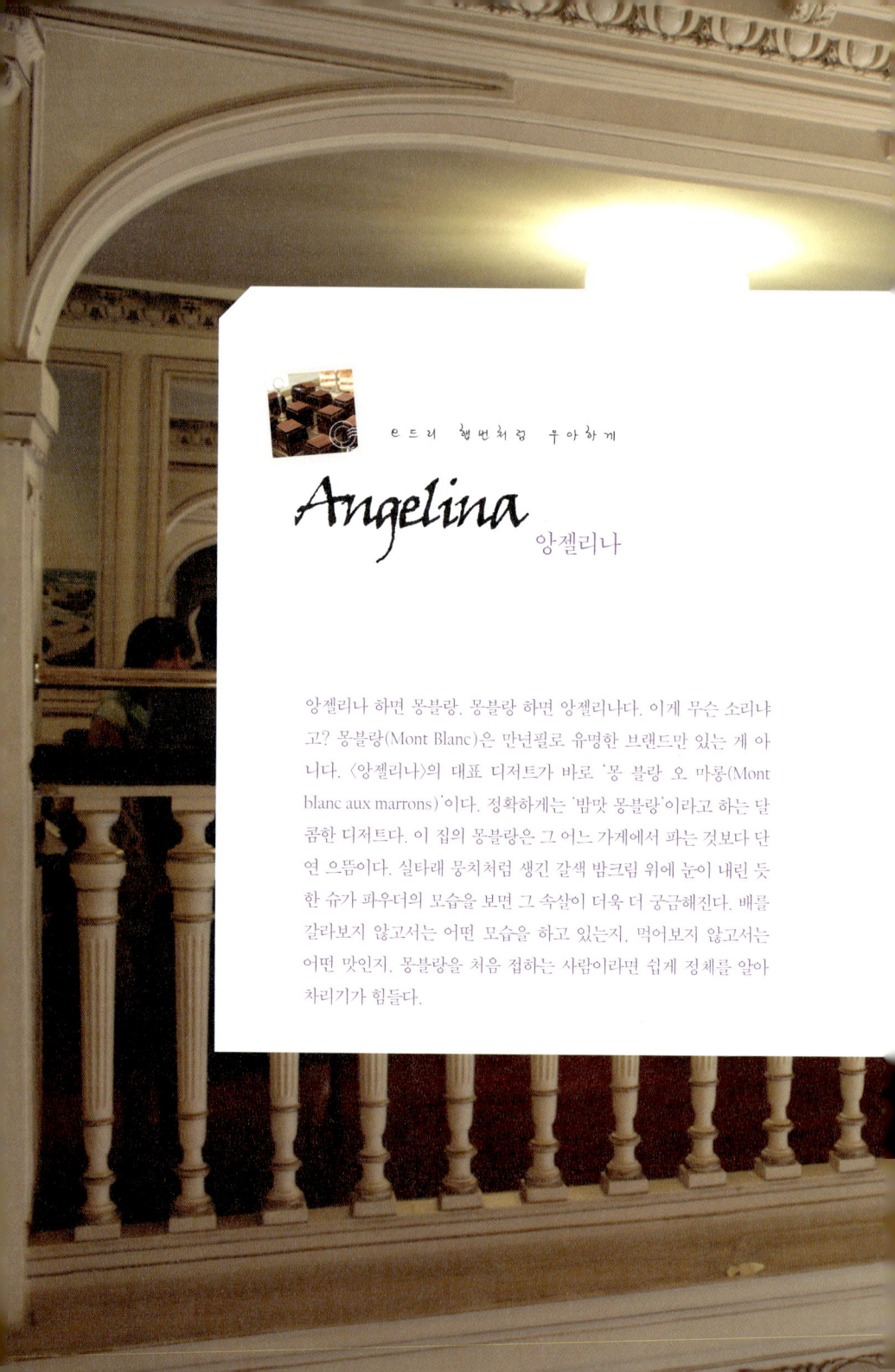

e 드리 헵번처럼 우아하게

Angelina
앙젤리나

앙젤리나 하면 몽블랑, 몽블랑 하면 앙젤리나다. 이게 무슨 소리냐고? 몽블랑(Mont Blanc)은 만년필로 유명한 브랜드만 있는 게 아니다. 〈앙젤리나〉의 대표 디저트가 바로 '몽 블랑 오 마롱(Mont blanc aux marrons)'이다. 정확하게는 '밤맛 몽블랑'이라고 하는 달콤한 디저트다. 이 집의 몽블랑은 그 어느 가게에서 파는 것보다 단연 으뜸이다. 실타래 뭉치처럼 생긴 갈색 밤크림 위에 눈이 내린 듯한 슈가 파우더의 모습을 보면 그 속살이 더욱 더 궁금해진다. 배를 갈라보지 않고서는 어떤 모습을 하고 있는지, 먹어보지 않고서는 어떤 맛인지. 몽블랑을 처음 접하는 사람이라면 쉽게 정체를 알아차리기가 힘들다.

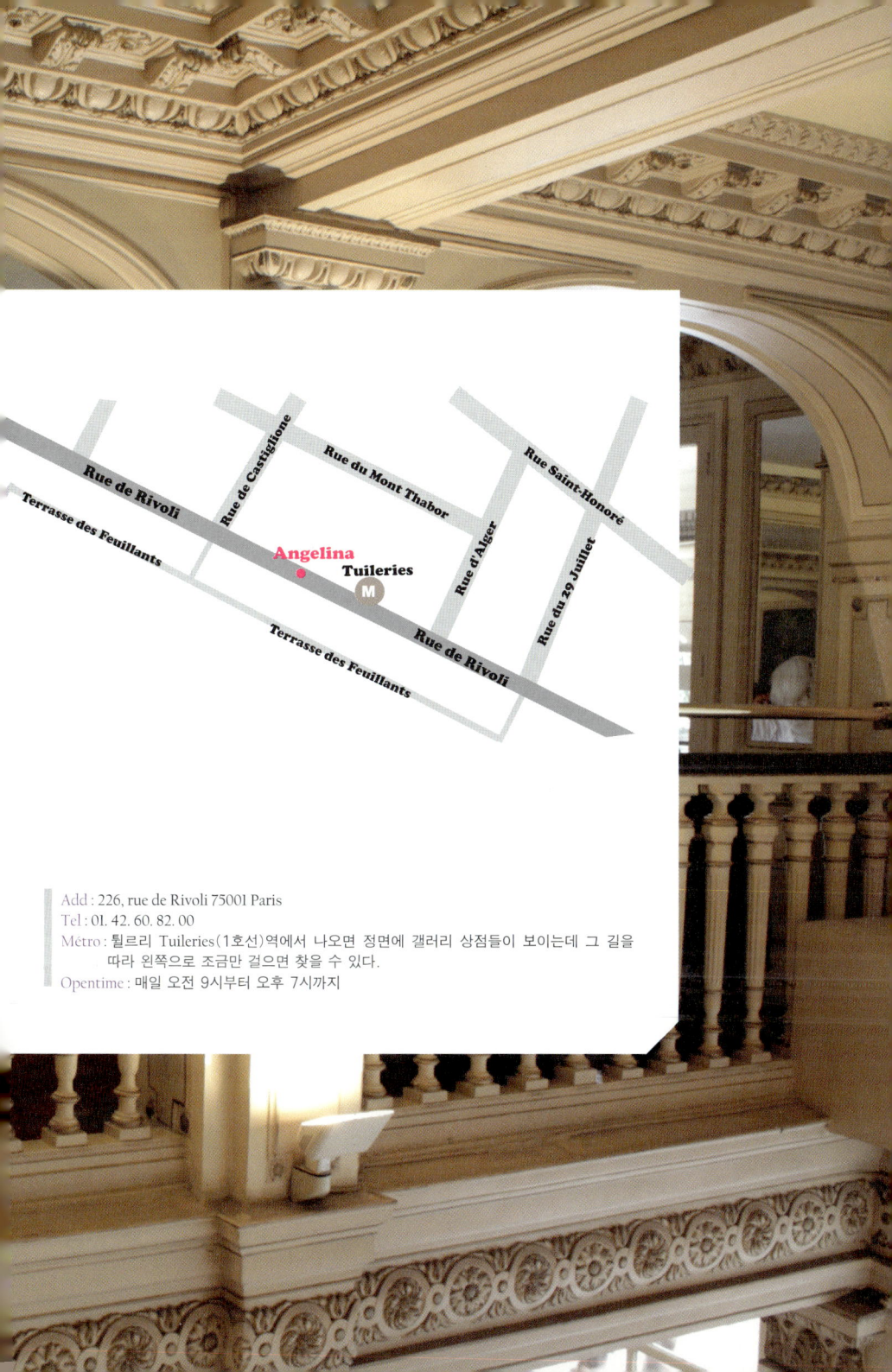

Rue de Rivoli

Terrasse des Feuillants

Rue de Castiglione

Rue du Mont Thabor

Rue Saint-Honoré

Rue d'Alger

Rue du 29 Juillet

Angelina

Tuileries
M

Rue de Rivoli

Terrasse des Feuillants

Add : 226, rue de Rivoli 75001 Paris
Tel : 01. 42. 60. 82. 00
Métro : 튈르리 Tuileries(1호선)역에서 나오면 정면에 갤러리 상점들이 보이는데 그 길을
　　　따라 왼쪽으로 조금만 걸으면 찾을 수 있다.
Opentime : 매일 오전 9시부터 오후 7시까지

몽블랑과 쇼콜라 쇼의 아리아주 !

역시 듣던 대로 몽블랑의 맛은 무척이나 달지만 부드럽고 진한 밤맛이 깊고 감미로우며, 안에 들어 있는 하얀 생크림과 머랭 쿠키의 조화가 뛰어나다. 다양한 맛과 식감을 가진 덕분에 홍차나 커피와도 잘 어울린다. 물론 진하다 못해 걸쭉하기까지 한 〈앙젤리나〉의 쇼콜라 쇼(핫 초코)도 둘째 가라면 서러울 정도로 최상의 퀼리티를 보장한다. 프랑스 사람들은 몽블랑과 쇼콜라 쇼를 함께 곁들이는 경우가 많은데 이 두 가지를 함께 하기엔 우리 나라 사람들의 입맛으론 견디기가 다소 힘들다. 이에 반해 프랑스인들은 늘 후식으로 빼놓지 않고 단 것을 먹기 때문에 몽블랑과 쇼콜라 쇼의 조합을 부담스러워하지 않는 편이다.

이곳의 쇼콜라 쇼는 아프리카 가나 지역에서 공수해오는 카카오로 만들어 달콤 쌉싸래한 맛이 난다. 그런 까닭에 〈앙젤리나〉에서는 쇼콜라 쇼를 '쇼콜라 아프리캥 Chocolat Africain'을 줄여서 '쇼카프리캥Chocafricain'이라고도 부른다.

그래도 한 주전자나 주는 매우 달고 진한 쇼콜라 쇼가 부담스러운 이들을 위해, 희석(?)시켜 먹으라고 휘핑크림을 따로 내어 준다. 물론 물 한 잔과 함께. 보통 디저트는 식사 후에 먹게 되는데 사실 식사로 섭취하는 열량보다도 높은 칼로리의 후식을 먹는 것이 여성들에게는 여간 부담스러운 게 아니다. 그래서 〈앙젤리나〉에 가기 전에는 가벼운 식사를 할 것을 권한다. 차라리 쇼콜라 쇼를 작은 잔에 주고 가격을 반으로 낮춰주었으면 하는 개인적인 바람이 있다. 만약 둘이서 〈앙젤리나〉를 찾는다면 한 사람은 차나 가벼운 음료를 시켜 두 가지를 서로 나눠 마시는 편이 나을 것이다.

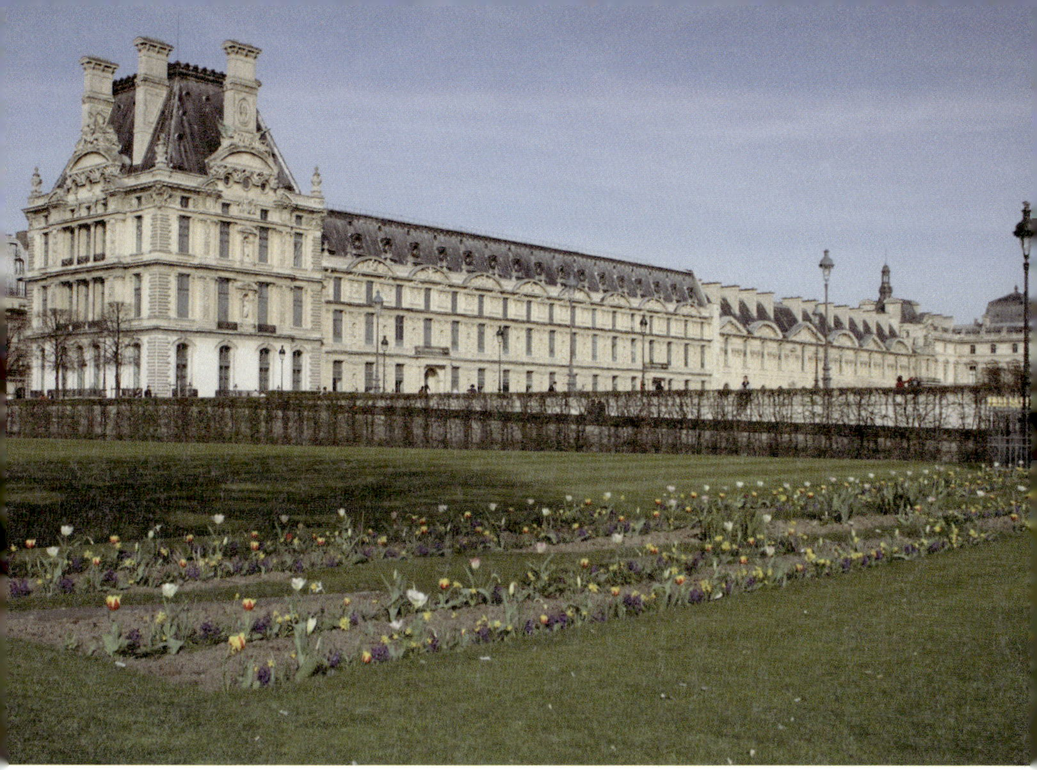

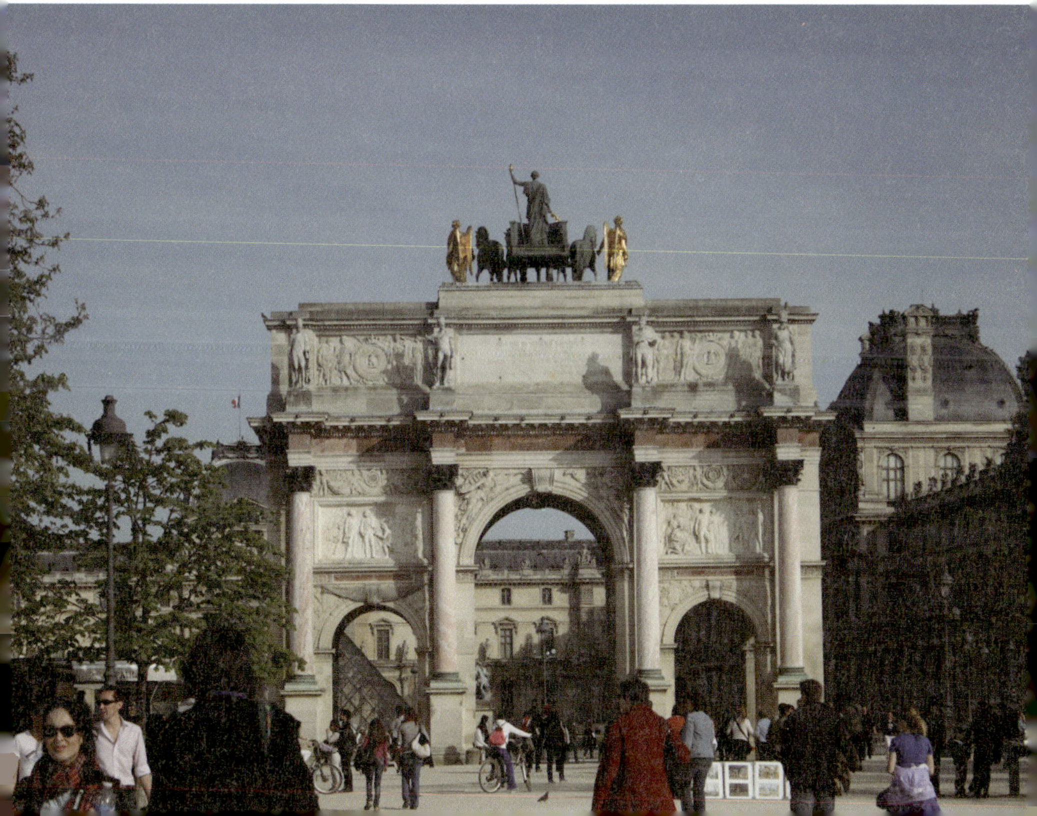

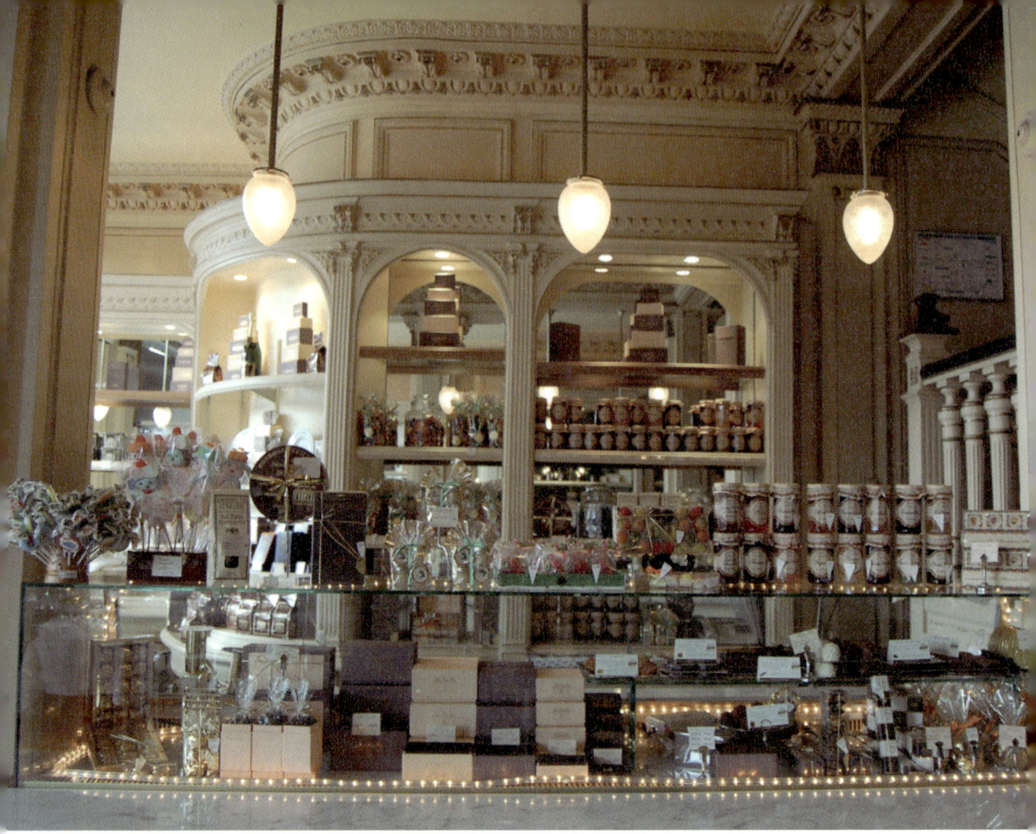

ANGELINA
ANGELINA
ANGELINA
ANGELINA
ANGELINA

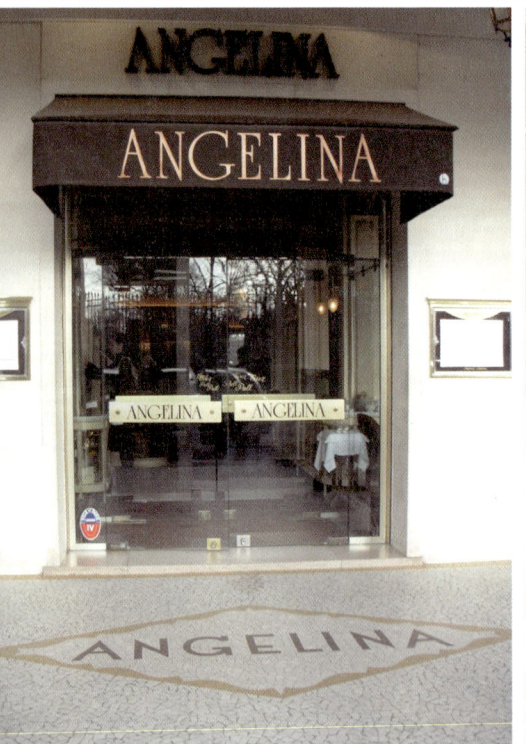

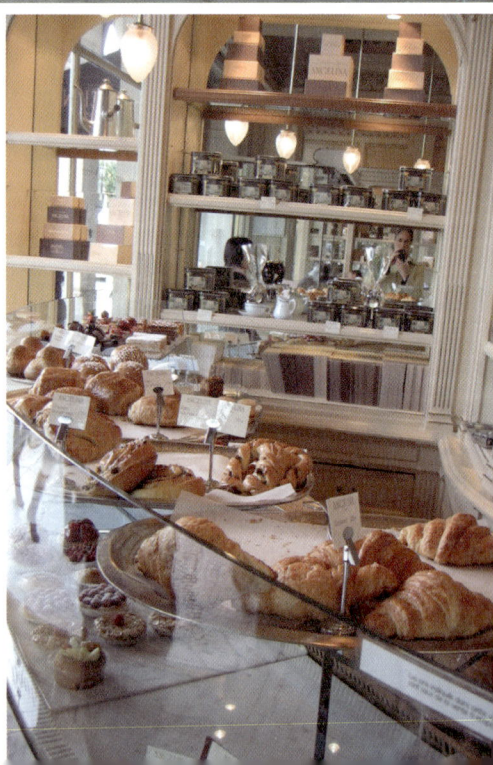

앙젤리나의 추천 메뉴

〈앙젤리나〉에는 물론 이 두 가지 대표메뉴 이외에 다양한 디저트들도 판매한다. 패스트리 층을 천 겹 쌓아 만들었다고 해서 밀페이으Milles feuilles라고 부르는 디저트도 〈앙젤리나〉에서 꼭 먹어볼 만한 것 중의 하나다. 바삭함과 고소함, 부드러움과 달콤함이 교차되며 이름처럼 마치 천 가지의 식감과 풍미를 표현해내는 듯 하다. 이 밖에도 샐러드와 샌드위치, 키슈(식사대용 파이), 오믈렛, 라자냐 등으로 간단한 식사도 할 수 있고 맛도 괜찮은 편이라서 이곳에서 식사와 후식을 한 번에 해결하는 이들도 많다.

가끔 우아한 기분을 내고 싶을 때, 달콤하고 감칠맛 나는 무언가가 당길 때, 튈르리 정원에서의 데이트 후 갈증이 날 때, 귀한 분을 대접해야만 할 때 등 파리를 찾는 모든 이들의 곁에서 〈앙젤리나〉가 매혹적인 손짓을 하고 있다.

쇼카프리캥Chocafricain, 밀페이으 피스타슈 에 그리오뜨Millefeuille pistache et griotte, 라 트로페지엔 오 카페La tropézienne au café, 르 사바랑 오 카시스 에 마롱Le savarin au cassis et marron 등 맛이 입증된 수제 디저트들이 손님들을 기다리고 있다. 워낙 다양한 종류가 있기 때문에 재료와 이름을 확실히 확인하고 주문하는 것이 좋다.

이 외에도 쁘띠 데죄네(아침식사Petits déjeuners)를 이용할 수 있고, 티타임에 곁들이면 좋을 빵 종류Viennoiserie도 많다. 또한 잘 갖춰진 샐러드와 스낵 종류가 있어 간편한 점심식사도 가능하다. 또한 주말에는 브런치를 즐길 수 있다.

주말이나 성수기에는 항상 줄을 길게 서야 할 만큼 인기가 많기 때문에, 넉넉하게 시간 여유를 갖고 방문하는 것이 좋다. 좌석수가 많아서 생각보다 오래 기다리지는 않지만 종종 인기메뉴들은 금방 동나기 때문에 평일 이른 시간에 가는 것을 추천한다.

작가 마르셀 프루스트, 세기의 영화배우 오드리 햅번, 까트린느 드뇌브, 가수 파트리샤 카스, 패션디자이너 코코 샤넬, 쟝 폴 고티에 등은 누구나 이름을 들어봤음 직한 세계적인 유명인들이다. 화려한 삶을 함께 해온 〈앙젤리나〉라고 해도 과언이 아닐 만큼 오랜 시간 동안 그들은 이 카페를 즐겨 찾았다고 한다. 멋스럽고 화려한 실내장식과 입 안을 행복하게 만들어주는 디저트들, 그리고 위치상의 이점 등을 이유로 셀러브리티들은 지금도 여전히 〈앙젤리나〉를 찾아 사교활동을 벌이고 있다.

〈앙젤리나〉는 1903년 제대로 된 디저트샵을 만들고자 하는 앙투안 랑플메예(오스트리아인)의 의도로 탄생하게 되었다. 독일과 프랑스 망통 지역, 엑스레방 지역에 매장을 내고 추후에 며느리의 이름인 '앙젤리나'로 이름을 변경했다. 그리고 그 후로 변한 것이 하나도 없을 만큼 〈앙젤리나〉는 전통을 잘 유지해왔다. 파리의 유서 깊은 카페들이 그렇듯 장인들의 노하우로 탄생된 레시피는 한결같은 맛을 유지시켜주는 가장 기본적인 철칙이라고 한다.

그리고 2007년 초부터 파티시에 셰프를 맡은 '세바스티앙 보에'라는 인물은, 3대에 걸쳐 파티시에-쇼콜라티에 가문을 이어온 알자스 지방 출신 사람이다. 장인의 노하우를 그대로 이어온데다 창의성까지 더해져 그의 새로운 디저트들은 한번 맛보면 결코 잊을 수 없을 만큼 인상적이라는 평을 받는다.

Dessert
디저트류

몽블랑(Le Mont-Blanc) 6,7 유로

밀페이오 바닐라(Millefeuille à la vanille Bourbon) 6,9유로

밀페이오 피스타치오-앵두(Millefeuille pistache-griotte) 6,9유로

쇼카프리캥(쇼콜라쇼, Chocafricain) 5,9유로

카시스열매와 밤이 들어간 사바랭 과자 (Savarin au cassis et marron) 7유로

커피가 들어간 트로페지엔느(La tropézienne au café) 6유로

Snack et Salade
스낵과 샐러드

앙젤리나 클럽샌드위치와 계절샐러드, 감자튀김(Club sandwich Angelina, frites et mesclun de saison) 16유로

여섯 가지 시리얼이 들어간 스칸디나비아식 클럽샌드위치, 계절샐러드, 감자튀김(Club sandwich scandinave aux 6 céréales, frites et mesclun de saison) 17유로

크로크 무씨으(햄, 치즈가 토핑된 토스트)와 계절 샐러드(Croque-monsieur, mesclun de saison) 12유로

로렌지방식 키슈와 계절샐러드(Quiche Lorraine, mesclun de saison) 12,5유로

브로콜리와 앙베르산 치즈가 들어간 키슈(Quiche brocolis et fourme d'Ambert) 12,5유로

햄과 에멘탈 치즈가 있는 믹스 오믈렛(Omelette mixte, jambon/emmental) 12,5유로

푸아 그라가 들어간 앙젤리나 샐러드(Salade Angelina au foie gras) 18,5유로

훈제 연어가 들어간 앙젤리나 샐러드(Salade Angelina au saumon fumé) 18,5유로

넵투누스 해물샐러드(Salade Neptune) 18유로

Déjeuner
점심식사메뉴

야채와 햄이 들어간 라자냐 13유로(Lasagnes de légumes et jambon de pays)

반숙 오리의 푸아 그라, 말린자두, 사과로 만든 테린느 21유로 (Terrine de foie gras de canard mi-cuit, chutney pommes-pruneaux)

구운 대구살과 레몬에 절인 양배추 26유로 (Dos de cabillaud rôti, poêlée de choux fleurs à la citronnelle)

쇠고기 타르타르와 감자튀김, 초록샐러드 19유로 (Tartare de bœuf préparé par nos soins, frites et salade verte)

신선한 허브가 들어간 구운 전통 닭요리 26유로 (Suprême de pintade fermière braisée aux herbes fraîches)

송아지고기와 파스타, 모차렐라 튀김 27유로 (Picatta de veau, tagliatelles et friture de mozzarella)

Café Paris
Angelina Menu

(약간의 가격인상과 메뉴변경 가능성 있음)

진함 치즈케이크로 행복해지는 오후

Delyan

카페 델리안

카페로 들어오는 문 옆에는 자그마한 테이블 위의 귀여운 식기들이 마치 소꿉놀이를 하듯 엎어져 있다. 최신호 잡지와 책, 신문을 가져다 읽을 수 있고, 벽에 걸린 그림과 포스터를 감상해도 좋다. 친구들과의 한바탕 수다도, 라디오의 이어폰을 귀에 꽂은 채 혼자 마시는 커피도, 연인의 속삭임도 모두 환영인 〈델리안〉에서 여유 있는 오후를 보내는 것도 좋을 것이다.

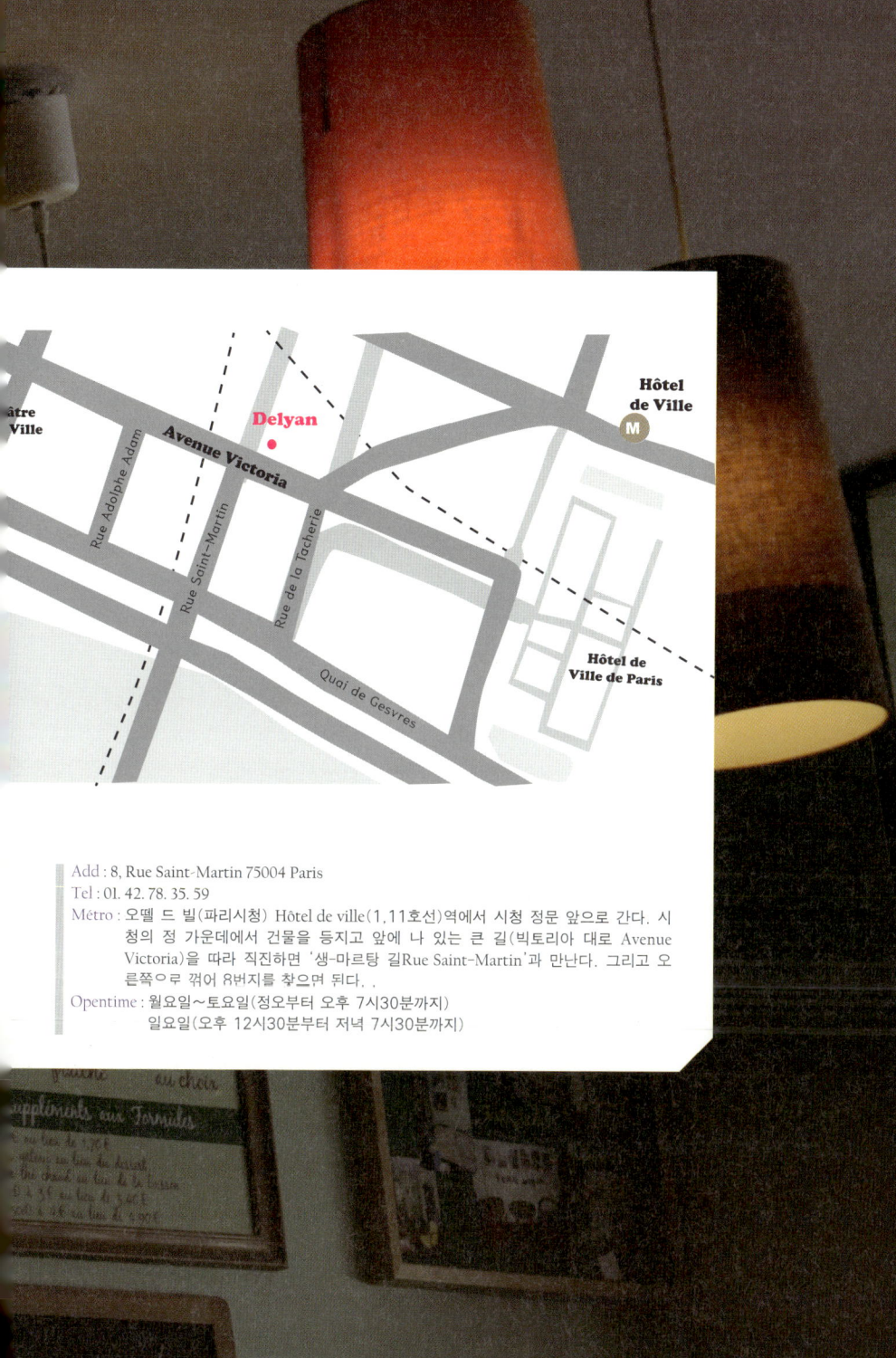

Add : 8, Rue Saint-Martin 75004 Paris
Tel : 01. 42. 78. 35. 59
Métro : 오뗄 드 빌(파리시청) Hôtel de ville(1,11호선)역에서 시청 정문 앞으로 간다. 시
        청의 정 가운데에서 건물을 등지고 앞에 나 있는 큰 길(빅토리아 대로 Avenue
        Victoria)을 따라 직진하면 '생-마르탕 길Rue Saint-Martin'과 만난다. 그리고 오
        른쪽으로 꺾어 8번지를 찾으면 뒈다. .
Opentime : 월요일~토요일(정오부터 오후 7시30분까지)
          일요일(오후 12시30분부터 저녁 7시30분까지)

파리에서 정통 치즈케이크 맛보기

한번 먹어보고 반해버린 치즈케이크 덕에, 그리고 예쁜 종업원 언니 덕에 나는 이곳의 단골이 되고 말았다. 이것저것 모르는 메뉴를 물어봐도 예쁜 미소로 어찌나 친절하게 설명을 해주는지, 첫날 받은 이 카페의 인상은 지금도 잊혀지지 않는다.

많은 여자들이 그렇겠지만 나는 원래 치즈케이크를 매우 좋아한다. 그래서 파리에서 치즈케이크를 가장 맛있게 만드는 집을 열심히 찾고 있었다. 하지만 동네 빵집에서도 미국식 치즈케이크는 발견하기가 힘들 뿐더러, 어쩌다 찾아낸 곳도 맛이 영 아니었다. 미국식 테이크 아웃 커피전문점에서도 판매하고 있었지만 양에 비해 가격이 비싸고, 신선도도 떨어졌다.

이렇게 맛있는 치즈케이크를 찾아 방황하기를 여러 날, 드디어 환상적인 최고의 맛을 찾고야 말았다. 나는 마치 보물이라도 찾아낸 것처럼 '위! (Oui는 Yes와 같은 뜻)' 하고 소리를 질렀다. 진하고 부드럽고 고소하며 너무 달지 않은 바로 이 맛, 그래 이거였어! 게다가 케이크와 곁들인, 처음 접하는 홍차 루이보스^{Rooibos}와도 잘 어울렸다. 생소하면서도 각각의 맛을 잘 살리는 독특한 마리아주가 완성되었다.

이곳의 치즈케이크는 프랑스인과 미국인도 인정하는 깊고 풍부한 맛을 지녔다. 버터와 설탕만 잔뜩 넣어 달고 느끼한 맛을 내는 치즈케이크가 결코 아니었다. 양질의 프랑스산 치즈가 듬뿍 들어간 자연의 맛과 같다고나 할까?

이 밖에도 〈델리안〉에는 바질, 염소치즈, 토마토가 들어간 타르트와 로렌지방 키슈, 사람 이름이 붙은 샐러드들, 초콜릿과 산딸기가 알알이 박힌 머핀, 햄과 에멘탈 치즈가 들어간 포카치아와 토마토, 올리브, 모차렐라 치즈로 만든 포카치아, 누텔라 초코크림을 잔뜩 넣은 파운드케이크 등이 있다. 접시에 수북이 쌓인 두툼한 쿠키도 먹음직스럽다. 보기만 해도 눈이 행복해지는 이 많은 것들을 다 먹어보려면 자주 들러야겠다는 생각이 절실하게 들었다.

이곳은 늘 집에서 만든 것과 같은 고품질의 홈메이드 상품을 합리적인 가격에 제공

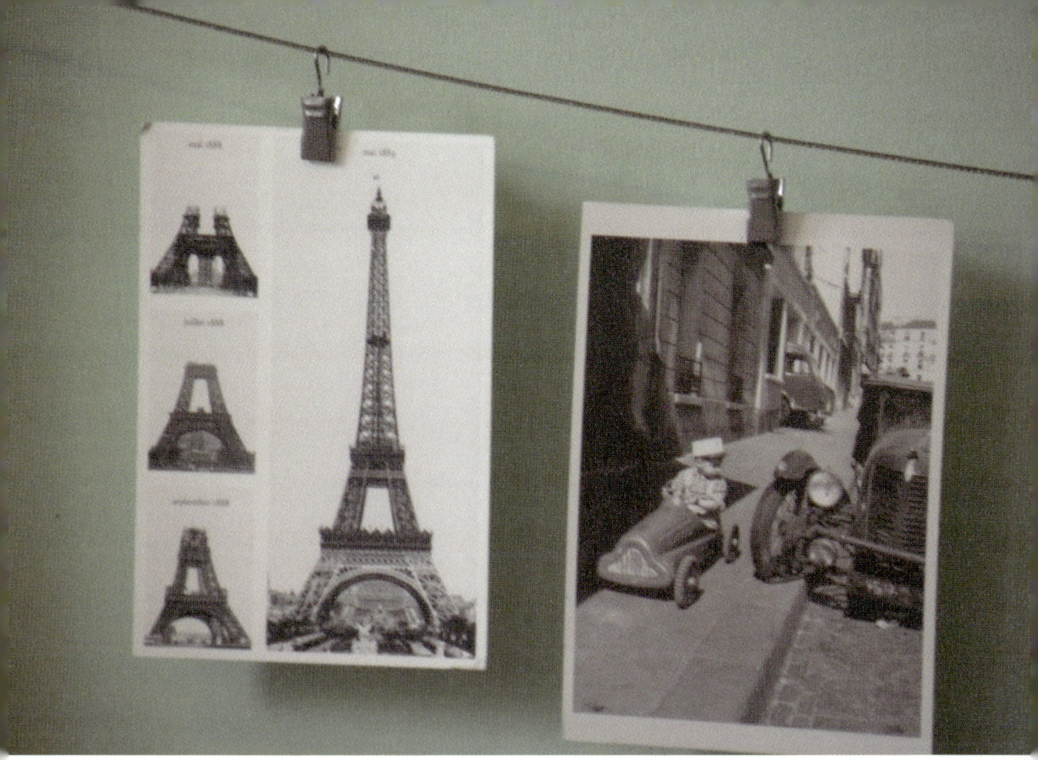

Le Petit Parisien

MOULIN ROUGE
Paris. Tour Eiffel, inauguration

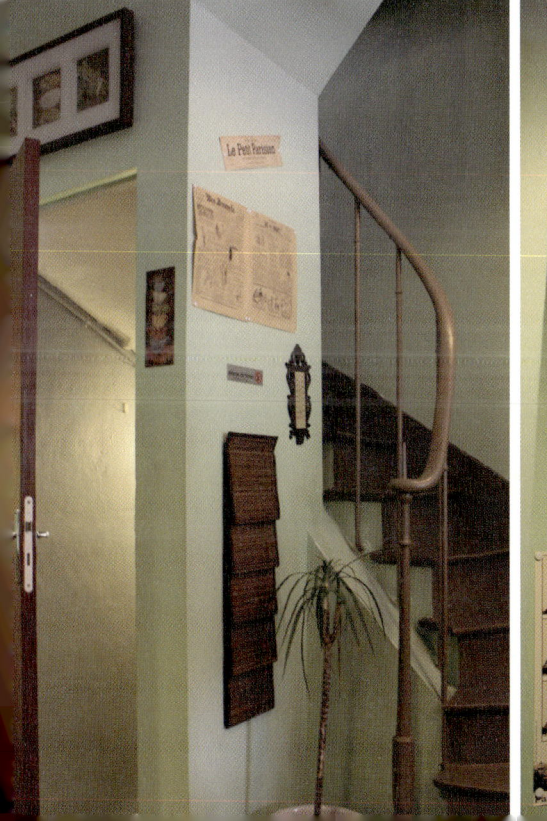

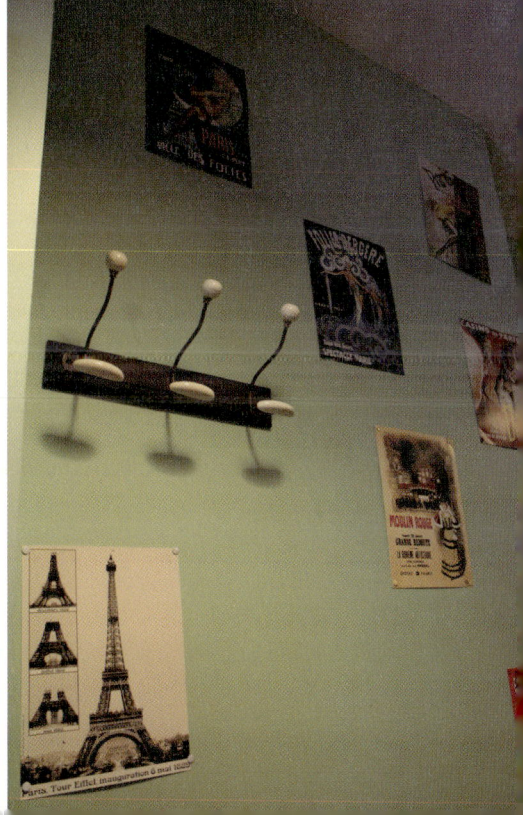

BaR à Thés - ReSTAurant - Café
Salle à l'étage
Vente à emporter

Café

하고 있다. 위치도 좋아서 아침에 따뜻한 식사를 원하는 직장인 고객들에게 특히 유용하고, 점심 혹은 오후에 방문하면 여유로운 시간을 보낼 수 있다. 주중, 주말 어느때고 헛걸음 할 걱정 없이 항상 반갑게 열려있는 곳이다.

사실 요즘 카페나 레스토랑들은 상업화, 프랜차이즈화되어 셰프 고유의 손맛을 유지하기가 쉽지 않다. 그에 반해 〈델리안〉의 상품들은 홈메이드 방식으로 정성 들여만든다고 한다. 특히 치즈케이크, 누뗄라 파운드케이크, 쿠키, 샐러드, 유기농 샐러드 등의 고품질 상품들을 저렴한 가격에 선보이는 것이 〈델리안〉이 내세우는 그들만의 강점이다. 또 고객과의 신용을 가장 중요시한 덕에 확실한 단골 고객들을 확보했다고 한다.

파리 역사의 중심이라고 할 수 있는 노트르담 성당과 오뗄 드 빌(시청)과 가까워 이동성도 좋다. 나무로 된 테라스석은 16석, 실내는 총 35좌석 정도가 마련되어 있는아담한 카페이다. 예약은 따로 받지 않는다.

Tea Time

티타임 메뉴

7유로짜리 '티타임 포르뮐'은 〈델리안〉에서 직접 만든 맛있는 음료와 파티쓰리가 함께 나오는 세트메뉴다. 치즈케이크, 당근케이크, 누뗄라케이크 혹은 부드러운 쿠키 등 비밀 레시피로 만든 정통 파티쓰리를 만나볼 수 있으며 이는 〈델리안〉의 경험으로 완성된 특별한 것이라고 한다.
또 이곳에는 특별한 전통차도 있다. 자스민, 민트, 이름도 어려운 바이 하오 인 젠 화이트 티, 루이보스 티 등이 알맞은 온도에서 그리고 차의 종류에 적합한 각각의 필터를 거쳐, 최상의 품질로 서비스 된다. 〈델리안〉의 살살 녹는 쇼콜라쇼와 직접 만든 카푸치노 혹은 아이스 티 등을 맛보고 나면 이런 말이 절로 나온다. 여기가 바로 지상 낙원!

Dejeuner

점심메뉴

전통적인 맛과 품질을 고수하고 빠른 서비스와 저렴한 가격으로 성공한 〈델리안〉. 양에 따라 선택 가능한 세 가지 메뉴(포르뮐)가 7,7유로부터 12,7유로까지 있으며 점심시간 대에 이용 가능하다.

1. (Formule Eco : Focaccia + Boisson fraîche + Dessert ou pâtisserie)
포르뮐 에코 ; 포카치아 + 시원한 음료 + 디저트나 파티쓰리 = 7,7유로

2. (Formule Equilibre : Salade ou Pâtes du jour ou Tarte Salée ou Grande Soupe (50cl) + Boisson fraîche + Dessert ou pâtisserie)
포르뮐 에낄리브르 ; 샐러드 혹은 파스타류 혹은 타르트 혹은 커다란 수프(50cl) + 시원한 음료 + 디저트나 파티쓰리 = 8,7유로

3. (Formule Plaisir : Deux plats parmi : Salade ou Focaccia ou Pâtes du jour ou Tarte Salée ou Grande Soupe (50cl) + Boisson fraîche + Dessert ou pâtisserie)
포르뮐 플래지르 ; 두 가지 메인 (샐러드 혹은 포카치아 혹은 파스타류 혹은 타르트 혹은 커다란 수프) + 시원한 음료 + 디저트나 파티쓰리 = 12,7유로

Le Brunch De Delyan

델리안 브런치   16,9유로 선

실내나 테라스석에서 즐기는 브런치는 토요일과 일요일, 공휴일에 정오부터 오후 3시까지 이용이 가능하다.

1) Un thé au choix et à volonté ou un café double ou un chocolat chaud ou un café crème 무제한 리필 차 한 잔 선택 혹은 더블 커피 혹은 쇼콜라 쇼 혹은 크림 커피

2) Des tartines à volonté avec nos confitures, sirop d'érable, Nutella, miel…
무제한 리필 타르틴(잼, 시럽, 누뗄라, 꿀 등)

3) Trois gourmandises au choix parmi nos viennoiseries (cookies, macarons, cakes) ou nos desserts frais (tiramisu, compote...) (hors gâteaux)

세 가지 달콤 디저트 선택 - 쿠키, 마카롱, 티라미수, 마멀레이드 등(갸또케이크 제외)

4) Une Salade ou une Focaccia ou une Tarte salée au choix

샐러드 혹은 포카치아 혹은 타르트 중 선택

5) Un œuf à la coque 반숙 계란

6) Un jus de fruit ou une boisson fraîche au choix

과일 주스 혹은 시원한 음료 중 선택

Boisson Chaude

따뜻한 음료

에스프레소, 무카페인커피, 헤이즐넛커피 1,7유로	비엔나커피 4,5유로
더블사이즈는 3유로	쇼콜라 쇼 4,4유로
볼리비아 에스프레소 2,1유로	비엔나 쇼콜라 오 래 4,8유로
더블사이즈는 3,9유로	따뜻한 우유 3,6유로
크림 커피 혹은 카페 라떼 3,6유로	
카푸치노 4,5유로	

Boisson Fraîche

시원한 음료 3,4유로~6유로 선

홈메이드 아이스티 (Thés glacés) 3,4유로	스무디(Smoothie) 3,8유로
디아볼로(Diabolos) 3,3유로	과일주스(Jus de fruits) 3,5유로

Pâtisserie

파티쓰리 3,9유로

치즈케이크, 누뗄라케이크, 클라푸티, 사과타르트, 머랭레몬타르트, 초코케이크, 당근케이크, 체리갸또, 사과나 배 크럼블, 쿠키 등

Dessert

디저트

붉은 과일 쿨리의 프로마주 블랑, 사과 졸임 2,3유로

붉은 과일 파나코타, 티라미수, 일 플로탕트, 붉은 과일 리 오 래, 계절과일 샐러드, 산딸기 델리스 2,5유로

차 : 클래식, 파르퓌메 종류별로 4,4유로

(모든 메뉴는 매년 약간의 가격인상과 변경 가능성 있음)

Café Paris
Delyan Menu

가장 행복한 시간은? 맛있는 시간!

L'heure Gourmande

뢰르 구르망드

〈뢰르 구르망드〉가 있는 쪽은 이상하리만치 한적하고 다른 상점들을 발견할 수 없는 점이 특이하지만 사실 조금만 걷다 보면 이내 번화가가 나타난다. 아치형의 카페 입구는 푸른 잎사귀들이 초록색의 동그란 간판과 어우러져 싱그러운 모습으로 손님을 맞이하고 있다. 나무의자가 놓여진 테라스석은 여느 파리의 가정집 정원처럼 편안하고 햇빛이 잘 들며, 날씨 좋은 날 유난히 푸른 파리의 하늘을 바라보기 좋은 위치다. 화창한 날이라면 청명한 느낌이 드는 테라스석에 앉아 햇살을 만끽해보도록 하자. 이 살롱 드 떼의 이름처럼 정말 행복하고 맛있는 시간을 보내게 될 것이다. 〈뢰르 구르망드〉는 해석하면 '미식(식도락)의 시간'정도 되겠다.

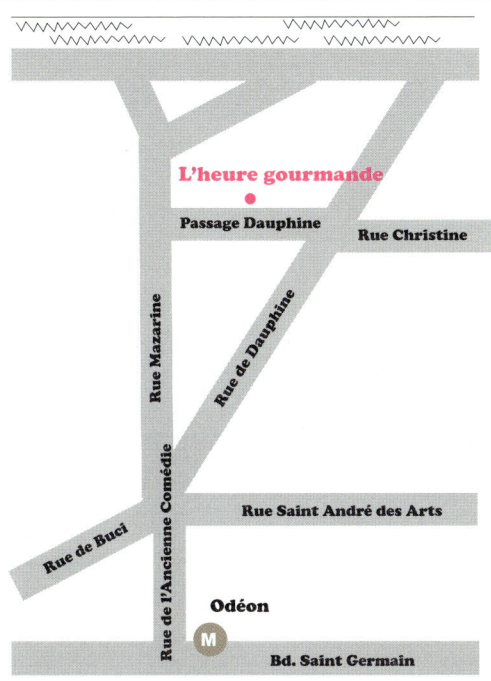

L'heure gourmande

Passage Dauphine

Rue Christine

Rue Mazarine

Rue de Dauphine

Rue de l'Ancienne Comédie

Rue Saint André des Arts

Rue de Buci

Odéon

M

Bd. Saint Germain

Add : 22, passage Dauphine 75006 Paris
Tel : 01. 46. 34. 00. 40
Métro : 오데옹 Odéon(4, 10호선)역에서 나와 '구 코메디 거리 Rue de l'Ancienne Comédie'를
거쳐 '마자린Rue Mazarine'길로 직진하다. 오른쪽에 파싸주 입구가 보이면 들어가
면 된다. 파싸주 입구는 'Galerie Olivier Waltman'의 맞은 편에 있다.
Opentime : 매일 오전 11시 30분부터 저녁 7시까지.

입구가 눈에 잘 띄지 않는 파싸주 도핀Passage Dauphine을 찾아 안으로 들어오면 초록색 간판의 아기자기한 휴식처 〈뢰르 구르망드L'heure gourmande〉가 있다. 눈에 띄지 않는 구석진 곳에 위치한 점을 감안해서인지, 파싸주 문에는 이 살롱 드 떼를 알리는 자그마한 칠판이 붙어있다. 자, 그러면 '도대체 파싸주가 뭐야?'라고 생각하시는 분들이 많을 것 같아 일단 파싸주에 대한 설명부터 해야겠다.

파리에서 길을 걷다가 건물 한 가운데를 뚫어 놓고 그 통로를 따라 상점이 들어선 길을 본 적이 있는가? 바로 그것이 '파싸주Passage'다. 이미 지어놓은 건물의 사이를 가로질러 구멍을 뚫어서 만들거나 혹은 건물을 처음 지을 때부터 그렇게 설계한 형태가 있다. 어떤 파싸주는 쇼핑센터 같기도 하고, 또 어떤 파싸주는 미술관 같기도 하지만 모두 하나의 파싸주(파싸주 쿠베르Passage Couvert) 형태에서 유래했고 갤러리Galerie라고 부르는 것도 있다.

대다수의 파싸주들은 19세기 전반에 지어졌고, 비가 오는 날이나 악천후에 부유한 단골 고객들을 피신시키려는 목적에서 생겨났다. 그리고 동시에 다양한 산업을 한 곳에서 가장 효율적으로 운영하려는 목적도 있었다. 그러나 대형 상점과 백화점들이 상권을 장악하면서 현재는 열 몇 곳 정도만 남아있는 상태. 하지만 여전히 '파리의 옛 파싸주'라는 상징적인 의미가 있다.

보통 이런 파싸주 안에 위치한 카페나 레스토랑들은 대개 개성이 강하고 매력이 넘치며 오랜 단골 고객을 확보하고 있다. 건물 안쪽에 있기 때문에 발견하기가 쉽지 않아, 파리에 오래 거주한 현지인이나 사전조사를 하고 방문한 관광객들이 주요 고객들이다. 하지만 한번 파싸주 내의 카페와 갤러리, 상점들을 접하게 되면, '진짜 파리'가 무엇인지 비로소 깨닫게 된다. 보통 파싸주 내의 근사해 보이는 카페나 레스토랑에 들어가면 웬만해서는 실패하는 법이 없다. 꼭 화려한 분위기가 아니더라도,

아기자기하거나 고풍스럽거나 혹은 포근하거나 또는 음식이 맛있다. 즉 가게마다 고유의 확실한 컨셉이 있는 것이다.

카페 문을 열고 들어가면 반 층 정도 아래로 내려가는 계단이 있다. 약간 낮은 반지 층으로 된 구조인데, 대신 카페 내부는 천장이 매우 높고 밝은 분위기다. 효율적인 복층 구조로 되어 2개 층으로 공간 활용을 하고 있다. 입구 쪽 문에는 메뉴판이 붙어 있고, 오늘의 요리(Assiette du jour 혹은 Plat du jour라 부른다)도 적혀있는데 이 메뉴는 날마다 바뀐다. 점심 때 혼자 온 손님들은 카페 한쪽에 놓인 잡지나 신문을 보며 주로 '오늘의 요리'를 먹는다. 창가 쪽 자리에 앉으면 테라스석에서 시간을 보내는 이들이 가깝게 보인다.

파리의 여느 카페들처럼 역시 〈뢰르 구르망드〉도 에어컨은 설치되어 있지 않고 대신 커다란 날개들이 천장에서 바람을 일으키고 있다. 하지만 의외로 매우 시원하니 한여름이라 해도 크게 걱정할 필요는 없다. 곳곳에 아기자기한 주전자와 예쁜 그림들, 편안한 의자와 작은 화분 등이 놓여 있어 마치 친한 프랑스 친구네 집에 초대받아 음식을 기다리고 있는 기분이다.

보통 파리의 카페에서는 '케이크'라고 써있는 것을 주문하면 우리가 생각하는 '미국식 케이크'는 절대 나오지 않는다. 그냥 네모나고 기다란 은박 틀에 구운 묵직한 파운드 케이크를 약 2센티미터 간격으로 썰어서 주는 거라고 생각하면 된다. 케이크 모음Assortiment Cake를 시켰더니 각각 레몬, 시나몬, 말린 과일 등이 들어간 빵이 나온다. 그리고 함께 발라 먹을 포도 잼이 나오는데 이게 또 무척이나 달콤하고 맛이 좋다. 이 집에는 여러 가지의 특이한 메뉴가 있지만, 다른 카페에서 한 번도 보지 못했던 것이 있어 주문해 보았다. 강하지 않은 딸기 맛이 조금은 상큼하면서도 우유의 비린 맛이 느껴지지 않아 부드러웠던 딸기우유, 그리고 과즙 음료라고 부르는 시원한 과일차를 시켰다. "딸기 맛이 부족하면 말하라"는 당부도 잊지 않는 종업원 언니의 미소도 참 예쁘다. 젊은 파리지엔 둘이서 이렇게 예쁜 카페를 운영하고 있다는 것이 보기 좋으면서도 한편으론 부러웠다. 아마도 한 명은 주방에서 직접 파티쓰리를 만들고 있는 듯했다. 달콤하고 맛있는 시간을 보내고 싶은 사람이라면 〈뢰르 구르망드〉가 있는 파싸주로 발걸음을 옮겨 보자.

차 종류는 6-7유로선, 케이크(레몬 혹은 향신) 한 조각은 4.8유로로, 과일케이크는 5.2유로로, 케이크 모음은 6.8유로다. 버터와 잼이 함께 나오는 머핀은 4.5유로로, 토스트빵은 6.5유로로. 마들렌 4조각과 잼이 함께 나오는 메뉴는 4.6유로.

과즙음료(Les Eaux de Fruits)는 6유로선, 핫초코(Chocolat à l'ancienne)는 6.8유로이고, 샹티이 크림이 함께 나오는 비엔나식 핫초코(Viennois avec Chantilly)는 7.3유로다.

민트, 카모마일 등의 티잔류(Les Tisanes-Tilleul, Menthe, Verveine, Camomille, Citronnelle, Oranger)는 4.5 - 5유로 선이다.

커피(Les Cafés)는 콜롬비아커피 혹은 모카커피(Colombie ou Moka)가 2.5유로로, 무카페인커피(Décaféiné)도 2.5유로로. 양이 많이 나오는 더블커피(Café double)는 3.8유로다. 비엔나식 커피(Café Viennois)는 4.5유로로, 커다란 크림커피(Grand Café Crème)는 4유로다.

타르트와 샐러드가 함께 나오는 메뉴(Tartes salées et salade verte)는 9유로로 간단하게 끼니를 해결하기에 좋다. 물론 제대로 된 식사메뉴도 다양하고, 치즈케이크 등의 디저트와 유명한 베르티옹 아이스크림(Glaces Berthillon)도 있다. 또한 칵테일과 시원한 음료, 위스키, 와인, 주스, 소다음료 등도 갖추고 있다.

(매년 약간의 가격인상과 메뉴변경 가능성 있음)

Café Paris
L'heure Gourmande Menu

젊은 파리지엥들의 아지트

Le Loir dans la Théière

르 루아르 당 라 테이에르

'르 루아르 당 라 테이에르 Le Loir dans la Théière'의 뜻은 '찻주전
자 속의 들쥐'다. 간판의 그림을 보면 쉽게 의미를 이해할 수 있다.
사람에게 들킬까 봐 몰래 오래된 찻주전자 속에 숨어 있는 듯한 귀
여운 들쥐의 모습이 인상적이다. 어떤 동물이든 소중히 아끼고 사
랑하는 프랑스인들의 정서가 반영된 이름이 아닐는지.
이곳은 친한 프랑스 친구가 소개해주어 알게 된 카페로, 주로 젊은
이들이 좋아하는 동네인 마레 지구(Quartier Marais)에 위치해 있
다. 이 살롱 드 떼에서 케이크를 만드는 셰프는 매우 유명한 사람이
고 그만큼 맛도 좋다고 소문이 나 있다. 실제로 가보니 파리의 보통
카페들과는 분위기가 사뭇 다른 곳이었다.

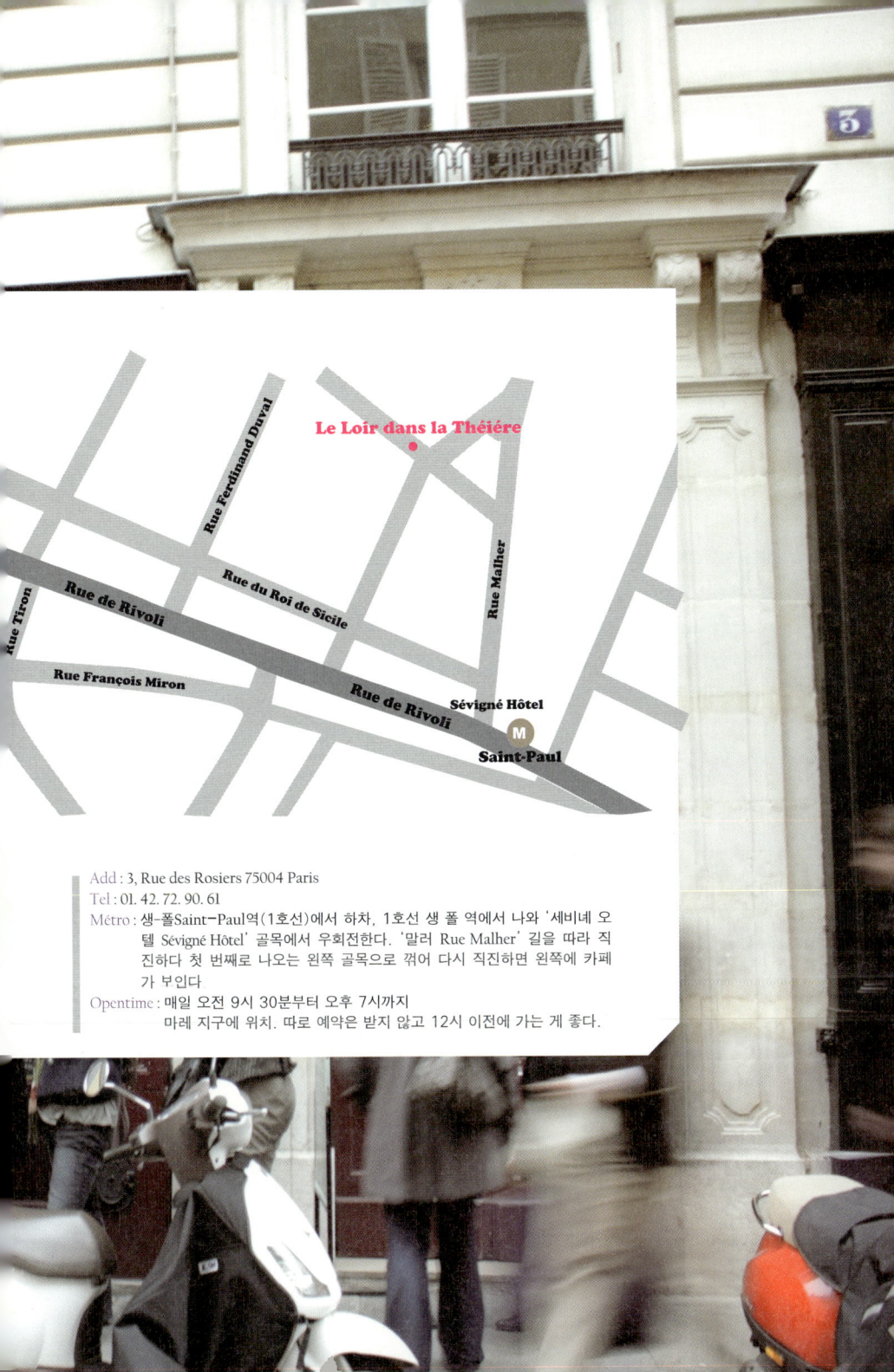

Le Loir dans la Théiére

Rue Ferdinand Duval

Rue Malher

Rue du Roi de Sicile

Rue Tiron

Rue de Rivoli

Rue François Miron

Rue de Rivoli

Sévigné Hôtel

Ⓜ

Saint-Paul

Add : 3, Rue des Rosiers 75004 Paris
Tel : 01. 42. 72. 90. 61
Métro : 생-폴Saint-Paul역(1호선)에서 하차, 1호선 생 폴 역에서 나와 '세비녜 오
텔 Sévigné Hôtel'골목에서 우회전한다. '말러 Rue Malher'길을 따라 직
진하다 첫 번째로 나오는 왼쪽 골목으로 꺾어 다시 직진하면 왼쪽에 카페
가 부인다
Opentime : 매일 오전 9시 30분부터 오후 7시까지
마레 지구에 위치. 따로 예약은 받지 않고 12시 이전에 가는 게 좋다.

실내 벽에는 온통 다양한 포스터와 그림들로 채워져 있고, 현지인 위주의 손님들로 북적댔다. 알고 보니 〈르 루아르 당 라 테이에르〉는 주중에는 브런치를 먹기에 좋고, 주말에는 친구들과 수다 떨며 차 한 잔과 디저트를 즐기기에 적합한 곳이었다. 주말에는 기다리는 사람이 워낙 많아 가급적 오전 중에 방문해야 하고 그렇지 않으면 몇 시간이나 줄 서서 기다려야 할 정도다.

귀여운 간판 그림인 찻주전자 속 들쥐가 이곳의 실내분위기를 짐작하게 한다. 조금은 어둡고 어수선하며, 낡아버린 빈티지한 테이블과 의자가 있어 마치 오래된 다락방에 앉아 있는 것 같은 기분도 든다. 그래서일까? 왠지 과거의 추억을 회상하게 만들기도 한다.

카페 벽에 가득히 도배된 포스터의 수많은 얼굴들은 무언가를 말하고 있는 듯하다. 그들이 내뱉는 단어들이 공중에 떠다니고 있지는 않을지 눈을 크게 뜨고 귀를 기울여 보지만 하도 열심히 떠들어대는 파리지엥들의 목소리에 이내 단념하고 만다. 문학, 미술, 음악 등의 분야에서 유명한 사람들의 자화상이나 공연홍보 포스터 등이 있는 것으로 보아 이곳의 주인도 예술에 조예가 깊은 사람일 거란 생각이 든다.

카페의 한쪽에는 케이크와 타르트들이 종류 별로 놓여져 있다. 직접 가서 구경한 뒤에 원하는 것을 달라고 주문하면 되는데, 망고 케이크과 오렌지 퐁당 오 쇼콜라(초콜릿케이크 안에 걸쭉한 초콜릿무스가 들어있는 것), 초콜릿 타르트와 바나나 타르트 등이 있다. 그리고 이곳에서 가장 유명한 레몬 타르트는 계란 흰자로 만든 말랑말랑하고 탄력 있는 머랭크림이 잔뜩 얹어진 독특한 메뉴다. 많이 시지는 않지만 크림의 식감이 생각했던 것과 매우 달라서 조금 놀랐다. 마치 크림이 아닌 치즈를 섞어서 만든 것처럼 약간 단단한 느낌이랄까? 아니 어쩌면 약간은 머쉬멜로우같은 느낌도 있다. 그리고 한 조각이 매우 크기 때문에 둘이서 나누어 먹어도 충분하다.

딸기 타르트나 화이트 치즈케이크도 있는데 이런 종류의 파티쓰리들은 사이즈가 아주 크지는 않아 혼자 먹기에 적당하다. 케이크 종류는 메뉴판에 적혀 있지 않아서

그냥 손짓으로 주문해야 하니 종업원이 오기 전에 미리 봐두는 게 좋다. 주문을 하면 〈르 루아르 당 라 테이에르〉 카페를 상징하는 귀여운 들쥐가 그려진 접시에 케이크를 담아 온다.

각종 다양한 향을 지닌 차들과 여러 가지 향이 섞여 있는 인퓨전 차가 있어 취향대로 고르면 되는데, 이곳에서는 고품질의 차만 취급하고 있으니 어느 것을 골라도 후회하지 않는다.

음료 중 핫초코(쇼콜라쇼)는 집에서 초콜릿을 녹여 만든 것처럼 정성이 느껴진다. 가루를 타서 만든 것이 아니라서 진하고 부드럽다. 너무 걸쭉하지도, 묽지도 않은 아주 적당한 농도라서 부담이 없다.

〈르 루아르 당 라 테이에르〉에서는 차와 디저트만 즐길 수 있는 것이 아니다. 여느 보통 카페들과 마찬가지로 간단한 식사와 브런치도 가능하다. 칠판으로 된 메뉴판에는 현재 주문이 가능한 메뉴들이 기재되어 있다. '오늘의 메뉴'는 매일 바뀌기 때문에 갈 때마다 달라진다. 주로 샐러드나 파스타 등 가볍게 점심을 먹는 파리지엥들의 입맛에 맞는 메뉴들 위주로 준비되어 있다.

두 잔의 차와 케이크 한 조각을 시키면 15유로가 조금 넘는다. 타르트가 보통 8.5유로 정도되고, 오후 4시 이후에는 차와 케이크를 합해 9.5유로이다. 그러나 가격은 시기에 따라 약간씩 변동할 가능성이 있다. 식사대용으로 먹을 수 있는 푸짐한 샐러드는 12유로 가량 된다.

파리의 전형적인 우중충한 날씨였는데도 줄을 길게 서서 기다리는 사람들이 많다. 하지만 기다리는 줄에 익숙한 파리 사람들에게 이 정도는 아무것도 아니다. 기다리

ANGELINA
Maison fondée en 1903
ANGELINA
PARIS

PHOTO SERVICE

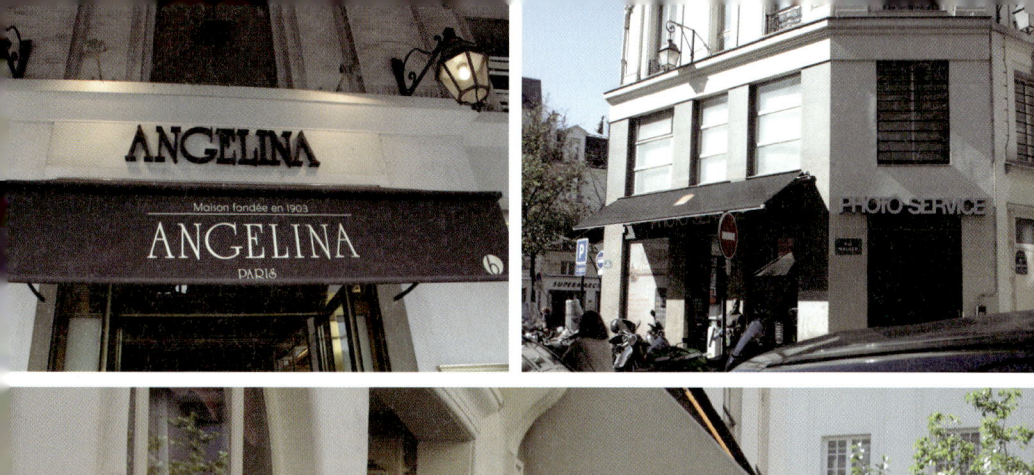

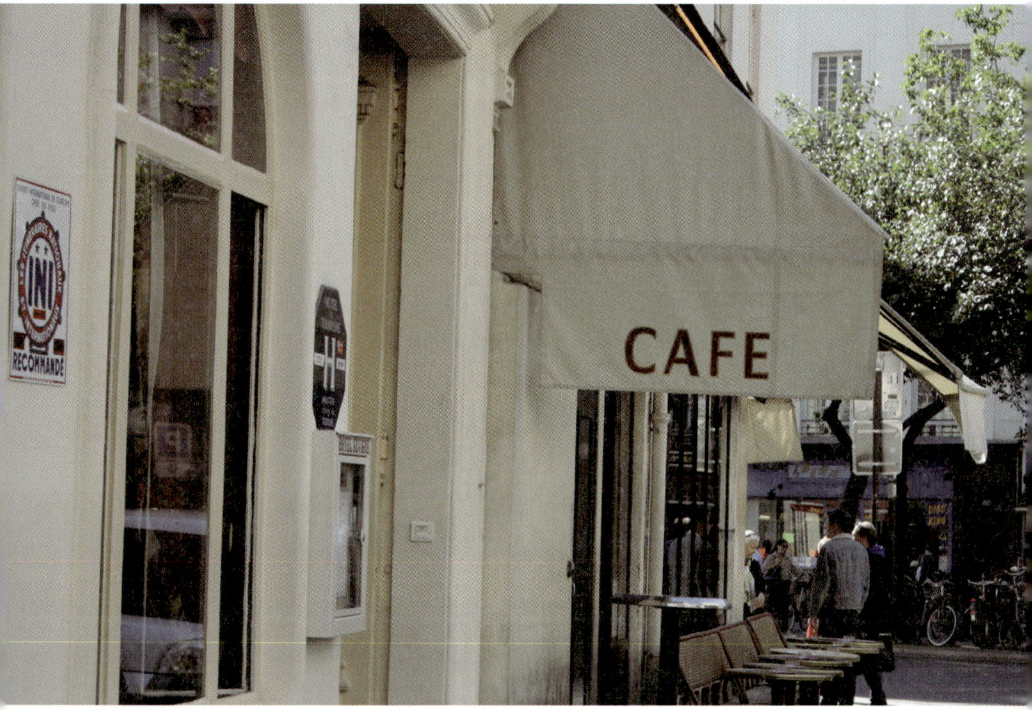
RECOMMANDE
CAFE

Le loir dans la théière

LE LOIR DANS LA THEIERE

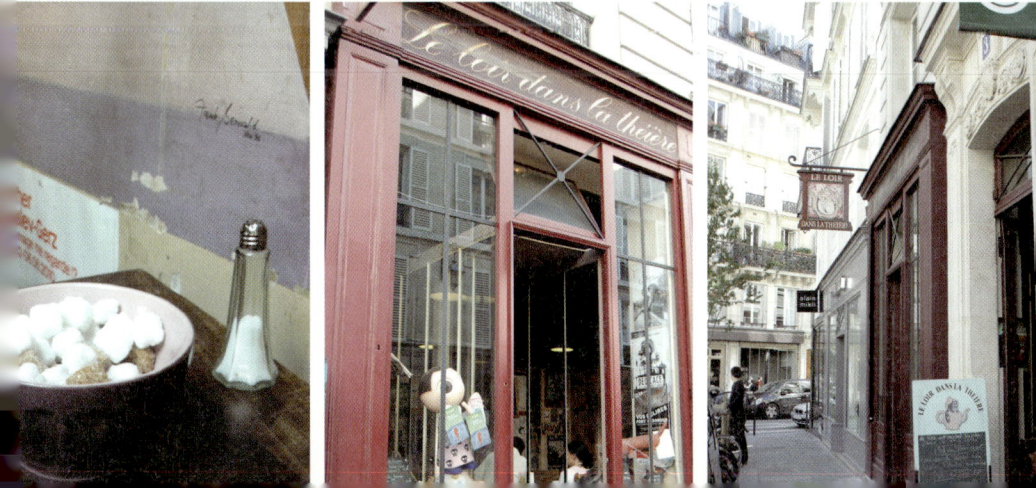

는 것에 있어 인내심이 부족한 우리의 입장에서는 다소 의아할 정도다. 서비스를 이용하는 시간보다 대기하는 시간이 더 긴 경우도 있기 때문이다. 하지만 이것은 자신이 좋아하는 것을 위해 기꺼이 시간을 감내하는 프랑스인들의 특징이라고도 할 수 있다.

파리에서 조금은 특별한 카페를 방문해보고 싶다면 〈르 루아르 당 라 테이에르〉 즉, '찻주전자 속 들쥐'를 만나러 가자. 유독 젊은 파리지엥들에게 인기가 있는 색다른 느낌의 카페에서 그들의 문화를 느껴보는 것은 어떨까?

식사메뉴 (전식 + 본식 + 후식 entrée + plat + dessert) 15 - 20 유로선

파티쓰리(Pâtisserie) 6,5 유로

차(Thé) 4 유로

타르트와 간단 식사류 8,5 - 12유로선

핫초코(chocolat) 4,5유로

차 + 파티쓰리 = 9,5유로 (오후 4시 이후부터)

브런치 17.5유로부터

(토요일 : 오전 9시 30분부터 11시 30분까지 / 일요일 : 오전 9시 30분부터 오후 3시 30분까지 / 사람이 많아서 일찍 가야 함)

(매년 약간의 가격인상과 메뉴변경 가능성 있음)

Café Paris
Le Loir dans la Théière Menu

할머니가 만들어주신 바로 그 맛 !

Mamie Gâteaux

마미 갸또

스타일리시한 젊은 파리지엔들이 많이 찾는 예쁘고 아기자기한 살
롱 드 떼 〈마미 갸또^{Mamie Gâteaux}〉는 '할머니가 만들어주는 과자와 케
이크'를 뜻한다. 그 이름만으로도 친근하고 정겨운 느낌이 물씬 들
지만, 카페 내부의 모습과 상세 메뉴를 보고 나면 더욱 빠져들 수밖
에 없는 이곳.

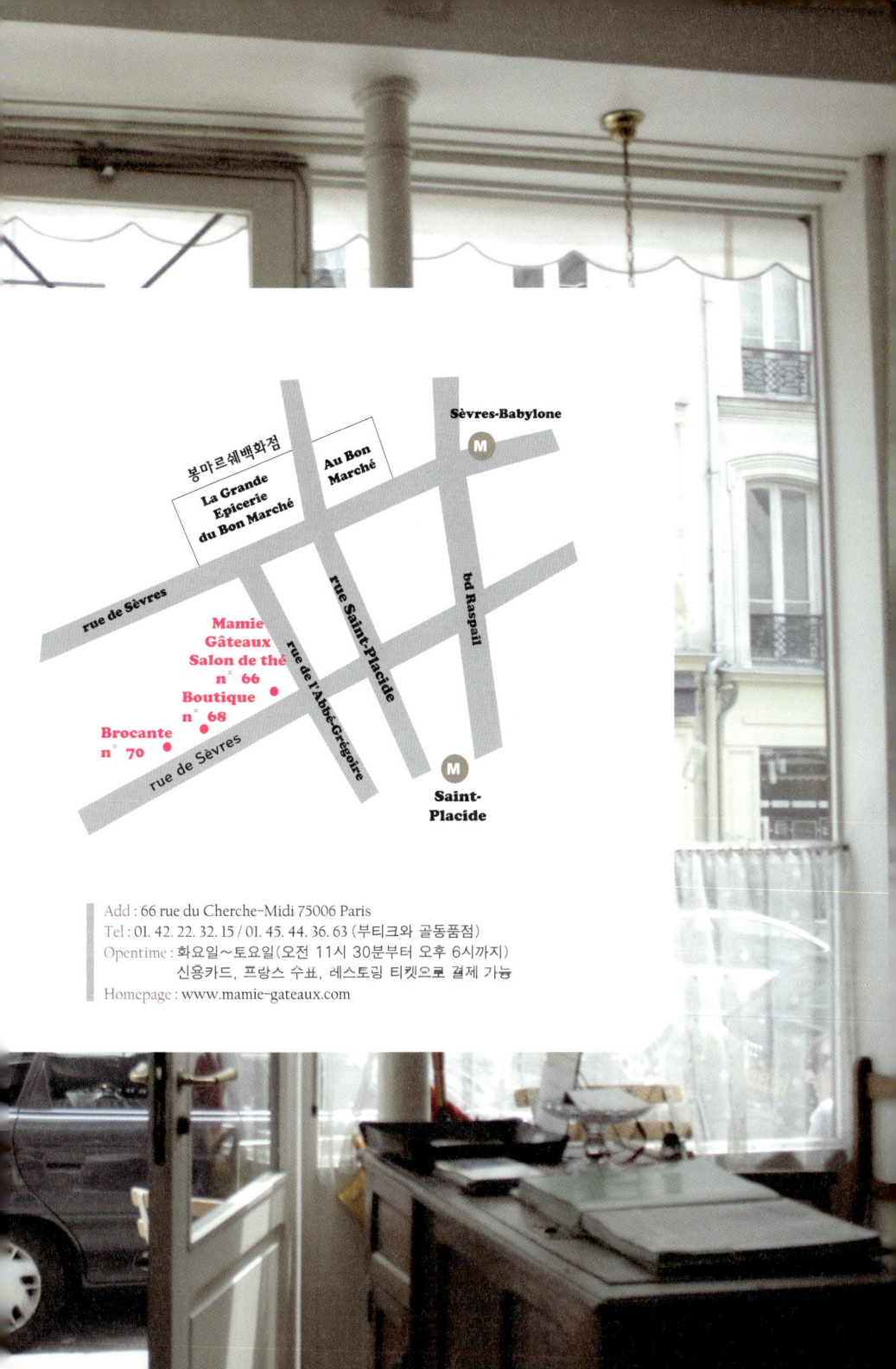

봉마르쉐백화점

La Grande
Epicerie
du Bon Marché

Au Bon
Marché

Sèvres-Babylone

Ⓜ

rue de Sèvres

Mamie
Gâteaux
Salon de thé
n° 66
Boutique
n° 68

Brocante
n° 70

rue de Sèvres

rue Saint-Placide

rue de l'Abbé-Grégoire

bd Raspail

Ⓜ
Saint-
Placide

Add : 66 rue du Cherche-Midi 75006 Paris
Tel : 01. 42. 22. 32. 15 / 01. 45. 44. 36. 63 (부티크와 골동품점)
Opentime : 화요일~토요일(오전 11시 30분부터 오후 6시까지)
　　　　　 신용카드, 프랑스 수표, 레스토링 티켓으로 결제 가능
Homepage : www.mamie-gateaux.com

〈마미 갸또〉의 주인은 프랑스인 에르베^{Hervé} 씨와 한결같은 미소의 일본인 마리코^{Mariko} 씨다. 마리코 씨는 도쿄의 프랑스 제과점 '달로와요^{Dalloyau}'에서 파티시에로 일하다 어느 날 프랑스로 건너왔다. 프랑스 요리와 문화를 좋아해 파리에 있는 '코르동 블루^{Cordon Bleu}' 요리학교를 다니기도 했다. 한편 금융계에 종사하고 있던 에르베 씨는 한 외국어 수업 학원에서 마리코 씨와 처음 만나게 되었고 그들은 서로 뜻이 맞아 함께 살롱 드 떼-브로캉트(찻집과 골동품점)를 열기로 결정한 것이다. 그래서인지 이곳은 프랑스 스타일이면서도 일본인들이 좋아할 만한 느낌을 지닌 가게다. 2003 년 10월, 오래된 건물에 처음 문을 연 카페는 '할머니의 주방'을 연상시키는 컨셉을 지향했다.

이 동네에는 고급백화점 봉 마르쉐^{Bon Marché}와 중고명품 가게 등이 들어서 있어 알찬 쇼핑도 가능하다. 쇼핑 후에 휴식을 취하기에 좋은 소녀 취향의 살롱 드 떼 〈마미 갸또〉는, 브로캉트(골동품점^{brocante})와 부티크(상점^{boutique})를 함께 운영한다. 어릴 적 기억을 떠올리게 하는 인형과 장난감, 알록달록 깜찍한 주방소품 등을 판매하고 있다. 그러나 막상 바로 옆에 붙어 있는 가게로 가면 문이 굳게 닫혀 있을 때가 많은데, 만

일 구경하고 싶으면 카페 주인에게 문의하면 해결해준다. 이 가게들은 카페를 연지 3년 뒤인 2006년 3월에 오픈했다고 한다.

〈마미 갸또〉의 실내에도 예쁜 주방용품과 소품들이 진열되어 있거나 혹은 매달려 있다. 작은 손저울, 손잡이가 달린 크기별 냄비, 하늘색 양념통, 어릴 적 동심이 한가득 들어 있을 것만 같은 굳게 닫혀진 보물상자, 그리고 칠판에 분필로 적힌 특별한 메뉴의 글씨도 오래전 초등학교 시절을 떠올리게 한다. 나무 바구니와 반죽밀대, 빛바랜 벽시계, 요리책이 들어 있는 서랍장, 천장과 닿을 듯 일렬로 가지런히 놓여 있는 가지각색의 그릇들, 벽난로 위의 주전자를 보고 있으면 엄마가 만들어주는 빵을 기다리는 아이처럼 마구 설렌다. 그리고 달걀과 사과가 가득 담긴 광주리를 보면 풍요로운 느낌이 들어 일주일 치 식량을 쌓아 놓은 것처럼 든든해진다.

이곳의 단골 고객인 듯한, 한쪽 테이블을 차지한 할머니의 모습은 마치 집에서 한가로운 오후를 보내는 것처럼 평온해 보인다. 왠지 착한 일을 하면 높이 올려진 바구니에서 사탕을 꺼내줄 것만 같다. 실제로 사탕, 캐러멜, 비스킷, 잼, 꿀 등이 카페 곳곳에 진열되어 있고 원하면 구매도 할 수 있다. 한 마디로 〈마미 갸또〉는 규모는 작

지만 파리지엥들에게 소박한 기쁨을 주는 카페라고 할 수 있다.

한쪽 구석엔 고객들을 배려해 비 오는 날을 대비한 우산들을 꽂아두었다. 귀여운 전등과 꽃무늬 접시가 벽에 장식되어 있고, 입구 쪽에 마련된 나무 서랍장 위에는 이 살롱 드 떼를 설명하는 책이 펼쳐져 있다. 이색적인 카페레스토랑을 소개하는 프랑스 서적에도 〈마미 갸또〉가 소개된 것이다. 옆에 놓인 명함과 파리 관광가이드 CD는 무료로 가져갈 수 있다.

깨끗하고 하얀 벽면과 레이스 커튼이 더욱 소녀스러운 인상을 준다. 커튼을 뚫고 햇살이 나무테이블 위로 길게 드리워지면 눈을 살며시 감고 낮잠이라도 청하고 싶어진다. 꽃무늬 테이블보가 깔린 테라스석에서는 옹기종기 모여 앉아 식사를 하는 파리지엥들의 즐거운 웃음소리가 들려온다.

손님의 대다수는 파리지엥들과 일본 여성들이었다. 물론 남자 고객도 꽤 있다. 아마 채식 위주의 식단과 동화같은 데코레이션을 좋아하는 사람들이 많이 찾아오는 듯하다. 카페 내부의 모습을 사진 촬영해도 되냐고 물으면 흔쾌히 허락해주니 마음껏 예쁜 모습을 담아보는 것도 좋겠다.

점심시간에는 수프, 샐러드, 타르트와 파운드 케이크 등으로 간단히 끼니를 해결하고, 이외의 시간대에는 살롱 드 떼로 음료와 디저트를 함께 이용할 수 있다. 오후 1시쯤 방문하면 음식이 나오기까지 꽤 오래 기다려야 하므로, 이 시간은 피하는 것이 좋다. 점심시간은 11시 30분부터 2시 30분까지이나 토요일은 특별히 3시까지 가능하다. 음식이 나오는 주방 쪽 문은 가운데가 뚫려 있어 보다 쉽게 음식을 서비스하고 있었다. 특히 살짝 보이는 내부에는 위생을 위해 철저히 무장한 주방장들의 모습이 눈에 띄었다. 또한 실내의 모습처럼 주방의 모습도 매우 깨끗한 듯했다.

메뉴판은 달랑 얇은 종이 한 장으로 되어 있다. 포르뮐 Formule 세트를 시키면 음료를 선택할 수 있는데, 물을 선택하면 한 사람 당 작은 병의 생수가 따로 나온다. 기본 제공되는 고소한 맛의 바게트와 함께 간단히 식사를 해결할 수 있다. 본식으로 고를 수 있는 타르트 살레의 자세한 메뉴는 벽에 붙어 있는 칠판에 재료와 함께 프랑스어로 적혀 있다. 주로 참치와 야채가 들어간 타르트 등이 있다. 시기에 따라 재료가 조금씩 달라지므로 잘 모르면 물어보도록 하자. 이 메뉴에는 약간의 샐러드가 곁들여 나오므로 굳이 따로 시키지 않아도 된다.

또 어떤 디저트를 먹어야 할지 모르겠다면 주방 쪽에 놓여진 타르트 선반 앞으로 가서 직접 고르면 된다. 이 집의 별미는 무화과 아몬드 타르트 Tarte amandes figues 와 체리 피스타치오 타르트 Tarte cerises pistaches 등이 있다. 염소치즈 호박 타르트 Tarte chèvre courgette 는 거의 일 년 내내 맛볼 수 있는 스테디셀러 메뉴다.

이 집에서 직접 만드는 잼과 스콘도 훌륭하다. 그리고 이제는 명물이 된 전통빵인 팡 페르뒤 Pain Perdu (잃어버린 빵 : 굳은 바게트를 재활용해 만든 프렌치 토스트)도 있다. 또 이곳의 귀여운 마들렌 madeleine 은 파리지엔들에게 굉장한 인기메뉴라고 한다.

Formule

포르뮐(간단한 세트메뉴) 10유로

타르트 혹은 파운드 케이크+ 초록 샐러드와 당근
(Tarte ou Cake salés maison + accompagnés
de salade verte et carottes rârpées)

물 혹은 와인 혹은 맥주 (Eau, vin, ou bière)
만일 이 세트에 디저트를 추가하면 14.5유로
(+Dessert)

Carte

단품메뉴

야채 수프(SOUPE DE LEGUMES) 4.5 유로
타르트 혹은 케이크 살레 메종(TARTE OU
CAKE SALES MAISON) 8.5유로
(초록샐러드와 당근이 함께 나온다.
Accompagnés de salade verte et carottes
râpées)
야채 크럼블(잣과 팔마산치즈, 초록샐러드를
곁들인) 9.5유로
(CRUMBLE DE LEGUMES aux pignons
de pin et au parmesan, accompagné de
salade verte)

샐러드 SALADES :
안 익힌 햄과 타프나드 프로방스 샐러드소스
(초록샐러드, 로케드 치즈, 잣, 절임토마토, 크
루통) 11유로
JAMBON CRU et SAUCE TAPENADE avec
salade verte, roquette, pignons tomates
confites, croutons
연어(훈제연어, 절인 토마토, 마카로니, 그린
빈, 샐러드) 12유로
SAUMON avec saumon fumé, tomates
confites, macaronis, haricots verts, salade

Dessert

디저트

타르트나 파티쓰리(1유로 추가로 샹티이 크림
이나 바닐라 아이스크림 가능) 5유로
TARTES OU PATISSERIES MAISON (Suppl.
chantilly ou glace vanille + 1euro)

아이스크림(사브레과자와 함께) GLACES
(avec sablé) 5유로

Boissons fraîches

신선한 음료

미네랄 워터(EAU MINERALE 33cl) 2유로

레몬에이드(LIMONADE 33cl) 4유로

사과주스(JUS DE POMME 25cl) 4유로

뤼바르브 풀 주스(JUS DE RHUBARBE 25cl) 4유로

레몬 꿀주스(CITRON-MIEL) 4유로

생오렌지주스(ORANGE PRESSEE) 5유로

와인(VIN 15cl) 3유로

맥주(BIERE 25cl) 3.5유로

Boissons chaudes

따뜻한 음료

차(THÉ) 5유로

티잔(TISANE) 4유로

커피(CAFÉ) 2.5유로

더블 커피(CAFÉ DOUBLE) 3유로

카페 오 래(우유를 넣은 커피, CAFE AU LAIT) 4유로

핫초코(쇼콜라쇼, CHOCOLAT CHAUD) 4.5유로

샹티이크림을 주문하면 1유로 추가(Sup. crème chantilly +1euro)

(매년 약간의 가격인상과 메뉴변경 가능성 있음)

Café Paris
Mamie Gâteaux Menu

세계에서 가장 뛰어난 '차(Thé)의 조합'

Mariage Frère

마리아주 프레르

이곳의 가치는 '사람들이 열정을 나누고, 차의 세계를 여행하며 감성과 향수를 발견하는 등 프랑스 예술을 경험하도록 하는 것'이라고 한다. 매우 거창한 신념과 목표가 아닐 수 없다. 그만큼 항상 차의 터전인 토양과 섬세한 맛에 대해 연구하고 더욱 특별한 차를 만들기 위해 노력하고 있는 것이다.

〈마리아주 프레르〉가 1931년 파리에서 열었던 전시회에서 내세운 슬로건은 《 하루 동안 세계 여행을 하러 이곳으로 오세요! 》 - Venez faire le tour du monde en un jour! 였다. 이제는 더욱 확실히 세계의 차 시장을 섭렵하고 있는 그들이다.

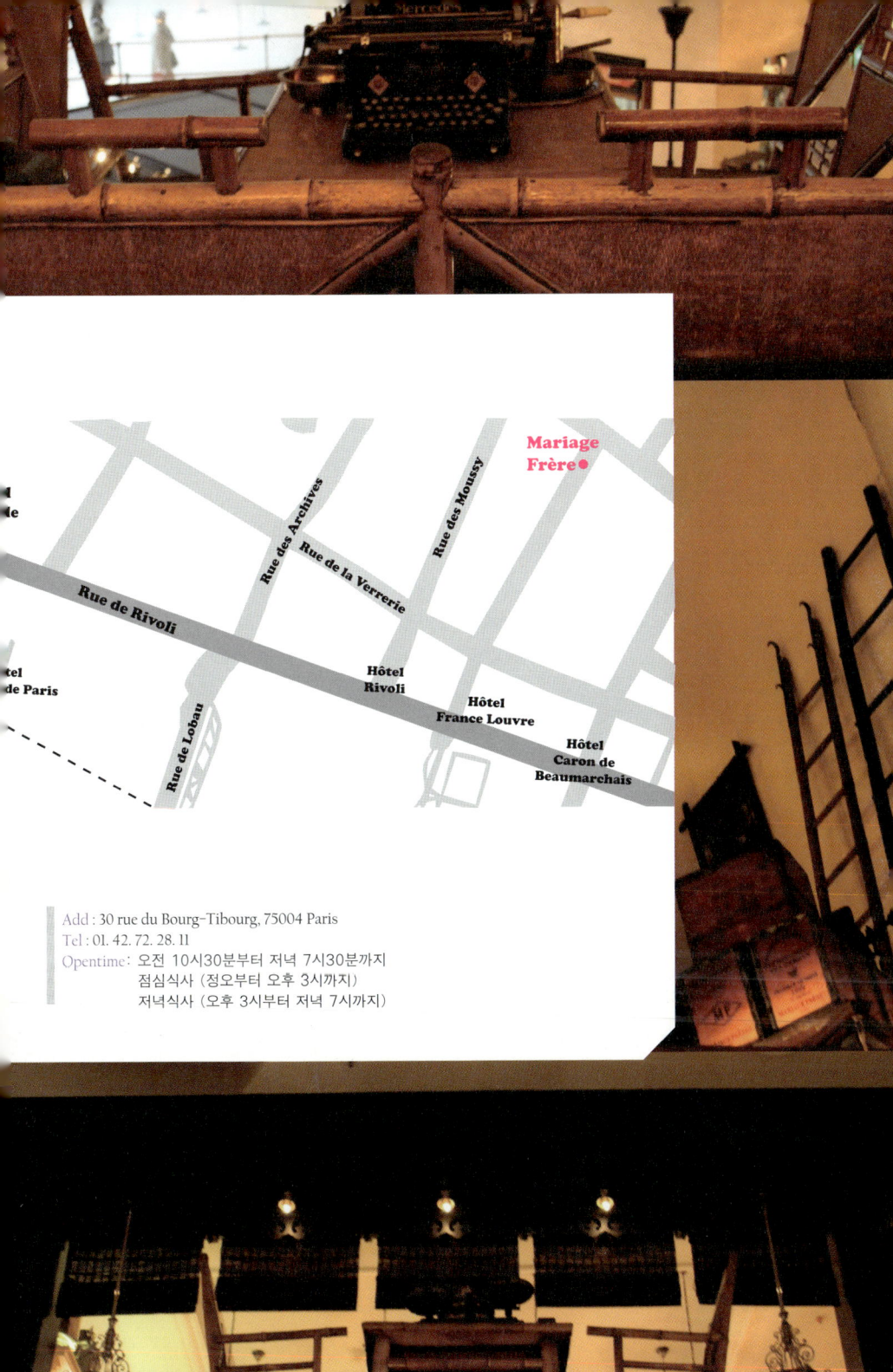

Mariage Frère●

Rue des Moussy

Rue des Archives

Rue de la Verrerie

Rue de Rivoli

Rue de Lobau

Hôtel Rivoli

Hôtel France Louvre

Hôtel Caron de Beaumarchais

tel de Paris

Add : 30 rue du Bourg-Tibourg, 75004 Paris
Tel : 01. 42. 72. 28. 11
Opentime: 오전 10시30분부터 저녁 7시30분까지
점심식사 (정오부터 오후 3시까지)
저녁식사 (오후 3시부터 저녁 7시까지)

마리아주 프레르 파리 본점 스케치)

나란히 마주보는 두 개의 매장이 있는 〈마리아주 프레르〉의 마레 지구 파리 본점에
는 항상 북적거리는 손님들로 가득하다. 그래서인지 곳곳에 매장을 지키는 직원들
의 모습도 눈에 띈다. 나는 본점을 방문하기 전부터 이미 〈마리아주 프레르〉의 명성
을 익히 알고 있었고, 선물 받은 차들을 집에서 마시거나, 이곳의 차들을 다양하게

갖춰놓은 여러 카페에 가기도 했다. 그런데 막상
〈마리아주 프레르〉의 본점을 다녀오고 나서 깜
짝 놀란 이유는 이토록 다양하고 이색적인 차들
이 존재하는 줄은 몰랐기 때문이었다.
가게는 내외부 모두 원목으로 꾸며져 자연스럽
고 빈티지하며, 앤틱하고 우아하다. 마치 역에서
표를 판매하는 것처럼 네모난 공간 안에서 계산
을 해주는 여직원의 모습도 정겹다. 고급차의 느
낌을 충분히 살려주는 다양하고 예쁜 상품 케이
스와 다기, 선물세트 등이 손님들의 구매욕을 자
극한다. 차를 좋아하는 사람이라면 정말이지 천국과도 같은 곳이다.
살롱 드 떼는 별로 넓지는 않지만 〈마리아주 프레르〉의 방식으로 서비스되는 차를
즉석에서 경험할 수 있으니 최상의 차를 마실 수 있는 좋은 기회다. 덕분에 차례를
기다리는 손님들의 줄이 항상 길지만 위층 공간도 있으므로 생각보다 오래 기다리
지는 않는다. 은은하고 밝은 조명과 벽에 걸린 그림들이 식사나 티타임을 기분 좋게
해준다. 식사 후 차와 함께 작은 디저트를 시키면 잘 어울리고, 조용하게 이야기할
공간을 찾는 사람들에게 더욱 적합하다.
〈마리아주 프레르〉 특유의 커다란 검은 통에 종류별로 담긴 차들이 벽면 나무선반
에 가득 놓인 채, 끊임없이 밀려오는 손님들을 기다리고 있다. 이 공간에서도 역시
줄을 서서 기다렸다가 주문해야 하는데 종류별로 다양하게 구매해가는 손님들이 많
아 대기시간이 다소 필요하다.

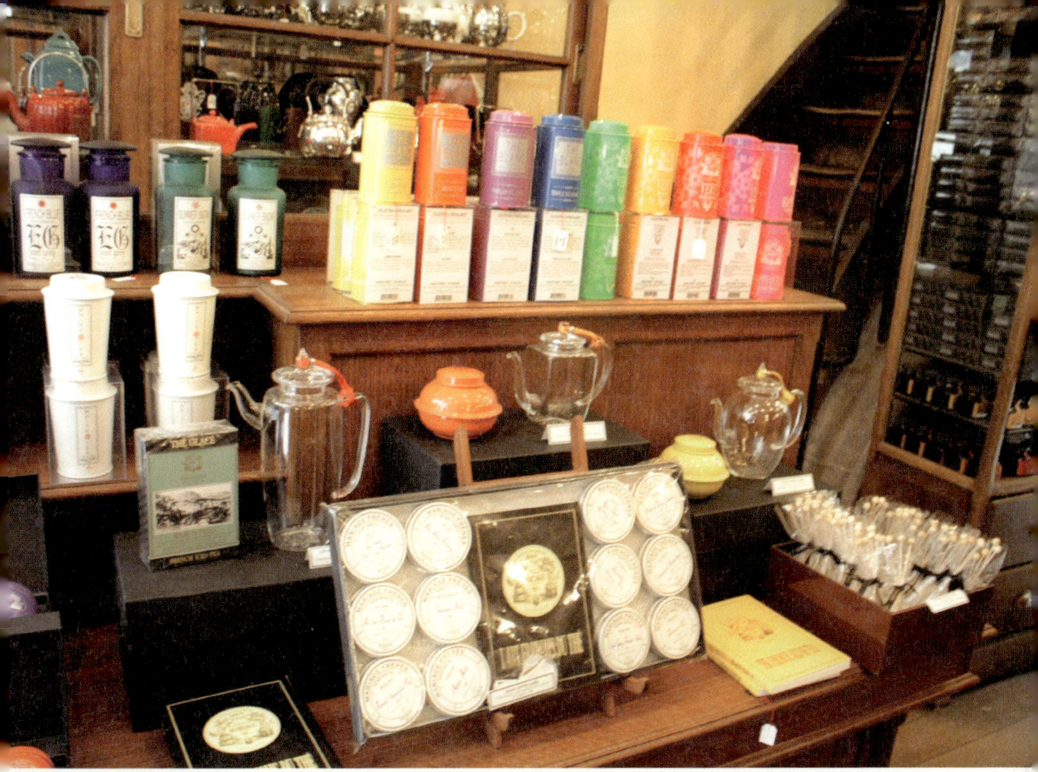

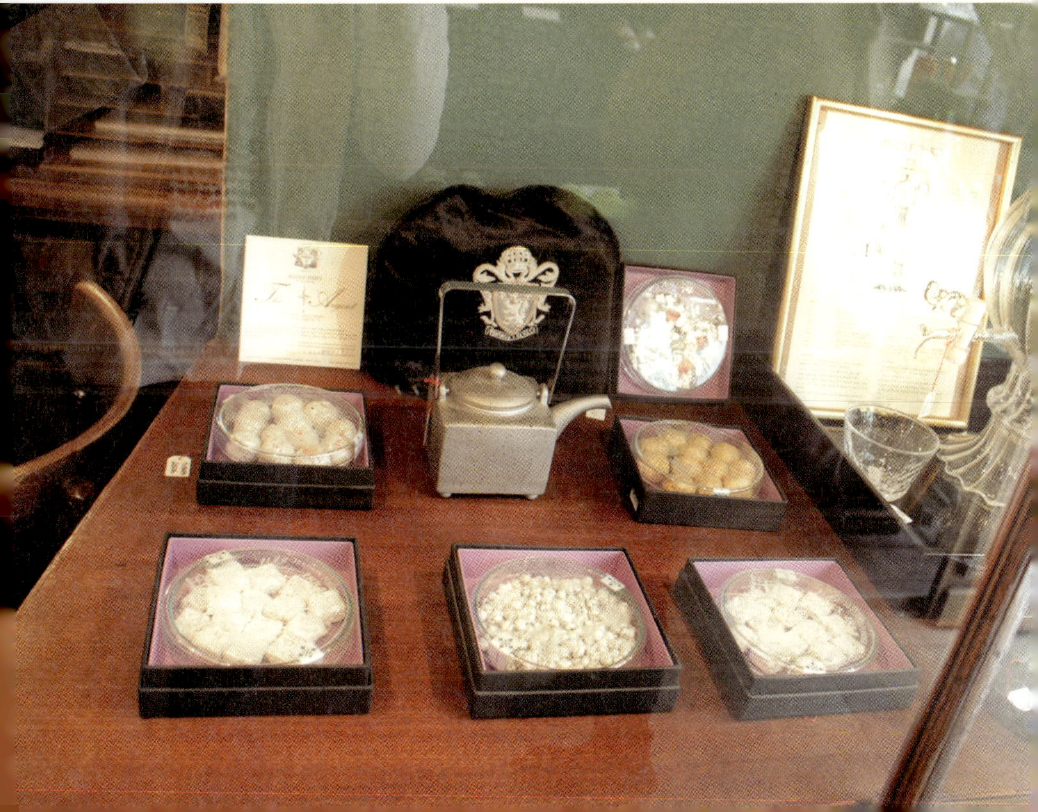

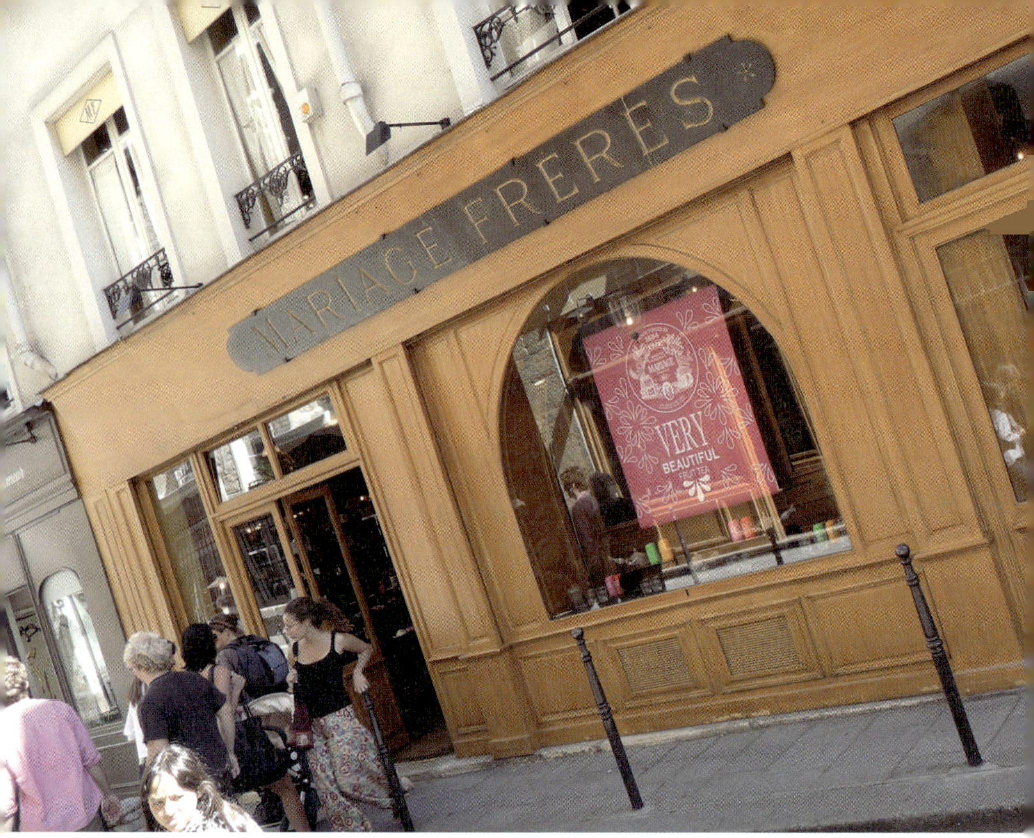
MARIAGE FRÈRES
VERY
BEAUTIFUL
FRUIT TEA

SAKURA
桜
THE VERT
SAKURA
桜
THE VERT
SAKURA
桜
THE VERT

MARIAGE FRÈRES
FRENCH TEA EMPORIUM
MARIAGE FRÈRES
SALON DE THÉ
茶
MARIAGE FRÈRES

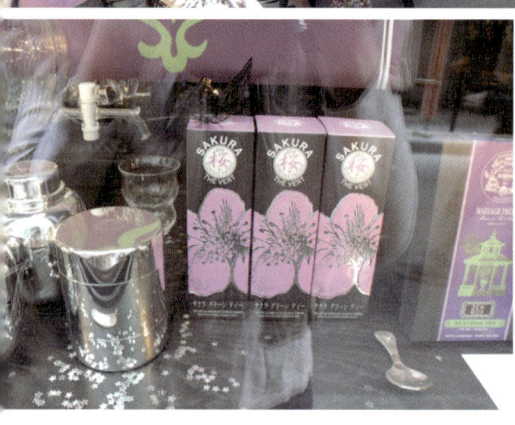

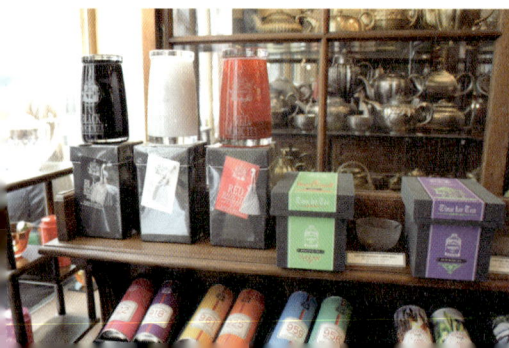

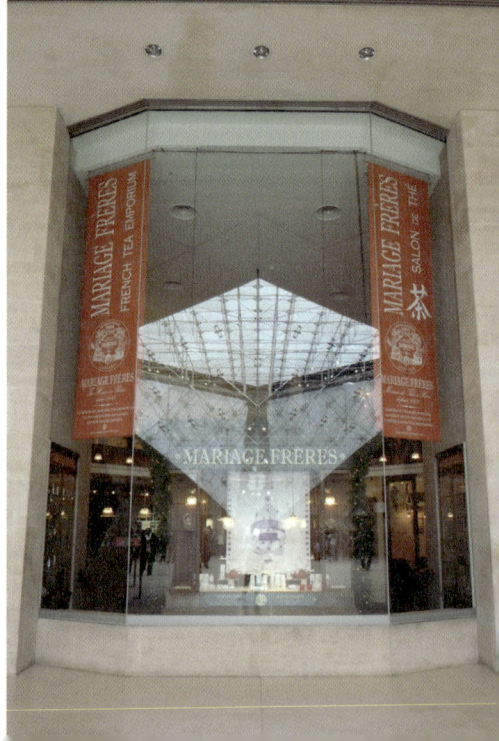

마리아주 프레르의 기원

17세기 니콜라 마리아주가 인도에서 프랑스로 차를 들여온 덕분에 루이 14세는 차 애호가가 되었고, 결국 왕실에 차라는 음료가 널리 퍼진 계기가 되었다고 한다. 현재 프랑스인들은 일 년에 일 인당 평균 100잔 이상의 차(커피 제외)를 마신다고 한다. 1766년 태어난 쟝 프랑수아 마리아주는 네 명의 아들과 함께 차와 식료품 등을 팔았고, 1820년 '오귀스트 마리아주&씨Auguste Mariage et Cie'라는 조직을 설립했는데 이는 에두아르 & 앙리Edouard & Henri가 1854년 파리에 그들의 이름으로 매장을 낸 것보다 훨씬 앞선 것이었다고 한다. 바로 이때 생긴 마레 지구의 파리 본점이 지금까지 〈마리아주 프레르〉의 전통 있는 계보를 가장 오랫동안 이어온 매장이다. 그래서 일부러 이곳 본점 매장을 찾는 사람들이 많다고 한다. 1984년에는 키티 샤 상마네와 리차드 부에노라는 사람이 〈마리아주 프레르〉를 다시 사들였고, 현재까지 차를 대중화시키고 상업화시켜왔다.

〈마리아주 프레르〉의 특별한 상품으로는 초콜릿 차, 차 젤리, 차 양초 그리고 차를 이용한 다양한 요리와 파티쓰리 등이 있다. 예를 들면, 얼 그레이 마들렌과 다즐링 타르트 등이 그것이다. 또한 매년 열 가지가 넘는 찻주전자와 다기류 등을 개발하는데 다양한 재료와 디자인으로 고객들에게 각광받고 있다. 그 색을 표현하는 말도 예쁘다. 수선화의 노란색, 아침우유의 흰색, 쾌청한 날의 푸른 회색 혹은 부드러운 잎사귀의 초록 등…… 마레 지구의 파리본점에 들른다면 차로 만든 마들렌, 스콘, 머핀, 팔래 과자, 트뤼프 등을 구경하고 맛도 꼭 보도록 하자.

제대로 음미하려면

〈마리아주 프레르〉가 지금의 성공에 이르기까지 꼭 지켜오는 규칙들이 있다고 하는데, 차의 종류마다 그 내용이 다르다. 우선 블랙티, 블루티, 향을 가미한 차 등에 있어서는 다섯 가지의 기준이 있다. 첫째, 차는 일단 먼저 데워진 찻주전자 속에 담아야 한다. 필터를 장착해야 하고 끓는 물을 부었다가 즉시 버리는 작업이 선행되어야 한다. 둘째, 아직 따뜻한 찻주전자의 필터 안에 한 잔 당 약 2.5그램 정도의 소량의 차를 넣고 몇 분간 놔두어야 한다. 그래야 수증기와 차의 아로마로 인해 차의 진정한 풍미가 살아난다. 셋째, 모든 찻잎을 적시도록 차 위에 막 끓기 시작하는 물을 부어야 한다. 넷째, 잘 우러나도록 몇 분간 그대로 두어야 한다. 으깬 찻잎은 2분 간, 부순 찻잎은 3분 간, 찻잎 그대로라면 5분 간 우려낸다. 다즐링의 경우 3.5그램 기준으로 3분간 두고, 블루티는 7분을 둔다. 다섯째, 찻잎을 담고 있는 필터를 즉시 제거하고 그 다음에 저어서 마셔야 한다. 이것은 처음 잔부터 마지막 잔까지 균일한 맛을 내기 위해 매우 중요한 단계이다. 우려낸 후 몇 분을 기다렸다 마셔야 차가 가진 향이 가장 섬세하게 살아난다.

다음으로 화이트티와 그린티의 경우다. 첫째, 미리 데워진 찻주전자나 뚜껑이 있는 찻잔을 사용해야 한다. 둘째, 개인이나 찻잔에 따라 양을 달리해야 한다. 몇 분간 놔두면 수증기와 차의 아로마로 인해 차의 진정한 풍미가 살아난다. 셋째, 뜨거운 물을 차 위에 붓는다(차 종류별로 물의 온도는 다르다). 우러나도록 잠시 놔둔다. 넷째, 그린 티의 경우 1–3분, 화이트 티[Yin Zhen]는 무려 15분, 화이트 티[Pain Mu Tan]는 7분을 우려낸다. 다섯째, 찻잎을 걷어내고 저어서 마신다. 면으로 된 시음 필터를 사용해야 한다.

현재와 미래

현재 〈마리아주 프레르〉의 홈페이지나 편지, 전화 등을 통해 60여 개국 이상의 나라
가 이들의 차를 구매하고 있으며, 천 개가 넘는 장소(카페나 식료품점 등)에서 판매
되고 있다. 주로 뉴욕, 로스 엔젤레스, 상트 페테르부르크, 시드니, 싱가포르, 파리,
런던, 마라케츠, 방콕, 도쿄 등의 대도시다.

미국 잡지인 뉴스위크지에서 '세계에서 다즐링 차의 품질이 가장 뛰어난 곳'으로 꼽
은 〈마리아주 프레르〉는 현재 경쟁업체 포트넘 앤 메종Fortnum & Maison, 르 팔래 데 떼Le
Palais des Thé, 다만 프레르Dammann Frères, 포숑Fauchon, 헤롯Harrods, 쿠스미 티Kusmi Tea 그리고 에디
아르Hédiard와 함께 세계 차Thé, Tea시장을 빠르게 장악하고 있다.

브런치 - 12시부터 저녁 6시 30분까지, 29유로-39유로까지 다양

런치 - 12시부터 저녁 6시 30분까지, 23유로-25유로선

차를 이용해 만든 요리 - 12시부터 오후 5시까지, 23유로-26유로선

차를 이용해 만든 달콤 디저트 - 12시부터 저녁 6시 30분까지, 10유로-15유로선

샤리오 콜로니알(파티쓰리류) - 마들렌, 마카롱, 케이크, 머핀, 젤리 등 8유로-9유로선

에프터눈 티 세트 - 오후 3시부터 저녁 6시 30분까지, 미니 디저트나 샌드위치 혹은 요리 등과
　　　　　　함께 즐기는 차 세트로, 17유로-33유로선

차 - 600여 종의 차 종류 중에서 선택, 이들이 발간한 책 『차의 프랑스예술L'Art Français du
　　Thé』을 참고로 고를 수 있고 종업원에게 물어봐도 된다.

칵테일 - 차를 이용해 만든 것과 과일을 섞어 만든 것 등 8유로-10유로선

원하는 종류의 차를 판매대에서 선택해 무게별로 구매해갈 수 있다. 4.5유로부터 100유로가
넘는 다양한 차들이 있는데, 대개 평범한 차들은 10유로 안팎이다(100그램 단위 당).

(매년 약간의 가격 인상 가능성 있음)

Café Paris
Mariage Frère Menu

커피의 원조가 다 모였다

Café Verlet

카페 베를레

세련되고 화려한 동네인 생토노레^{Rue St. Honoré}거리, 이곳에는 각종 브랜드 매장과 대형 멀티샵, 카페 및 레스토랑 등이 줄지어 늘어서 있다. 그리고 바로 이곳에 커피 마니아라면 다 아는 파리지엥들의 단골 카페가 있다. 세계 각지의 오리지널 커피 원두가 모여 있어 언제든지 신선하고 그윽한 커피 맛과 차 맛을 볼 수 있는 곳, 바로 카페 〈베를레 Verlet〉다. 이 책에서 다루는 또 다른 카페인 〈카페오테크〉와 쌍벽을 이루는 정통 카페라고 할 수 있다.

카페 이름과 간판이 눈에 잘 띄지 않기 때문에 초행자라면 번지수를 확인해가며 잘 찾아가야 한다. 그러나 좁은 골목길을 지나다 어디선가 풍겨오는 진한 커피내음을 맡는다면 〈베를레〉가 바로 가까이에 있다는 증거다.

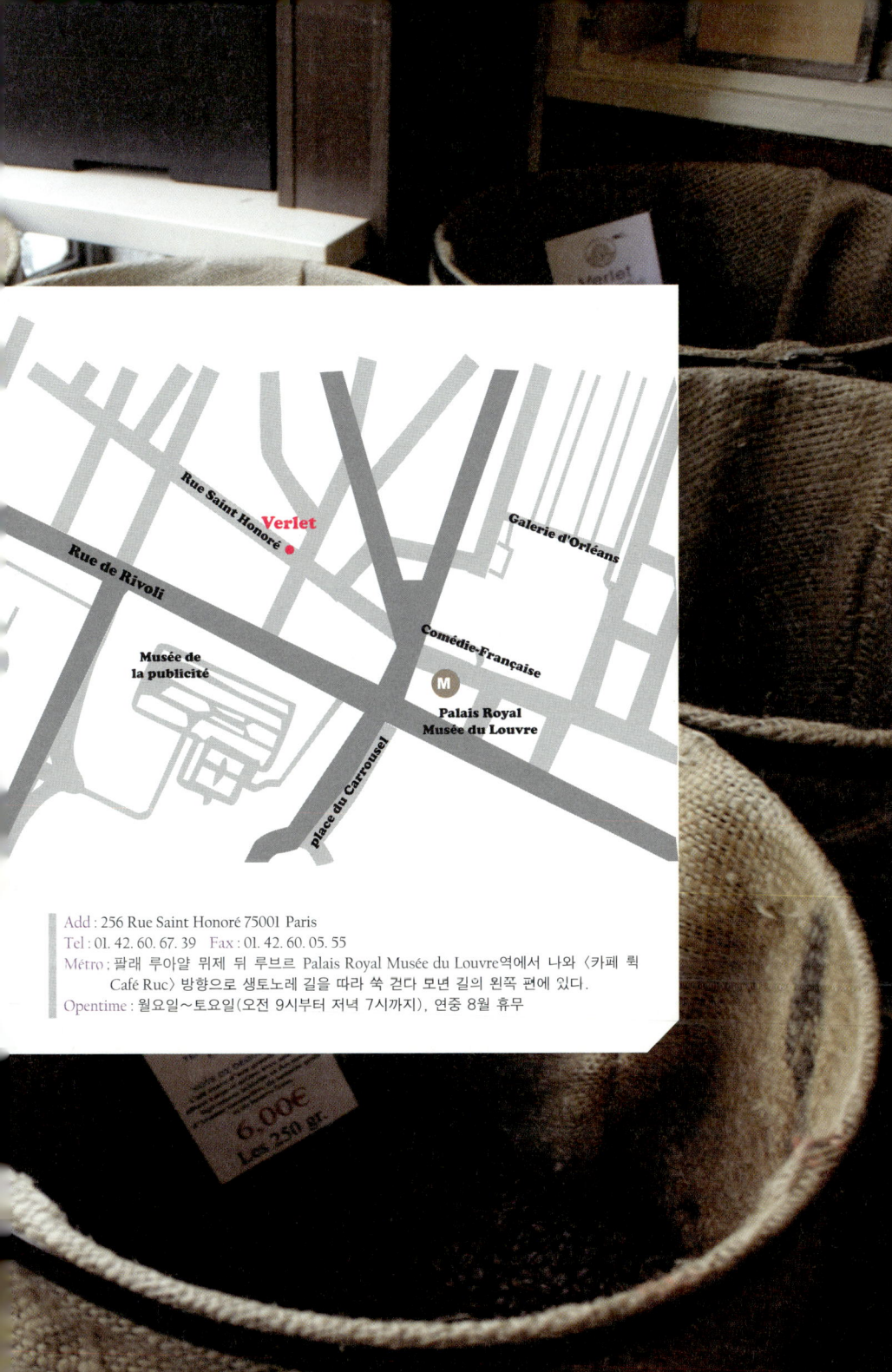

Add : 256 Rue Saint Honoré 75001 Paris
Tel : 01. 42. 60. 67. 39 Fax : 01. 42. 60. 05. 55
Métro : 팔래 루아얄 뮈제 뒤 루브르 Palais Royal Musée du Louvre역에서 나와 〈카페 뤽
Café Ruc〉방향으로 생토노레 길을 따라 쭉 걷다 모퉁이 길의 왼쪽 편에 있다.
Opentime : 월요일~토요일(오전 9시부터 저녁 7시까지), 연중 8월 휴무

카페 외관은 통유리로 되어 있어 맞은편 건물과 하늘의 모습을 그대로 비추고 있다. 〈베를레〉가 있는 곳은 전형적인 프랑스식 건물로 파리지엥들이 선호하는 예쁜 모양새를 하고 있다. 그러나 실제로 거주하기에는 불편한 점이 꽤 많은 곳이기도 하다. 그래도 대다수의 파리지엥들은 미관상의 이유로 이런 집을 상당히 선호한다.

카페 입구로 들어서면 바깥에서 볼 수 있게 전시해놓은 커피머신이 보인다. 이것은 물론 판매용으로, 지나가는 많은 이들의 시선을 끌고 있다. 카페 안으로 들어서면 바로 왼편에 커다란 커피자루가 여러 개 놓여져 있다. 잠시 들러 원두나 커피가루를 테이크 아웃 해가는 고객들이 많기 때문에 늘 대량으로 커피를 구비해 놓는다. 원하는 종류의 원두를 골라 무게대로 지불하는 방식인데, 통원두 그대로 가져갈 수도 있고 그 자리에서 바로 갈아서 주기도 한다. 이곳은 특히 정기적으로 커피 원두를 구입하는 오래된 단골이 많아, 오는 손님들마다 익숙하게 주인과 눈인사를 주고 받는다. 대부분의 프랑스인들이 하루에도 몇 잔씩 커피를 마시기 때문에 자루 속 커피 원두는 금세 동이 나곤 한다.

입구의 오른편으로는 병에 든 다양한 잼들이 층층이 놓여 있다. 이 카페에서 직접 만든 잼은 아니지만, 원래 〈베를레〉는 오래 전부터 각종 식료품을 다루어 온 매장이 었기 때문에 다른 식료품점과 연계를 맺고 여러 가지 상품들을 갖추고 있다. 바닐라 원료, 비스킷, 잼, 케이크, 차, 초콜릿가루, 건과일, 그랑 크뤼 커피세트 등이 그것이 다. 기다랗고 작은 유리병에 든 통후추도 흰색과 검은색이 모두 있어 취향대로 혹은 요리에 따라 구매하기 좋다. 카페 벽면 선반에는 각국에서 온 차가 대량으로 들어 있는 커다란 통들이 진열되어 있고 바로 아래 서랍들에도 커피가 가득 들어있다.

만약 카페인에 취약한 사람이라면 1층보다는 2층 좌석으로 올라가도록 하자. 오랜 시간 동안 카페에 가득 퍼져 있는 커피향에 중독되어 현기증이 날지도 모르니까. 또 한 소음을 싫어하는 사람에게도 2층이 낫다. 원두 볶는 소리와 갈아대는 소리에 조 용한 대화는 힘들 수도 있기 때문이다. 그러나 커피향을 맡으며, 오가는 단골손님들 과 카페 풍경을 보고 싶다면 1층 자리도 괜찮다. 규모가 큰 카페는 아니지만 항상 단 골고객들로 사람이 붐비는 곳이다. 좁다란 나무 계단을 따라 2층으로 올라가면 좀 더 넓고 편안한 공간이 마련되어 있다. 바깥을 내다보기 좋은 창가자리에서 카페 실 내의 전체 모습까지 감상해보자.

2층의 카페 벽면에는 이곳의 주인인 에릭 뒤쇼쑤아Eric Duchossoy씨가 1995년부터 다양한 커피 농장을 돌아다니며 찍은 사진들이 걸려 있다. 세계를 돌아다니며 친환경적인 재배과정을 거친 고품질의 커피를 직접 골라 수입하는 에릭씨는 자신이 다녔던 산지마다 사진을 찍어두었고, 그 사진들을 카페에 전시해 놓았다. 어릴 적에 부모님이 카페를 운영했었기 때문에 그도 자연스레 커피에 관심이 생겨 바리스타가 되었다고 한다.

1880년에 생긴 〈베를레〉는 아메리카를 항해하던 오귀스트 베를레Auguste Verlet가 파리에 만든 가게다. 당시에는 카페가 아니라 종합식료품점이었다. 향신료, 차, 쌀과 함께 현재 〈베를레〉가 갖추고 있는 각종 먹을 거리들을 팔았다. 아프리카와 아시아에서 향신료를 들여오던 베를레씨가 자기 이름을 내걸고 연 가게였던 것이다. 3대째 가업을 이어오던 중 피에르 베를레씨가 커피에 대한 관심을 보이면서 가게에서 직접 원두를 볶기 시작했다. 지금도 카페 곳곳에는 대를 이어온 오래된 시간의 흔적들이 남아있다.

평소 친구들과 부담 없이 자주 방문했던 카페 〈베를레〉는 항상 편안하고 정겹다. 진하고 그윽한 커피향만으로도 행복해지고, 좋은 사람들과 즐거운 대화를 나누는 것도 좋다. 마지막으로 이 카페를 찾았던 날은 파리에서 알게 된 일본친구 마이짱과 함께였다. 그녀가 곧 도쿄로 돌아간다고 해서 가진 아쉬운 만남이었다. 1층 좌석에 앉아 차가운 녹차와 카페프라푸치노를 주문했다. 한 30분쯤 대화를 나눴을까, 우리 바로 옆 테이블에 착석한 두 파리지엥이 말을 걸어왔다. 처음엔 내가 주문한 것이 무엇인지를 물어보았고, 곧이어 여러 가지 질문과 답변이 오가며 긴 수다로 이어졌다. 파리에서 무엇을 하고 있는지부터 파리의 좋은 카페에 대한 토론까지 결국 우리는 두 시간이 넘는 긴 시간 동안 함께 이야기를 나눴다. 그것도 카페 문을 닫을 시간이 되어 쫓기듯 나올 수밖에 없었다. 항상 느끼는 거지만 프랑스인들은 늘 개방적이고 자유분방하다. 낯선 이들과의 대화도 스스럼없이 하는 프랑스인들에게서 배운 점이 많다. 이 날 마이짱과 파리에서의 마지막 만남이 다소 아쉽게 되어버리기는 했지만……

고품질임에도 커피의 가격은 저렴한 편이다. 반면 차 가격은 약간 더 비싸다. 또 아주 다양하지는 않지만 간식과 디저트류도 갖추고 있다. 마카롱과 과일로 만든 과자와 치즈케이크, 샐러드, 크로크 무씨으(식빵 사이에 햄과 치즈를 넣고 토스트한 것), 프로마주 블랑(떠먹는 흰 치즈), 토스트, 파티쓰리 등은 간단한 요기가 된다. 〈베를레〉 인터넷 홈페이지에서 커피를 구매할 수도 있으나 불어로만 되어 있고 해외배송도 불가능하다는 단점이 있다.

에릭 씨타의 미니 인터뷰 (그의 생각들)

Q. 커피는 땅과 사람들의 역사를 이야기하는 여행자의 상품이다. 어떻게 생각하는가?

A. 커피 산업은 세계 산업이다. 석유 이후로 두 번째로 무역이 많이 이루어지는 또 다른 검은 금과 같다. 전 세계에서, 매 초마다 12000잔의 커피가 소비된다. 가장 품질이 좋은 커피원두와 새로운 산지를 찾는 것을 게을리해서는 안 된다. 나는 피에르 베를레가 제안했던 땅과 커피나무 선별방식과, 또 다른 나만의 방식으로 순수한 커피를 찾는 작업을 계속 할 것이다. 땅은 직접적으로 커피맛을 좌우한다. 예를 들어, 화산이 있는 지역의 땅은 매우 확연하게 커피나무의 산도를 높이는 역할을 한다.

커피는 여행을 많이 하는 살아있는 상품이다. 우리 카페에 도착하는 원두들은 초록 생두로, 주문 후에 볶는다. 볶을 때는 커피의 신선함을 측정해야 한다. 기본적으로 17%의 기름을 포함하고 있는 아라비카 원두는 볶은 후에 빨리 소비해야 하고, 냉장고에서 보존해야 한다. 가장 좋은 것은 냉동고에 넣는 것이다. 소포장해서 보존하는 것도 아로마를 유지시키는 좋은 방법이다.

Q. 당신이 특히 좋아하는 커피는 무엇인가?

A. 에디오피아는 커피의 시초다. 그곳은 첫 야생 커피 농장을 꽃피운 곳이기 때문이다. 그래서 가볍고 과일향이 나는 모카 시다모가 내 기호품이다. 그것은 하루 중 언제 마셔도 좋은데 카페인이 약하고 섬세한 살구향과 꽃향을 가지고 있기 때문이다.

Q. 아로마를 입힌 커피와 무카페인 커피에 대해 어떻게 생각하는가?

A. 이것들은 진짜 커피가 아니다. 아로마 커피는 사람들에게 가짜 커피의 맛을 느끼게 한다. 아마도 젊은 사람들이 많이 구매하는 것 같다. 무카페인 커피의 문제는 형편 없는 커피 때문이지 무카페인화 하는 기술 때문이 아니다. 차라리 원래 카페인이 약한 고품질의 커피를 마시는 것이 더 낫다.

Q. 커피를 시음하는 가장 좋은 방법은 무엇인가?

A. 몇 번의 경험 끝에 나는 코나 타입의 동그란 모양의 커피여과기가 좋다는 것을 알게 되었고, 이것을 사용해 효과적으로 더 오래 커피의 모든 아로마를 느낄 수 있었다. 피스톤으로 된 커피포트는 아로마가 넓게 퍼지면서 좋은 향기를 낸다. 일반 커피 필터의 문제는 너무 진행이 너무 빠르다는 것이다. 빨아 놓은 커피는 충분히 물기를 흡수하지 않기 때문이다. 또 에스프레소는 다양한 풍미와 깊이가 아닌, 우세한 아로마와 맛을 집중시키는 경향이 있다.

Q. 가장 좋은 커피를 마시는 곳은 세계에서 어디인가?

A. 물론 이탈리아다. 로마via degli Orfani의 Tazza d'Oro는 커피 애호가라면 반드시 가보아야 한다.

Q. 커피와 요리 사이의 관계는?
A. 나는 파리 조르주 생크 레스토랑의 필립 레정드르가 만든 커피조개요리에 대한 놀라운 기억을 가지고 있다. 완벽하게 익힌 생자크(조개)의 부드러움과 달콤함은 두드러지는 가루 커피의 질감으로 최상의 균형을 이루었다.

내가 요리를 이해하기 위한 다른 방법은 원산지 정통요리를 즐기는 것이다. 우리는 보통 자극적인 요리를 먹고 나서 가볍고 세밀한 에디오피아 모카를 마시지 않는다. 왜 태국 커리같은 정통요리를 먹은 후에 이와 어울리는 부드럽고 그윽한 태국 커피를 마시지 않는 것일까? 이것은 우리가 너무도 쉽게 "커피와 계산서 부탁해요"라는 표현을 해버리기 때문이다. 천천히 식사에 어울리는 커피를 골라서 주문하는 것이 아니라, 생각 없이 빠르게 주문하는 습관 때문이다.

Café

커피종류 대부분이 3유로, 6,5유로까지 있음

아메리카 커피 : Guatemala Antigua Victory / Salvador Itzalco Pacarama / Nicaragua Maragogype / Costa Rica Tarruzu Tournon / Panama <<La Torcaza>> / Saint Dominique / Colombie Supremo Indiana / Colombie Décaféiné / Bresil Sul de Minas

아프리카 커피 : Moka Sidamo / Moka Harrar / Kenya

아시아 커피 : Inde Mysore / Birmanie / Thaïlande / Chine Simao / Indonesie / Papouasie Sigri

홈 블랜딩 믹스커피 : Melange Saison / Grand Pavois / Haute Mer / Melange Romain

미식가들을 위한 커피 : Australie Skybury / Jamaique Blue Mountain / Porto Rico Yauco Selecto / Guadeloupe / Yemen Matari / Hawai

Thé

차 종류 5유로에서 8유로 사이

일본 차 : Japon natural leef sencha / Sencha yamamoto / Gyokuro

중국 차 : Keemun F.O.P / Szechwan / Grand Yunnan / Fleurs Blanches / Caravane / Feng Yan / Yu Xue Ya

인도 차 : Darjeeling 2nd / Darjeeling 1st / Assam / Mokalbari / Grand Sikim / Nilgiri

실론 티 : Orange Pekoe / Golden tips / Broken O.P / Karagoda Hills / Mahagastota

Dessert

간식과 디저트

크로크 무씨으 6유로

모듬샐러드, 참치샐러드, 크레타샐러드, 태국 쌀 샐러드(참치 혹은 햄중 선택) 8,5유로

그린샐러드 4유로

타르트와 그린샐러드 11,5유로

타르트 9,5유로

토마토 모차렐라 9유로

무에슬리(따뜻하거나 찬우유 선택) 5,5유로

프로마주 블랑 4유로 / 콩플레 토스트(버터, 잼) 5,5유로

마른과일 설탕졸임(겨울에만) 4,5유로

파티쓰리(스토레 빵집제품) 7,5유로

말린과일이나 절임과일(무게당 계산)

이밖에도 물, 콜라, 주스, 맥주, 와인 등을 4-5 유로에 판매

(매년 약간의 가격인상 가능성 있음)

Café Paris
Café Verlet Menu

La Caféothèque de Paris

카페오테크

〈카페오테크〉는 트렌디한 젊은이들이 자주 드나드는 카페는 아니다. 하지만 정말로 커피를 좋아하는 사람들을 위해 마련된 카페라는 생각이 드는 '정통 커피집'이다. 〈카페오테크〉의 문을 열고 들어서면 이내 기분 좋은 커피향이 가득 밀려온다. 70여 개 나라의 커피가 모여 풍기는 향의 아우러는 감히 말로 형용하기 힘들만큼 진하고 그윽하다. 각 나라의 커피맛을 다 보려면 70회 이상을 방문해야 할 정도로 다양한 커피를 구비하고 있고 거기에다 다른 기본적인 음료들까지 갖추고 있으니, 단골이 될 수 밖에 없는 동네 커피집이다. 아니나 다를까 손님들의 모습도 아주 편안하고 즐거워 보인다. 여유롭게 휴식을 취하는 분위기다.

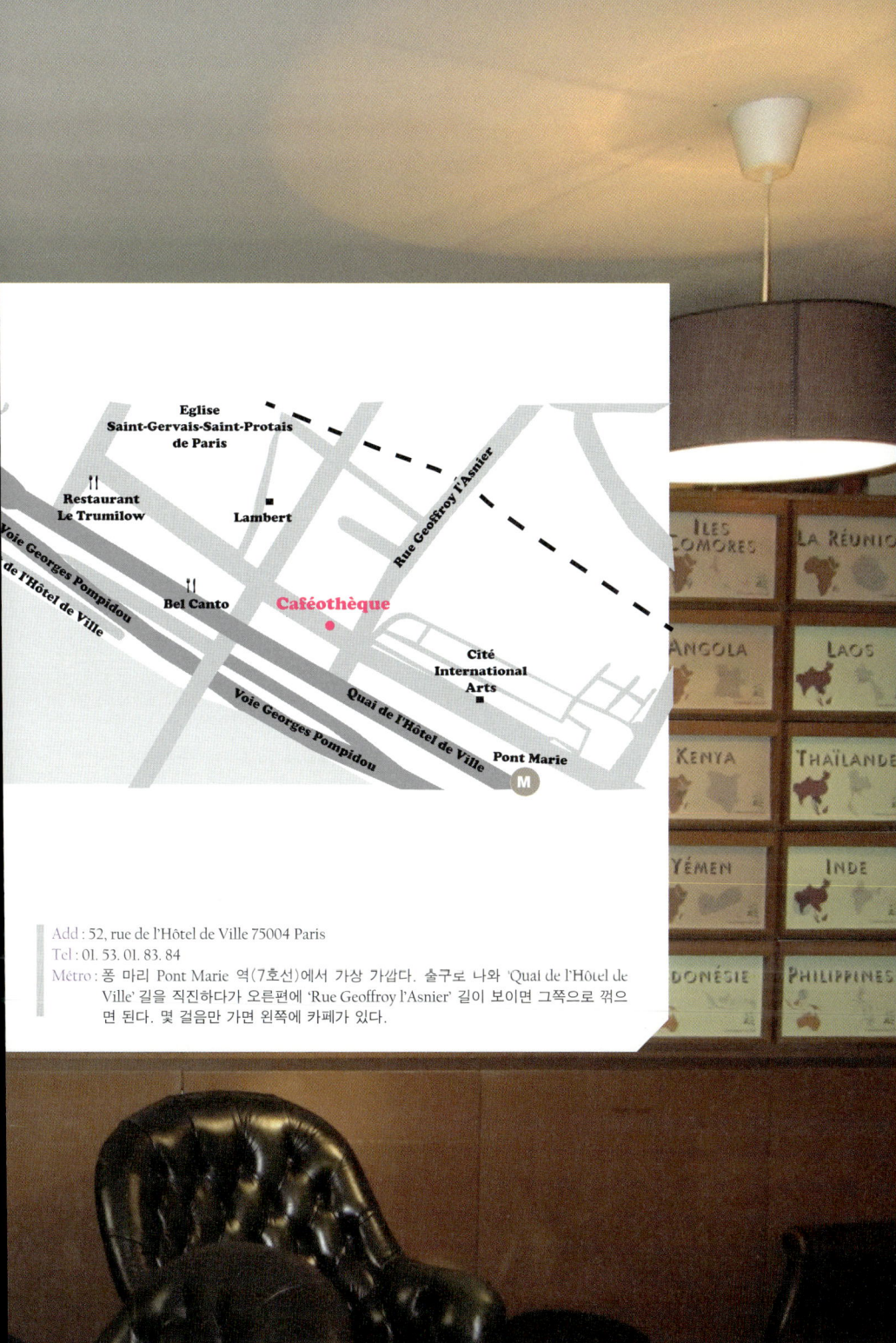

Eglise
Saint-Gervais-Saint-Protais
de Paris

Restaurant
Le Trumilow

Lambert

Rue Geoffroy l'Asnier

Voie Georges Pompidou
de l'Hôtel de Ville

Bel Canto

Caféothèque

Voie Georges Pompidou

Quai de l'Hôtel de Ville

Cité
International
Arts

Pont Marie

Ⓜ

Add : 52, rue de l'Hôtel de Ville 75004 Paris
Tel : 01. 53. 01. 83. 84
Métro : 퐁 마리 Pont Marie 역(7호선)에서 가장 가깝다. 술구로 나와 'Quai de l'Hôtel de
Ville' 길을 직진하다가 오른편에 'Rue Geoffroy l'Asnier' 길이 보이면 그쪽으로 꺾으
면 된다. 몇 걸음만 가면 왼쪽에 카페가 있다.

미국과 별로 친하지 않았던 프랑스에도 점점 미국식 커피전문점이 급속도로 늘어나고 있다. 커피맛보다는 주로 편하고 가벼운 분위기에서 시간을 보내려는 젊은 파리지엥들이 많아지면서 주말에는 빈자리를 찾아볼 수 없는 지경에 이르렀다. 대표적인 곳이 〈스타벅스STARBUCKS〉이다.(어느 날 버스 안에서 한 프랑스 여학생이 스타벅스를 '스타르뷕스'라고 발음해서 정말 웃었던 기억이 있다. 프랑스인들은 영어도 프랑스식으로 발음하려는 경향이 있어 영어발음도 아닌, 그렇다고 불어발음도 아닌 이상한 단어가 될 때가 많다.) 파리의 젊은이들 사이에서 약속장소로 인기를 얻으면서 승승장구하고 있는 곳이지만, 그렇다고 다른 프랑스 정통 카페들이 파리만 날리는 것은 결코 아니다. 어떤 상점이든 파리에서 문을 한번 열면 최소 몇 년은 유지하는 게 보통이다.

어제 갔던 곳이 내일 없어지는 한국식의 빠른 변화는 찾아보기 힘들다. 특히 카페와 레스토랑을 말 그대로 '밥 먹듯이' 아니 '밥 먹는 것보다 더 자주' 들락대는 프랑스인들이기에 동네 구석구석마다 프랑스식 카페는 수없이 존재하고 단골 이웃들 덕에 생명이 유지된다.

좀 센스있게 놀 줄 아는 젊은이들은 다 모인다는 마레 지구에서 멀지 않은 곳에 〈카페오테크〉가 위치해 있다. 마레 지구는 개성 있는 액세서리, 의류 샵 등은 물론이고 다양한 갤러리와 파프트리Papeterie(문구류 상점)가 모여 있는 거리이다. 정말이지 이런 곳에서 아무것도 사지 않고 지나치는 건 매우 곤혹스러운 일이다. 이렇게 멋진

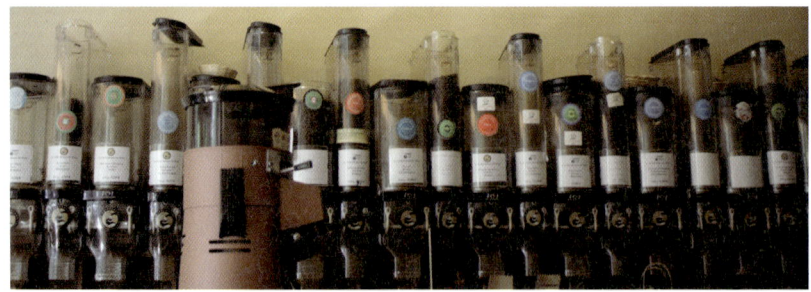

동네에 카페가 있기 때문에 주변을 산책하거나 쇼핑을 하기에도 안성맞춤이다.

카페의 크기가 작고, 위치도 조금 외진 곳에 있지만 〈카페오테크 ; --오테크는 도서관 등의 자료실을 의미하는 접미사〉라는 이름에 걸맞게 커피의 진수를 보여주는 곳이다. 진정 커피의 맛을 느끼고 즐길 줄 아는 사람이 찾는 '커피원조공장'이라고나 할까?

〈카페오테크〉는 선택된 땅에서 재배하는 커피만을 가져오기 때문에 최고의 품질을 자랑한다. 브랜드로 '솔루나SOLUNA', '풀칼PULCAL', '리오 탐보RIO TAMBO', '엘 소코로EL SOCORRO', '에스페란자ESPERANZA' 등의 커피를 갖추고 있다.

이곳의 에스프레소는 원두의 고소하고 깊은 맛과 여운을 남기는 끝맛이 일품이다. 너무 진한 맛이 부담스럽다면 '카페 알롱제'로 주문해보자. 에스프레소의 깊은 맛은 여전히 남아 있지만 쓴 맛이 줄어 부담이 덜하다. 특히 달콤한 디저트에 곁들이면 더욱 커피의 그윽한 맛이 살아난다.

두 공간으로 구성된 이 카페는 입구로 들어가면 원하는 커피를 포장해갈 수 있는 부티크가 나오고, 더 깊이 들어가면 앉아서 마실 수 있는 살롱이 있다. 한쪽 바닥에는 커피원두가 포대로 잔뜩 쌓여 있고, 커피를 볶는 커다란 기계도 있다. 이곳에서는 커피원두나 가루로 된 것을 따로 포장해서 구매해 갈 수 있다.

에디오피아, 과테말라, 케냐, 브라질 등 열대 중심에 위치한 70여 개 생산국 별로 나뉜 커피 종류가 한쪽 벽면을 가득 채우고 있다. 이곳의 커피는 커피 머신의 여왕이라 불리는 '마르조코MARZOCCO'기계를 사용하고, 전문 바리스타의 손으로 완성된다.

두 번째 공간인 살롱 드 카페Salon De Café. 이곳에서 편안한 의자에 기대고 앉아 에스프레소, 카푸치노, 커피 베이스의 칵테일 등을 즐기거나, 커피향에 취해 몸을 이완시키면 이보다 좋은 휴식이 없다. 은은한 조명이 분위기를 더욱 부드럽게 해주며, 살롱의 벽마다 현대미술 작품들이 걸려 있어 그림을 감상하는 재미가 있다. 홀 안에 놓인 미니 오디오와 피아노는 우리의 귀를 만족시켜 준다. 때때로 직접 피아노를 연주하

는 손님들도 있다. 오감만족의 정통 카페 〈카페오테크〉는 아는 사람만 알지만, 한번 접한 사람은 마니아가 되고 마는 매력적인 카페다. 이곳에 머물다 나오면 온 몸에 커피향이 배어 그 어떤 향수보다 자연스럽고 매혹적이다. 그리고 저절로 감성세포 가 살아나 향에 어울리는 시라도 여러 편 쓸 수 있을 것 같다.

주방 쪽 스크린에는 커피의 종류만큼이나 많은 커피 생산국의 지도가 표시되어 있 다. 작은 디저트류도 판매하고 있고, 간단히 먹을 수 있는 샐러드도 있다. 따로 생수 를 주문하지 않아도 (프랑스인들의 대부분이 마시는) 수돗물을 가져다 준다.

카페의 입구 바깥에는 글씨가 빼곡히 적힌 판이 하나 놓여져 있다. 거기엔 '살롱 드 카페, 커피 볶는 기구, 카페올로지(커피학문)수업을 만날 수 있는 문화공간'이라고 〈카페오테크〉를 정의해 놓았다. 〈카페오테크〉는 손님이 보는 앞에서 원두나 가루 커피를 꺼내 보여준 뒤 판매하고, 초록원두 오일과 커피 머신도 팔고 있다. 커피와 관련된 전시회, 정기적인 모임, 카페올로지 입문수업과 행사 일정 등 다양한 문화행사를 개최한다. 매달 카페 〈프로코프〉의 카페올로지 아카데미에서 함께 ≪ 테이스트-카페taste-café ≫ 세미나도 연다.

'최고의 카푸치노와 그랑 크뤼(Grand Cru, 높은 등급)의 커피, 그리고 초콜릿을 이곳에서 경험하세요!'

이것이 카페오테크가 문 앞에 내세운 슬로건이다.
가장 좋은 품질의 아라비카 커피를 마실 수 있는 이곳은 화요일부터 토요일까지 쉬는 시간대 없이 오전 9시 30분부터 오후 7시 30분까지 열고, 일요일과 월요일은 점심 12시 30분부터 오후 7시 30분까지 연다. 현재 간단한 음식과 커피를 합해 10유로 정도에 판매하는 세트메뉴도 있다.

오늘의 커피, 에스프레소, 카페 알롱제 - 3유로 (가져갈 경우 1.8유로)

(Café du jour, espresso/allongé)

메뉴판에 따로 있는 커피 선택은 3.5유로 (가져갈 경우 2.5유로) Café à la carte

크림 커피(Café Crème) 4.5유로 (가져갈 경우 3.2유로)

카푸치노(Cappuccino) 5유로 (가져갈 경우 4유로)

아이스커피 35cl (Café glacé) 4.5유로

카페 구르망(마카롱, 베린느, 비스킷) (Café gourmand - macaron, verrine, biscuit) 6.5유로

세 가지 고품질 커피 시음세트 - 9.5유로 Dégustation 3 Crus de cafés

카페 바이오다이나믹 《제이시 버드》 - 8유로 Café biodynamique 《Jacy Bird》

에스프레소를 베이스로 한 칵테일 35cl - 5유로 Cocktail signature à base d'espresso

발로나 초콜릿으로 만든 음료 (핫/아이스 선택가능) 30 cl - 5유로 / 20 cl - 4 유로

- Préparation au chocolat VALRHONA (chaud ou galcé)

차(Thés) 선택 : 블랙, 화이트, 블루-그린, 루이바 - 5유로

(Thés : Noir, Blanc, Bleu-vert, Rooibos) 아이스 티 35cl - 5유로 Thé glacé

보르도&소비뇽 레드 와인 ; Vin rouge Bordeaux & Sauvignon

15cl 한 잔 - 3.5유로 le verre de 15cl

75cl 짜리 한 병과 아뮤즈-겔(안주)(la bouteille 75cl + amuse-gueules) 20유로

세브르와 맨느 산 뮈스카데 화이트 와인; Vin blanc Muscadet de Sévre et Maine

15cl 한 진(le verre de 15cl) 3.5유로

75cl 짜리 한 병과 아뮤즈-겔(안주) (la bouteille 75cl + amuse-gueules) 20유로

하이네켄 맥주(Bière Heineken 33cl) 4유로

코카콜라, 페리에(탄산수), 슈웹스 33cl (Coca, Perrier, Schweppes) 4유로

빵케이크 조각과 과일퓨레 베린느(Part de gâteau + verrine de purée de fruits) 5유로

Café Paris
La Caféothèque de Paris Menu

개성 있는 홍차 브랜드

Kusmi Tea

쿠스미 티

다양한 종류의 차를 판매하는 곳은 여러 군데가 있지만 귀여운 러시아 인형이 나를 향해 웃고 있는 것만 같은 〈쿠스미 티〉는 매장에 들어설 때마다 항상 기분 좋게 만들어주는 특별한 힘이 있었다. 나란히 쇼윈도에 붙어 있는 에펠탑 그림과 빨간색 러시아인형을 보니, 실제 에펠탑 크기만한 인형이 상상이 되면서 왠지 웃음이 난다.

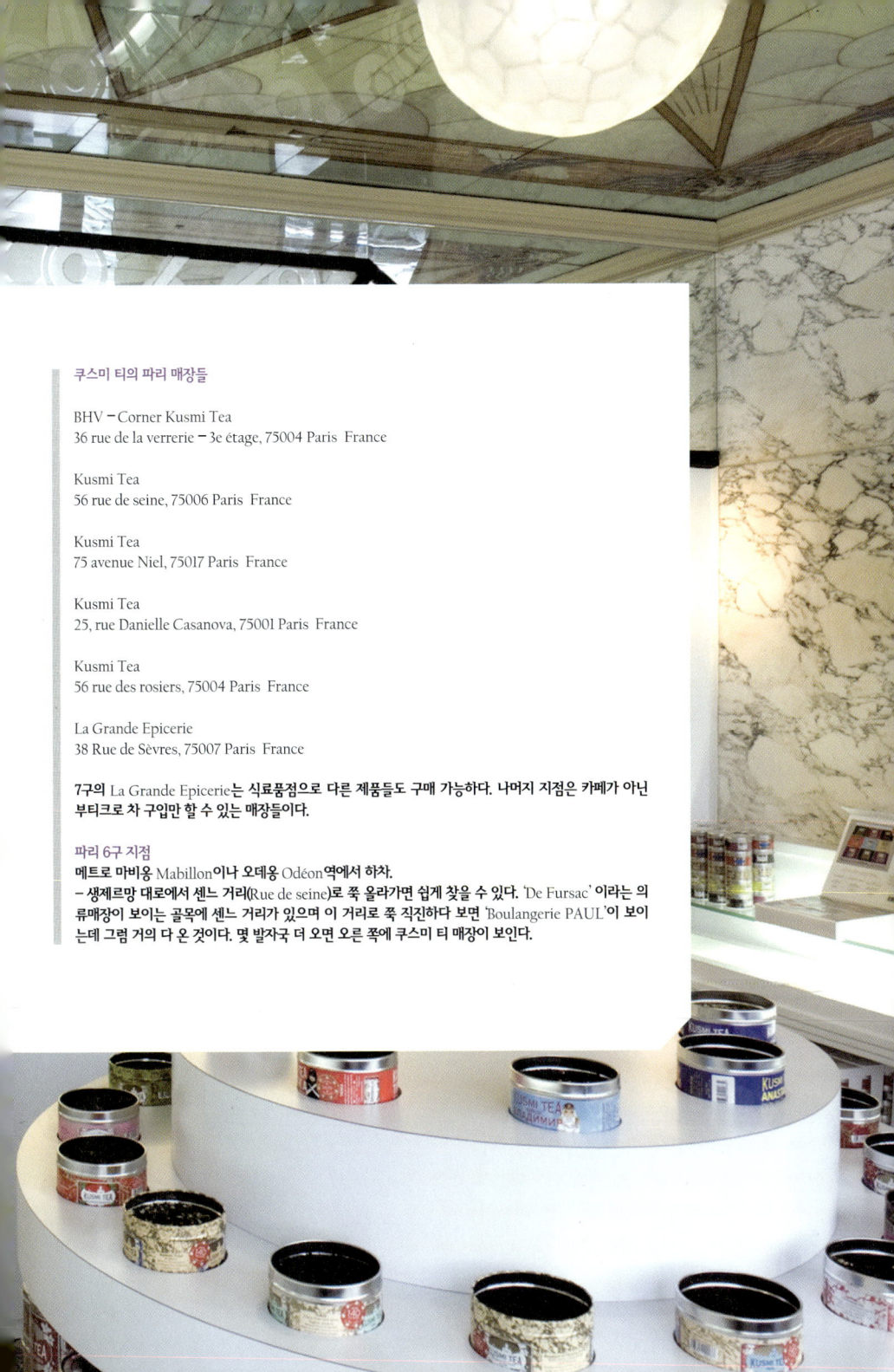

쿠스미 티의 파리 매장들

BHV ─ Corner Kusmi Tea
36 rue de la verrerie ─ 3e étage, 75004 Paris France

Kusmi Tea
56 rue de seine, 75006 Paris France

Kusmi Tea
75 avenue Niel, 75017 Paris France

Kusmi Tea
25, rue Danielle Casanova, 75001 Paris France

Kusmi Tea
56 rue des rosiers, 75004 Paris France

La Grande Epicerie
38 Rue de Sèvres, 75007 Paris France

**7구의 La Grande Epicerie는 식료품점으로 다른 제품들도 구매 가능하다. 나머지 지점은 카페가 아닌
부티크로 차 구입만 할 수 있는 매장들이다.**

파리 6구 지점
메트로 마비용 Mabillon이나 오데옹 Odéon역에서 하차.
─ 생제르망 대로에서 센느 거리(Rue de seine)로 쭉 올라가면 쉽게 찾을 수 있다. 'De Fursac' 이라는 의
류매장이 보이는 골목에 센느 거리가 있으며 이 거리로 쭉 직진하다 보면 'Boulangerie PAUL'이 보이
는데 그럼 거의 다 온 것이다. 몇 발자국 더 오면 오른 쪽에 쿠스미 티 매장이 보인다.

www.kusmitea.com
25, rue danielle casanova
75001 paris 01 42 60 24 97
56, rue des rosiers
75004 paris 01 42 74 81 90
56, rue de seine
75006 paris 01 46 34 29 06

쿠스미 티 Kusmi Tea는?

〈쿠스미 티〉는 러시아의 한 시골 마을에서 태어난 쿠스미초프에 의해 1867년 상트 페테르부르크에서 처음 탄생했다. 1907년에는 런던에 진출하고, 러시아 볼셰비키 혁명이 있던 1917년에는 파리에 정착했다. 1927년에는 베를린에도 진출했으나 쿠스미초프는 전쟁 직후인 1946년에 사망하고 그의 아들이 가업을 물려 받았다. 그러나 상황은 나빠졌고, 결국 오르비^{Orebi} 가족이 이 기업을 사들여 '쿠스미 티'를 국제적인 브랜드로 발전시켰다고 한다.

〈쿠스미 티〉 매장은 차를 마시는 '살롱 드 떼'라고 할 수는 없다. 2층을 카페로 활용하던 한 곳(파리 6구 지점)마저도 이제는 살롱으로 사용하지 않는다. 그러나 이곳을 꼭 소개하고 싶었던 이유는 너무나 아기자기하고 독특한 매력이 있는데다 차의 품질이 매우 뛰어나기 때문이다. 일단 매장의 겉모습을 보면 러시아와 프랑스의 만남이라는 것쯤은 쉽게 눈치챌 수 있다. 물론 프랑스가 아닌 다른 유럽국가에서도 〈쿠스미 티〉를 접할 수 있다. 오랜 시간 이어온 러시아의 차 제조방식이 그대로 담긴 차를 판매하는 프랑스의 〈쿠스미 티〉 매장은 점점 증가하고 있다.

맛, 맛, 맛!

파리의 매장에 들어서면 여자들의 눈을 현혹시키는 알록달록한 예쁜 차 용기들이 나란히 줄지어 있는 것이 보인다. 마치 달콤한 사탕이 들어 있을 것 같기도 하고 어린 소녀를 위한 선물 같기도 하다. 관련 상품인 찻잔과 주전자도 형형색색으로 구색을 갖추고 있다. 종류 별로 다양하게 소포장해놓은 것들은 처음 〈쿠스미 티〉를 접하는 이들을 위한 맛보기용으로 적당하다. 차를 자주 마시는 사람이나 대가족의 경우라면 커다란 통에 담긴 차를 구매하는 것도 좋다. 또한 선물하기 좋게 다양한 차들을 섞어 놓은 상자들도 있고, 선물용 쇼핑백(이라기엔 다소 비싸 '가방'이라고도 할 수 있는)도 함께 판매한다. 간편하게 마시기를 원하는 이들을 위한 티백 세트도 있다.

허브로 끝으로 느끼는 〈쿠스미 티〉만의 차들

이 가게의 또 다른 특징은 이곳만의 개성 있는 차들이 존재한다는 것이다. 웰빙Bien-être과 무카페인 차detheines를 컨셉으로 한 다양하고 이색적인 조합의 차들이 구비되어 있다.

'데톡스Detox'는 레몬 아로마를 간직한 중국과 파라과이의 차로, 설탕을 가미해서 마셔도 맛있다. 하루의 피로를 덜어주고 활력을 주는 이상적인 차로, 3그램을 2~3분간 85도에서 우려내야 한다. 비 쿨Be Cool은 달콤한 향과 민트의 신선함으로 몸을 이완시키는 효능이 뛰어난 차다. 미네랄이 풍부하고 산화작용을 억제하는 물질이 들어 있다. 찻잎 3~4그램 정도를 끓는 물에 5~8분간 우려내어 저녁 시간에 마시면 좋다. 스위트 러브Sweet Love는 달콤하면서도 향이 강한 블랙티와 감초의 원료, 구아라나 씨

KUSMI TEA

PARIS

Collection
Matriochkas
Anastasia·Prince Wladimir·Troïka

KUSMI TEA
1867
PARIS

St-Pétersbourg 1867

Paris 1917

www.kusmitea.com

2010 Année France - Russie

앗, 분홍후추 등이 결합된 차다. 이름과 아주 잘 어울리는 맛의 이 차는, 활력
과 생기를 주고 소화를 도와 편안한 속을 만들어준다. 찻잎 자체에 달콤한 맛
을 지니고 있어 설탕을 따로 넣을 필요가 없다. 3그램의 차를 85-90도에서
3-4분간 우려내 마시면 된다. 국화차인 이모르텔(immortelle)은 자스민향의 70개
꽃눈으로 만든 특별한 차다. 중국에서 대대로 내려오는 전통차를 기반으로 하
며 불로장생묘약으로도 불린다. 한 송이의 국화를 75도에서 완전히 우러날 때
까지 오랫동안 두는 게 좋고 오후 시간에 마시기 적합하다.
이 밖에도 녹차(그린티), 흑차(블랙티), 홍차(루이보스), 인퓨전(허브티), 아이
스티(자스민, 과일, 바닐라 등) 등 여러 종류의 차들을 구매할 수 있다. 각종
차, 그리고 관련 상품들은 〈쿠스미 티〉 홈페이지에서도 구입할 수 있지만 아
쉽게도 한국으로의 배송은 불가능하다.

차 맛을 좌우하는 다섯 가지 비밀

그렇다면 차의 맛과 향은 무엇에 따라 달라질
까? 차의 종류마다 맛을 세밀하게 구분해내는
것도 어렵지만, 한 가지 차라도 제대로 맛을 우
려내기는 생각보다 쉽지 않다.

첫째, 차에 사용되는 물의 상태La qualité de l'eau 즉
수질이다. 미네랄이 적은 신선한 물을 선택해
야 하고, 물만 끓이는 전용주전자를 사용하는
것이 좋다. 만약 냄비를 사용한다면 아무리 씻
은 것이라 해도, 이전에 요리했던 음식물의 맛
이 물에 쉽게 배어 나오기 때문이다.

둘째, 물의 온도다. 가장 확실한 것은 차를 준
비하기 위해 절대 펄펄 끓는 물을 사용해서는
안 된다는 것이다. 녹차는 보통 70도 정도, 흑
차는 85~90도다. 요즘은 물의 온도를 선택할
수 있는 전용주전자도 나와 있다.

셋째, 차를 담아놓는 주전자에 달려있다. 이 주
전자는 두 가지 타입으로 나뉜다. 흙으로 만든
것과 세라믹 혹은 도자기 등으로 만든 것이 있
는데 그 성질에 따라 다르게 사용해야 한다. 먼
저 흙으로 만든 주전자는 '기억 주전자'라고도
불리는데 그 이유는 이전에 담았던 차들의 아

로마가 스며들어 있기 때문이다. 따라서 사용한 주전자는 즉시 깨끗하게 헹구어야 한다. 그러나 절대 문질러 닦거나 세제를 사용하면 안 되고, 뚜껑을 열어 놓은 상태에서 건조시킨다. 이 주전자는 흑차(블랙티)나 우롱차에 사용하기 적합하다. 다음으로, 철이나 도자기 혹은 세라믹으로 된 주전자는 세제 없이 뜨거운 물로만 세척하면 되고, 다용도로 사용되는데 이는 향을 간직하는 성질이 없기 때문이다.

넷째, 차의 조제법이다. 보통 한 잔에 3그램 정도의 찻잎을 사용하면 적당한데 맛에 따라 조금씩 다르게 할 수 있다. 자연적으로 아주 진한 차는 3그램 대신 2그램을 사용하면 된다.

다섯 째, 차를 우려내는 시간이다. 이것이 차 맛을 결정하는 가장 중요한 요소이다. 보통 흑차(블랙티)는 2~3분, 녹차는 3~4분이면 되는데 그래도 일부 특별한 차들은 매우 시간 차이가 많이 나는 것들이 있으므로 반드시 확인해야 한다. 예를 들어 '제이드의 진주Perle de Jade'는 7~10분이 필요하고 '우롱Oolong(그린블루bleu vert)'차는 5~7분 정도를 두어야 한다. 그래야만 차가 함유하고 있는 모든 향들이 잘 우러나고 유지된다.

아래는 베스트셀러 목록이므로 참고해서 구매하면 좋다. 가격은 보통 125그램 당 7.6 - 10.9유로 사이이고 담긴 케이스에 따라 차이가 난다.

Bouquet de Fleurs n°108

Prince Wladimir

Anastasia

Earl Grey

Thé du Matin n°24

Saint Pétersbourg

Miniatures - Les Russes

Sweet Love

Detox

Kashmir Tchaï

Thé vert à la menthe Nanah

Miniatures(미니어처 5개) - Les Moments

이 외에 매장에서 만날 수 있는 아래의 다른 메뉴들도 있다.

Thé Glacé 아이스 티

Thé Glacé aux fruits des îles - 과일 아이스 티

Punch français au Thé 프랑스 펀치 차

Campus Tea

Grog à l'Armagnac 아르마냑그로그(술)

Thé Chocolaté 초콜릿 차

6구의 매장 2층 공간에 살롱 드 떼가 있었을 무렵에는 커피, 차, 주스 등 다양한 음료와 함께 점심에는 간단한 식사도 할 수 있었다. 하지만 살롱 드 떼의 재오픈은 미정이라고 하니 아쉬울 따름이다.

Café Paris
Kusmi Tea Menu

Café
Paris

라 로통드 La Rotonde

레 제디티르 Les Editeurs

르 퓌무아르 Le Fumoir

르 프로코프 Le Procope

부이옹 라신느 Bouillon Racine

쉐 프랑시스 Chez Francis

아 프리오리 떼 A priori thé

카페 드 라 페 Café de la Paix

카페 드 플로르 Café de Flore

카페 마르티니 Café Martini

카페 푸케스 Café Fouquet's

프랑스정통
역사카페

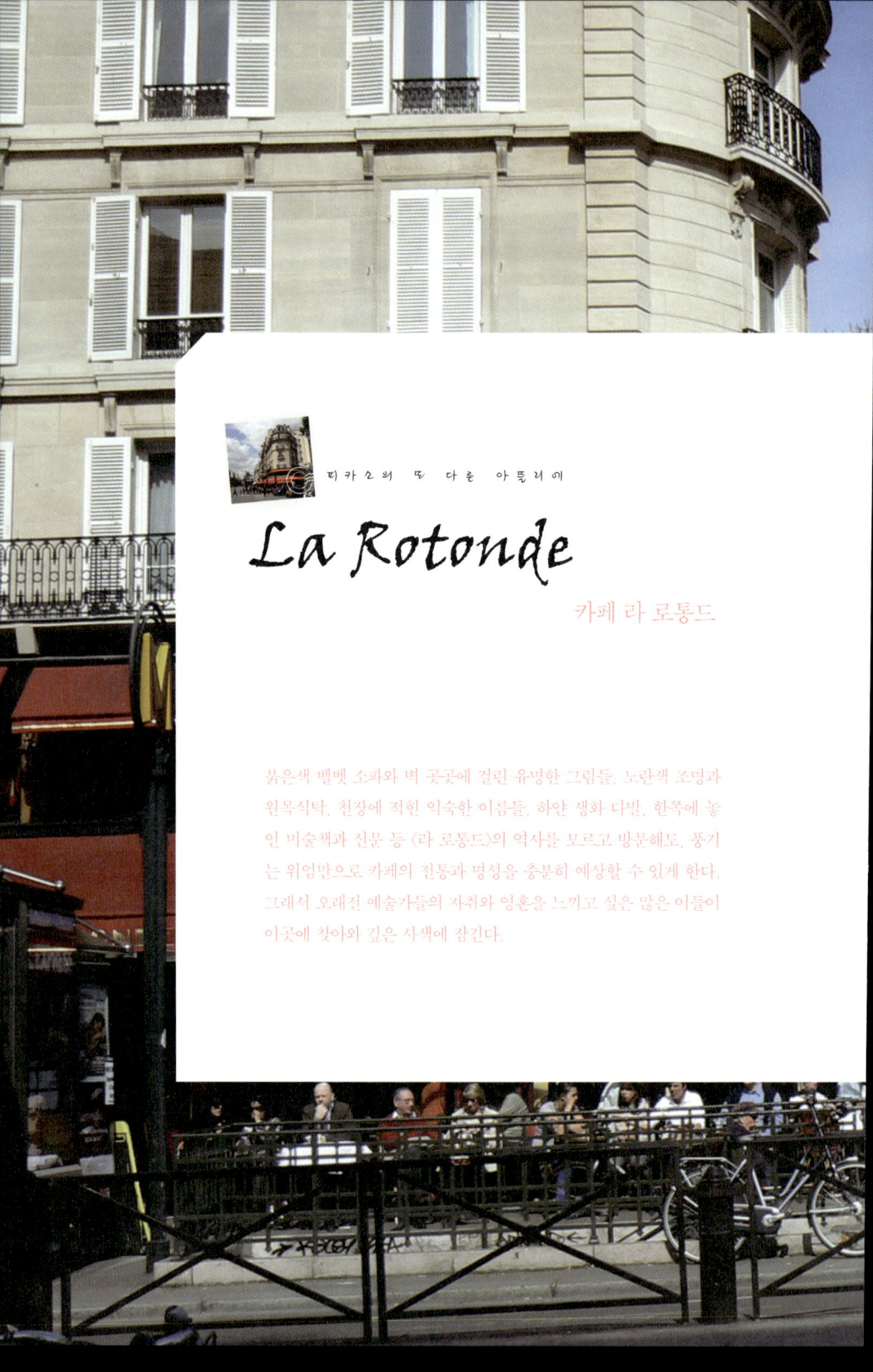

피카소의 또 다른 아틀리에

La Rotonde

카페 라 로통드

붉은색 벨벳 소파와 벽 곳곳에 걸린 유명한 그림들, 노란색 조명과 원목식탁, 천장에 적힌 익숙한 이름들, 하얀 생화 다발, 한쪽에 놓인 미술책과 신문 등 〈라 로통드〉의 역사를 모르고 방문해도, 풍기는 위엄만으로 카페의 전통과 명성을 충분히 예상할 수 있게 한다. 그래서 오래전 예술가들의 자취와 영혼을 느끼고 싶은 많은 이들이 이곳에 찾아와 깊은 사색에 잠긴다.

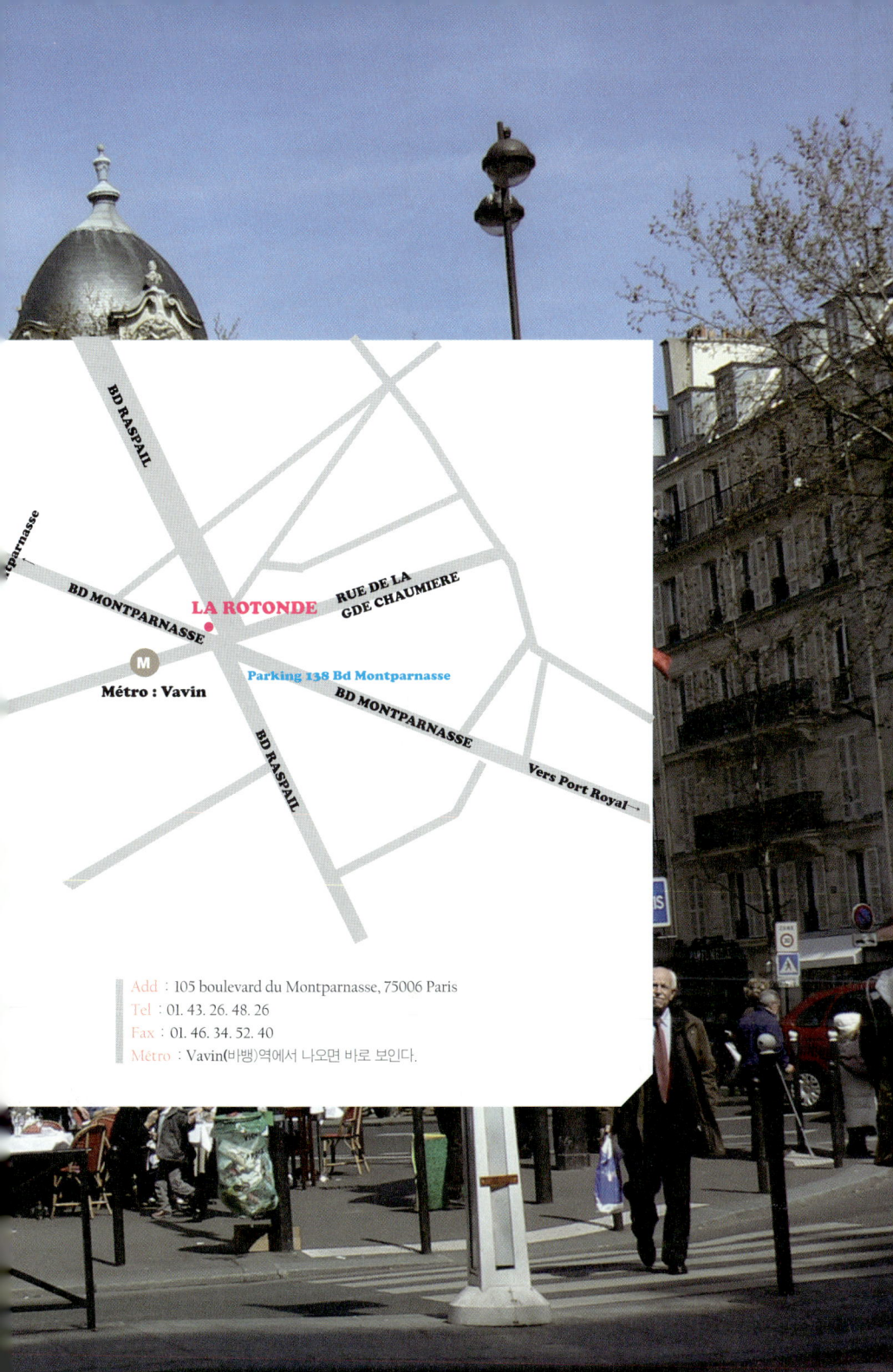

BD RASPAIL

tparnasse

BD MONTPARNASSE

LA ROTONDE

RUE DE LA
GDE CHAUMIERE

M

Métro : Vavin

Parking 138 Bd Montparnasse

BD MONTPARNASSE

BD RASPAIL

Vers Port Royal→

Add : 105 boulevard du Montparnasse, 75006 Paris
Tel : 01. 43. 26. 48. 26
Fax : 01. 46. 34. 52. 40
Métro : Vavin(바뱅)역에서 나오면 바로 보인다.

로통드와 예술의 반자취

몽파르나스 대로와 라스파이 그리고 들랑브르 거리와 인접한 바뱅 사거리에 위치한 〈라 로통드〉는 1910년에 빅토르 리비옹Victor Libion이라는 사람이 만들었다. 카페 〈르 돔Le Dome〉, 〈라 쿠폴La Coupole〉, 〈르 셀렉트Le Select〉 등과 함께 많은 예술가와 작가, 조각가, 화가, 가수들이 자주 드나들며 사교와 작품 활동을 했던 장소이다.

1910년, 몽마르트르의 유행이 지나가기 시작하면서 언덕의 예술가들은 생 제르망 데 프레와 몽파르나스의 바뱅 사거리에 자리를 잡는다. 이전에 몽마르트르가 그들을 위해 존재했었던 것처럼 몽파르나스는 피카소, 샤갈, 레제르, 브라크와 기욤 아폴리네르, 장 콕토, 마티스, 키키 등 화가와 시인, 혁신주의자, 망명자들의 아름답고 자유로운 안식처이자 누구에게나 개방된 아지트나 다름없었다.

1916년, 시인이자 극작가인 장 콕토는 로통드를 방문한 예술가들의 사진을 찍어댔고 그것을 증거로 우리는 당시의 문학, 그림, 음악, 사진 등의 영역에서 활동하는 인물들이 어떻게 일을 했는지 정확히 알 수 있게 되었다. 또한 많은 화가들은 이곳에서 피카소를 중심으로 다양한 작품을 남기기도 했다.

〈로통드〉는 몽파르나스의 자랑이자 예술가와 작가, 친구들의 쉼터였다. 20년대 이후가 되어 카페 〈로통드〉의 주인은 모리스 리비옹이라는 이름의 남자로 바뀌었다. 그는 인정이 많은 사람이었다. 화가들이 엄청나게 커다란 빵 덩어리를 몰래 훔칠 때마다 그는 항상 눈감아 주었고, 다양한 분야의 예술가들과 이야기하고 사교를 나누기를 좋아했다.

제2차 세계대전 당시 이들 모두는 〈로통드〉에서 하루를 보냈다. 전쟁 중임에도 불구하고 카페에는 석탄과 따뜻한 음식이 있었기 때문이다. 주인은 겨울동안 수프와 담배를 예술가들에게 무상공급했다. 덕분에 그들은 술에 취해 테이블 위에서 춤을 추며 즐거운 시간을 보내기도 했다. 카페주인은 화가들이 사용하는 데생용 목탄, 성냥, 색을 칠할 수 있는 커피 찌꺼기와 시인들이 휘갈겨 쓸 종이도 제공했다. 추후 이 예술가들은 입체파, 야수파, 다다주의자, 초현실주의자라는 이름이 붙은 유명인이 되었다. 그들은 자유롭고 열정적이며 용기가 있는 사람들이었다.

화가 수틴은 이곳에서 프랑스어 수업을 제공하는 대신 크림 커피를 얻어 마셨다. 모딜리아니는 따뜻한 식사를 대접받는 대신 상대방의 초상화를 그려줬다. 쟝 콕토는 〈로통드〉에서 아폴리네르와 스노비즘을 조롱하는 막스 야콥의 시들을 사람들에게 나누어주며 이념을 선도하기도 했다. 또한 그 시대에 거의 알려지지 않았던, 클로드 드뷔시와 스트라빈스키, 에릭 사티 등도 카페 〈로통드〉의 단골이었다.

몇몇 러시아 혁신주의자들은 〈로통드〉에서 큰 저녁모임을 준비하곤 했다. 레닌은 그저 카페만 들락거렸지만, 트로츠키는 직접 많은 회의를 열었다. 그러나 경찰이 자주 들이닥쳐 회의를 중단시키고는 했다. 한편 한 일본인은 잡혀가기도 했는데 그의 이름이 바로 모딜리아니의 동료인 일본인 화가 후지타 츠쿠하루였다. 당시에는 훗날 그가 세기의 여자들의 초상화와 고양이를 그리는 화가가 될 거라는 것을 아무도 몰랐다.

그리고 어느 날, 〈로통드〉에 짧고 검은 머리를 한 냉소적이고 거만한 젊은 여자가 찾아왔다. 그의 이름은 알리스 프랭이었다. 가수이자, 모든 화가들과 철학자들의 모델이 된 여자였다. 그녀는 몽파르나스의 키키라는 별명을 얻으며 동네의 전설적인 여왕이 되었으며, 현재 몽파르나스 묘지에 안장되어 있다.

전쟁 동안, 작가들은 화가들과 초현실주의자들의 뒤를 이었다. 앙드레 브르통, 루이 아라공, 자크 프레베르, 레몽 끄노, 또 알뱅 미셸 출판사의 작가들인 피에르 브누아, 마크 오를랑, 도르젤레 등, 그리고 그곳을 다시 찾은 미국인인 어니스트 헤밍웨이, 헨리 밀러, 스콧 피츠제럴드 등이 단골 고객이었다. 〈로통드〉는 그야말로 프랑스 회화와 예술, 이념의 엄청난 발전을 가져온 역사의 살아있는 장소인 것이다.

그 후 꾸준한 인기와 함께 〈로통드〉는 규모가 커지고 현대화되면서 비스트로의 형태이던 것이 화려한 카페 레스토랑이 되었다. 고객들은 바뀌고 맛과 유행은 지나갔다. 그러나 〈로통드〉는 결코 그의 정신과 초창기의 열정을 잃지 않았다.

〈로통드〉의 번영을 이끌고, 파리를 산책하는 모든 이들의 마음을 사로잡은 것은 제라르와 세르주 타파넬이라는 인물이었다. 그들은 주방과 카페 내부 공간을 섬세하게 개조했다. 오늘날 파리의 중심이 된 카페레스토랑, 지식인들과 예술가들의 사교 장소로서의 〈로통드〉. 파리지엥들은 이곳에서 세계 도처에서 건너온 사람들과 마주한다. 그리고 많은 이들이 카페의 밝은 분위기와 가스트로노미에 대해서 평가한다.

프랑스 정통 비스트로 로통드

사람들은 몽파르나스의 유명한 비스트로를 경외하고 이곳에서 저녁 시간을 보내기를 좋아하며 역사와 한데 어우러지는 체험을 한다. 요즘은 영화관계자들과 예술가들의 단골카페가 되었으며, 수준급의 요리 덕분에 많은 인기를 얻고 있다.

이곳에서는 주로 프랑스 전통 요리를 내놓는다. 고기 요리가 많은 편이고 쇠고기 등심과 타르타르 등을 비롯해 굴과 생선요리도 있다. 밝고 친절한 안내로 고객들을 맞이해 다시 찾아오는 사람이 많아지면서 단골고객이 꾸준히 늘었다.

오후에 마시는 쇼콜라쇼와 곁들여 나오는 작은 초콜릿은 하루의 피로와 스트레스를 싹 가시게 한다. 어떤 카페들은 물이나 우유에 초콜릿 가루를 타서 주는데, 이곳은 카페의 명성답게 아주 걸쭉하고 진한 양질의 쇼콜라쇼를 한가득 내온다.

〈로통드〉의 샐러드는 매우 푸짐하면서 신선하고 서비스 속도가 빨라 점심식사를 하고 바로 다른 곳으로 이동하기에 좋다. 실내는 쾌적하고 편안하며 종업원은 친절하고 주인은 생동감에 넘친다. 음식의 질이나 카페의 명성에 비해 가격은 오히려 저렴한 편이다.

LA ROTONDE

PARIS

Formules Petit Déjeuner

아침식사 메뉴

익스프레스 Formule Express : 에스프레소 커피 + 오렌지주스 + 버터 타르틴 5유로

구떼 Goûter : 더블 에스프레소 혹은 차 + 핫초코 혹은 소다음료(25cl) + 설탕 혹은 초콜릿 크레페 나 오늘의 파티쓰리 중 택1 8,5유로

알 라 프랑세즈 A la Française : 따뜻한 음료(더블 에스프레소 혹은 차 혹은 핫초코) + 타르틴과 크루아상 + 잼 + 생오렌지주스 10유로

아 랑글레즈 A l'Anglaise : 따뜻한 음료(더블 에스프레소 혹은 차 혹은 핫초코) + 토스트 꽁쁠레 + 계란 + 햄 + 생오렌지주스 13,8유로

Boissons Chaudes

따뜻한 음료

에스프레소 혹은 무카페인 에스프레소 2,5유로 (오후 3시 이후는 3유로, 밤 10시 이후는 3,6유로, 일요일과 공휴일 오전 8시부터 밤 10시까지는 3유로)

더블 에스프레소 (혹은 무카페인) 4,8유로 (밤 10시 이후부터는 6,9유로)

크림 커피 혹은 크림무카페인커피 4.8유로

정통 쇼콜라쇼(핫초코) 4,8유로 / 비엔나 커피 (혹은 초콜릿) 7유로

카푸치노 7유로 / 버터 크루아상 2유로 / 버터 타르틴 1,8유로 / 버터 토스트와 잼 4,5유로
흑차, 녹차, 홍차는 5유로 / 시나몬 뱅 쇼(뜨거운 와인) 4,8유로 / 그로그 오 럼 6유로

안티그리프(감기예방음료) 7유로 : 럼, 레몬, 설탕 / 아이리쉬 커피 10유로

Fromages et Dessert

치즈와 디저트

생-막슬랭 Saint-Marcellin de la Mère Richard 9,5유로
붉은 과일 쿨리 Faisselle au coulis de fruits rouges 8,5유로
부드러운 초콜릿 Mollet tout chocolat 10유로
드무아젤 타탱 타르트, 더블크림 혹은 바닐라 8,5유로
(Tarte des Demoiselles Tatin, pot de crème double ou vanille)
크렘 브륄레 Crème brûlée à la cassonade 8,5유로

(*시즌별 약간의 가격 인상이나 메뉴 변경 가능성 있음)

Crêpes Maison
홈메이드 크레페

설탕 4,5유로 / 초콜릿 5,5유로 / 코코넛 7유로 /   그랑-마르니에 7,5유로

잼 5,5유로   모듬(설탕, 초콜릿, 코코넛) 7,5유로

Glaces et Sorbets Berthillon
베르티옹 아이스크림과 셔벗

1스쿱 4유로 / 2스쿱 8유로 / 3스쿱 11유로

아이스크림 : 바닐라, 커피, 다크 초콜릿, 피스타치오, 누가-꿀, 모카, 밤

셔벗 : 카시스, 열대과일, 만다린, 초록레몬, 산딸기, 사과, 배, 자몽, 딸기

모딜리아니 쿠프 (바닐라, 카시스, 카시스크림) 10유로

피카소 쿠프 (누가-꿀, 뜨거운 초콜릿 소스) 10유로

몽파르나스의 키키 쿠프 (만다린 아이스크림, 임페리얼 만다린 술) 10유로

리에주식 커피 혹은 초콜릿 10유로

엄청난 해(년대)의 쿠프 (바닐라, 머랭, 뜨거운 초콜릿소스) 10유로

바나나 스플릿 (바닐라, 산딸기, 초콜릿, 바나나, 뜨거운 초콜릿소스, 샹티이크림) 10유로

Salade
샐러드

그린빈 (올리브오일, 헤레스산 백포도주와 발사믹) 11유로

로통드 (상추, 얇게 썬 훈제햄, 구운 뜨거운 염소치즈) 13유로

몽파르나스 (상추, 토마토, 채썬 당근, 구운 시골빵 위의 로스트비프, 마요네즈) 13유로

아싸스 (샐러드, 감자, 라르동, 계란, 토마토, 햄) 13유로

니스지방식 (샐러드, 토마토, 참치, 앤초비, 그린빈, 니스 올리브, 계란, 바질, 양파) 13유로

Sandwich
샌드위치

클럽 샌드위치 (계란, 토마토, 닭고기, 상추, 부드러운빵, 라르동, 에멘탈, 마요네즈) 13유로 (감자튀김 추
가시 4유로 추가)

노르웨이 클럽 (작은 블리니스크레페, 샐러드, 생크림, 양파, 훈제연어) 13,5유로

바뱅(구운 시골빵, 로스트비프, 샐러드, 마요네즈, 작은 오이) 8유로

믹스 (햄, 에멘탈치즈, 버터) 7,5유로

햄 버터 혹은 에멘탈 버터 5유로

점심메뉴 로통드 19유로 Formule Rotonde (le midi)

(본식 택1 + 후식 1 + 음료 택1 + 커피)

Café Paris
La Rotonde Menu

나도 잡지사 에디터처럼

Les Editeurs

레 제디퇴르

이 카페는 프랑스의 언론과 문학이 살아숨쉬는 현장이라고도 할 수 있다. 그건 바로 〈레 제디퇴르〉에서는 거의 모두가 신문이나 책, 잡지 등을 옆에 끼고 있고, 또 어떤 테이블에서는 생생한 인터뷰가 이루어지기 때문이다. 어느 좌석에서는 칼럼쓰고 계약서에 사인을 하는 작가도 있다. 이 카페가 서점과 출판사가 밀집된 동네에 위치하고 있다는 것을 자연스럽게 느끼게 해주는 풍경이다.

Boulevard Saint-Germain

Cour de Rohan Rue du Jardinet

Rue de Seine

Odéon
M

Rue Serpente

Rue Danton

P

Boulevard Saint-Germain

Les Editeurs

Rue Lobineau

Université René
Descartes

e Saint-Sulpice

Rue Dupuytren

Add : 4, carrefour de l'Odéon 75006 Paris
Tel : 01. 43. 26. 67. 76
Métro : 오데옹Odéon 역(4, 10호선)에서 하차 후 도보 2분 거리
Opentime : 매일 오전 8시부터 새벽 2시까지
Bus : 58, 63, 86, 87, 96 번 이용 가능
Parking : Ecole de Médecine에서 가능
　　　　　공공주차장이 걸어서 5분 거리 안에 세 개 있다.
　　　　　신용카느는 15유로 이상 결제부터 가능

파리에 도착한지 몇 달 되지 않았을 때 국내 모 잡지사에서 의뢰가 들어왔다. 프랑스의 유명작가인 베르나르 베르베르를 단독 인터뷰 해줄 수 있겠느냐는 것이었다. 하지만 그를 미리 섭외해 놓은 것이 아니라 나보고 알아서 직접 컨택해달라는 요청이었다. 그의 유명도로 봤을 때 이건 당연히 아주 어려운 미션이었다.

그런데 잡지사로부터 의뢰를 받기 몇 주 전, 정말 우연히 베르나르 베르베르를 직접 만날 기회가 생겼다. 그의 책을 출간하는 국내 모 출판사에 다니던 지인으로부터, '그를 찾아가 부탁한 물건을 받아서 한국으로 보내달라'는 요청이 들어온 것이었다. 나는 극도로 흥분해 잠을 이루지 못했다. 그것도 그가 살고 있는 '집'으로 찾아가는 것이라니. 덕분에 나는 그가 기르는 검은색 고양이도 쓰다듬어 보고, 베르베르와 함께 사진도 찍을 수 있었다.

그리고 곧 직업의식이 발동했다. 쉽게 오는 기회가 아닌 만큼, 이번만은 절대 놓쳐서는 안 된다는 사명감이 또렷해져서 그에게 인터뷰 제의를 했다. 다행히 그는 긍정적인 답변을 해주었다. 사실 한국이라는 나라는 그가 성장할 수 있었던 터전과도 같은 곳이었기에, 한국에 대한 작가의 호감과 관심은 남달랐다. 덕분에 나는 따로 약속을 잡고 그와 세 번을 만나 인터뷰와 사진촬영을 무사히 마쳤다. 우연히 베르나르 베르베르를 만나게 되었던 계기로 인해, 나는 국내잡지에 여섯 페이지에 달하는 특종기사를 실을 수 있었다.

그는 집필작업을 위해 매일 같이 동네 카페에 간다고 했다. 아쉽게도 그곳이 지금 소개하는 카페, 〈레 제디퇴르〉는 아니다. 사실 그의 원활한 집필활동을 위해 카페 이름을 밝힐 수는 없다. 팬들이 카페로 몰려들면 그는 이내 다른 장소를 물색해야 하는 번거로운 일을 겪을 지도 모르니까. 베르베르는 자신의 작업실보다 오랫동안 찾았던 그 카페에서 글이 더 잘 써진다고 했다. 그래서 하루도 빼놓지 않고 아침부터 몇 시간 가량, 카페 한쪽의 지정석에 머물며 작품을 완성해 나간다.

고즈넉한 카페 〈레 제디퇴르〉에 오면 항상 베르나르 베르베르가 생각난다. 그가 집

필활동을 하는 곳은 아니지만 그와 비슷한 모습의 사람들이 카페 곳곳에 보이기 때문이다. 어쩌면 내가 얼굴을 잘 모르는 유명작가가 이곳에서 다음 작품을 구상하고 있을지도 모른다는 생각이 든다. 아니면 역사의 한 획을 그을 미래의 위대한 인물이 매일 같이 구석 자리에 앉아 사상을 키우고 있을지도…….

레 제디퇴르, 편집자들의 카페레스토랑 엿보기

카페의 모습을 살펴보면, 먼저 우아한 벨벳커튼으로 장식된 카페 입구가 신비롭다. 또 아름다운 샹들리에와 고풍스러운 테이블, 책장, 그림 등이 지적이면서 아늑한 느낌을 주고, 대리석으로 된 벽은 고급스러움이 넘친다. 유니폼을 제대로 갖춰 입은 종업원들은 서비스 정신이 투철하며 고객들을 늘 즐겁게 맞이한다. 가장 저렴한 커피 한 잔을 시켜놓고 오래 앉아있어도 눈치 주지 않고, 내부사진을 찍어도 아무도 신경 쓰지 않는다. 커피 한 잔을 앞에 두고 혼자만의 단상에 잠겨있는 사람, 노트북으로 작업중인 남자, 신문의 경제란을 꼼꼼히 살피는 여자, 작가와 좋은 계약을 하기 위해 열띤 설득을 하는 이들.. 그리고 테라스 좌석에서 따스한 햇살을 만끽하며 지나는 이들을 바라보는 파리지엥들. 이곳의 풍경은 파리의 문학적 일상과 다름없다.

벽면에 빼곡히 꽂혀있는 5천여 권 이상의 책들과 편안한 의자는, 카페를 방문한 많은 사람들을 오랫동안 책과 신문에 파묻혀 있게 만든다. 카페의 한쪽 벽을 차지하고 있는 아주 커다란 시계가 없다면 얼마나 시간이 흘렀는지도 모를만큼 학구적인 분위기에 젖어들기도 한다.

파리 문학의 중심인 생 제르망 데 프레와 오데옹 근처에 자리잡은 카페레스토랑 〈레 제디퇴르〉. 이곳을 한 단어로 정의하기는 어렵다. 카페, 레스토랑, 라운지가 있는 바, 살롱 드 떼, 도서관 등으로 사용 가능한 공간이기에 방문할 때마다 다른 기분으로 머물다 갈 수 있다. 200명의 인원을 수용할 수 있는 좌석은 매우 우아하고 따뜻한 분위기를 낸다. 또한 카페의 한쪽 공간에서는 때때로 사인회, 전시회 등의 각종

이벤트가 열리기도 한다. 세미나 혹은 여러 행사를 하기에도 적합해 새로운 상품의 출시나 행정에 관련된 회의, 컨퍼런스 등의 장소로도 사용된다. 이렇게 언제나 생생한 문화의 향기가 느껴지는 〈레 제디퇴르〉는 아침, 점심, 저녁식사와 칵테일 등을 제공할 뿐 아니라, 이 카페에서 활용할 수 있는 모든 서비스를 고객의 형편에 맞게 개별적이고 전문적으로 준비해준다고 한다.

〈레 제디퇴르〉에는 전통적인 프랑스요리와 현대식 요리가 있어 예산이나 취향에 따라 각자 선택할 수 있고, 주말에는 브런치를 이용할 수 있다. 프랑스는 레스토랑도 쉬는 날이 많은데 이곳은 휴무일이 없어 언제든 방문이 가능하고 아침 8시부터 새벽 2시까지는 카페의 용도로, 식사 시간에는 레스토랑으로 이용이 가능하지만 대부분의 식당이 그렇듯 식사 시간대를 반드시 맞춰 가야만 한다.

Boissons Chaudes

따뜻한 음료

에스프레소 커피 혹은 무카페인 커피
(Café Express ou Décaféiné) 2,4유로
더블 에스프레소 (Double Express) 4,8유로
'마리아주 프레르'의 차 4,8유로
(부르봉, 얼그레이 임페리얼, 마르코폴로, 일본녹차 등)
(Thé de la Maison <<Mariage Frères>>-
Bourbon, Earl Grey Impérial, Empereur
Chen-Nung, Marco Polo, Orange Pekoe
Ceylan, Thé Vert du Japon)
커다란 초콜릿과 크림(Grand Chocolat,
Grand Crème) 4,5유로

오렌지주스 혹은 레몬주스 (Jus d'Orange ou
Citron Pressé) 5,2유로
에비앙 25cl 미네랄 워터(Eau Minérale
Evian -25cl) 4,2유로
뜨거운 우유(Lait Chaud) 3,5유로
인퓨전 차(Infusions) 4,8유로
카푸치노(Cappuccino) 5유로
커피 크루아상 아침 메뉴 3,9유로
(커피 혹은 무카페인 커피 + 비에누아즈 빵
한 개 선택)
Café ou Décaféiné et 1 Viennoiserie au
choix

Les Viennoiseries

비에누아즈리

크루아상 혹은 초콜릿빵(Croissant ou Pain au Chocolat, 뺑 오 쇼콜라) 1,7유로
버터와 함께 나오는 타르틴(Tartines avec Beurre) 2유로
잼 한 컵 (Confitures au Chaudron) 2유로

Petit-Déjeuner

아침식사

<<쁘띠>> 아침 메뉴 8,4유로
커다란 커피, 핫초코, 크림 혹은 마리아주 프레르의 차
빵, 버터, 잼 혹은 비에누아즈리 빵 두 개
오렌지주스 혹은 레몬주스 한 컵
(1 Grand café, Chocolat, Crème ou Thé
de la Maison <<Mariage Frères>>

Pain, Beurre, Confirures ou Viennoiseries
1 Verre de Jus d'Orange ou de Citron
Pressé)
<<그랑드>> 아침 메뉴 13,5유로
<<쁘띠>> 아침 메뉴에 스크램블에그(계란)
혹은 오믈렛 요리가 추가된다.
(+ Œufs au Plat, Brouillés ou en Omelette
<< Comme Vous les Souhaitez… >>

Dessert

디저트

카페 구르망 (커피+디저트) Café Gourmand 8,5유로
오늘의 디저트 Dessert du Jour à l'Ardoise 6유로
블랙 초콜릿 '탄자니'와 아몬드유 아이스크림
8,4 유로(Minute de Chocolat Noir "Tanzanie",
Glace Lait d'Amande)
리 오 래 크림(크림 안에 쌀밥이 들어간 것), 캐러
멜 파인애플, 바삭한 비스킷 8,5유로
(Riz au Lait Crémeux, Ananas Caramélisé,
Tuile Croquante)
흰 초콜릿의 차가운 수프와 자두아이스크림
(Soupe Froide de Chocolat Blanc, Glace
Pruneaux) 8,5유로

아르마냑 브랜디와 콘프레이크, 타탱 타르트와
신선한 크림(Armagnac, Corn Flakes, Tarte
Tatin, Crème Fraîche) 8,5유로
세르주 뒤부아의 바바 오 럼(Baba au Rhum de
chez Serge Dubois) 9유로
아이스크림 위에 딸기를 얹고 그 위에 샹티이 크
림을 얹은 것(Coupe de Fraises Melba) 9,5유로
아이스크림과 셔벗 Glaces et Sorbets La Boule
2,5유로

Menu du Jour

오늘의 메뉴

(전식+본식) 혹은 (본식+후식) 19,5 유로
　Entrée + Plat ou Plat + Dessert

(전식+본식+후식) 24,5 유로
　Entrée + Plat + Dessert

Le Brunch des éditeurs

주말(토, 일) 브런치메뉴 25,5 유로

뜨거운 음료 한 개 선택 Boissons Chaudes au Choix
빵 종류 Corbeille du Boulanger
비에누아즈리, 바게트, 유기농시골빵, 토스트, 버터, 잼 등(Viennoiserie, Pain Baguette, Pain de
Campagne Bio, Pain de Mie Toasté, Beurre, Confiture)
갓 짠 생과일 주스 Jus de Fruits Frais Pressés
스크램블 에그(계란)와 절인 연어 미니 샐러드
OEufs Brouillés, Petite Salade de Saumon Mariné
꿀&참깨의 흰 치즈와 생과일 샐러드
Fromage Blanc au Miel & Sésame, Salade de Fruits Frais

(*시즌별 약간의 가격 인상이나 메뉴 변경 가능성 있음)

Café Paris
Les Editeurs Menu

루브르 궁전 앞에서 우아한 식사를

Le Fumoir
르 퓌무아르

〈퓌무아르〉카페의 입구로 들어서면 우아하고 근엄한 분위기가 풍기는 실내가 펼쳐진다. 매우 넓고 탁 트인 공간이라는 느낌이 먼저 든다. 바로 왼쪽에는 오래전부터 명성을 이어온 메이저급 프랑스 신문들과 잡지가 놓여 있다. 벽 곳곳에 커다란 그림들이 걸려 있어 마치 루브르 박물관에 있는 하나의 갤러리에 온 듯한 착각이 들기도 한다. 또한 카페 깊숙이 안쪽으로 들어가면 벽장 가득 책이 꽂혀 있는 것을 볼 수 있다. 책 대여도 가능하다고 하니, 이쯤되면 이곳이 미술관인지 도서관인지 카페레스토랑인지 그 정체가 모호해진다.

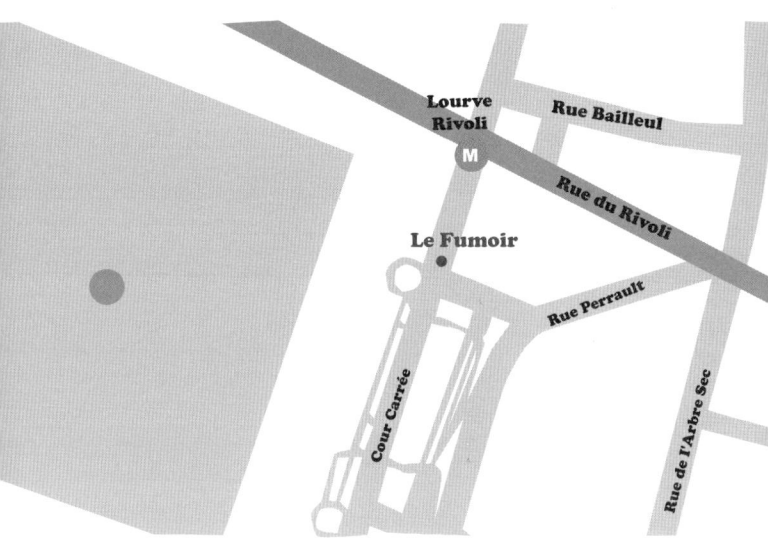

Lourve
Rivoli

Rue Bailleul

M

Rue du Rivoli

Le Fumoir

Rue Perrault

Cour Carrée

Rue de l'Arbre Sec

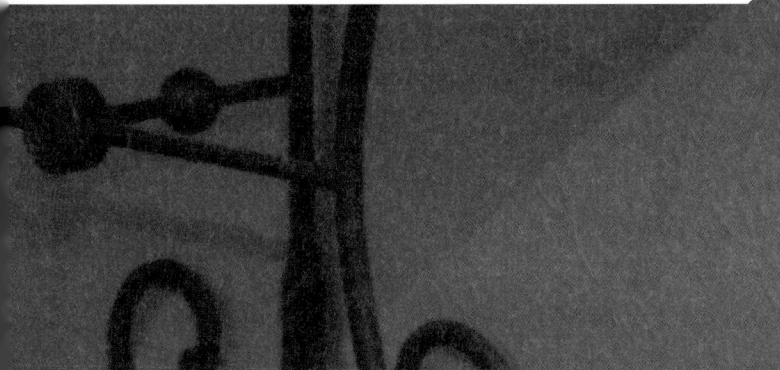

Add : 6 rue de l'amiral Coligny 75001 Paris
Tel : 01. 42. 92. 00. 24
Métro : 루브르 리볼리Louvre Rivoli （1호선)역 출구에서 나오면 바로 앞에 보인다
Opentime : 매일 오전 11시부터 새벽 2시까지
해피 아우어 : 매일 저녁 6시부터 8시까지

카페의 이름은 〈퓌무아르 Fumoir〉, 즉 프랑스어로 '흡연실'이라는 뜻이다. 그러나 현재 파리의 카페 내에서 담배를 피우는 것은 금지되어 있다. 간접흡연이 건강에 해롭다는 사실을 근거로 프랑스 정부에서는 2008년부터 공공장소에서의 흡연을 전면 중지시켰다. 시행 초기에는 실제로 규정이 잘 지켜지고 있는지 점검하기 위해 불시에 경찰들이 카페에 들이닥치고는 했다. 그리고 만약 실내에서 담배를 피우다 걸리면 75유로의 벌금을 물도록 했다.

이것은 흡연율이 매우 높은 젊은 프랑스인들에게는 매우 귀찮은 규정이 되었지만 나같은 비흡연자들에게는 기쁜 소식이 아닐 수 없었다. 여전히 길거리에서 피우는 담배 연기가 종종 숨을 막히게 하지만 특히 실내에서 내뿜는 담배연기는 피할 수가 없어 더욱 곤혹스러웠기에 정말로 좋은 방침이라고 생각했다.

여성에게 특히 치명적인 흡연은 각종 질병을 유발하는데도 흡연율이 줄어들지를 않아 프랑스에서도 금연광고, 담배값 인상 등 다양한 캠페인을 벌이고 있다. 하지만 여전히 카페 테라스석에 앉아 담배를 피워대는 젊은 프랑스 여성들이 너무나 많다. 조금이라도 담배냄새를 맡고 싶지 않은 사람이라면 카페나 레스토랑의 테라스석이 아닌 실내좌석으로 안내해달라고 종업원에게 말하는 게 좋다.

이 카페는 1997년에 생긴 카페 겸 레스토랑 혹은 살롱 드 떼Salon de the, 바Bar로 다양한 사람들의 구미에 맞게 탄생해 지금까지 전세계인들의 사랑을 받고 있다.

〈퓌무아르〉는 흡연실이라는 의미와는 달리 매우 쾌적하고 질 좋은 요리를 취급하며, 시크한 파리지엥들이 많은 동네에 위치해 있다. 세계문화유산으로 지정된 세계 3대 박물관 중 하나인 루브르 박물관 입구 정면의 아미랄 콜리니Amiral Coligny 혹은 쁠라스 뒤 루브르Place du Louvre 길에 있어 유동인구도 많다. 생 제르망 록세루아 교회Saint Germain l'Auxerrois와도 맞닿아 있어 함께 구경해도 좋을 것이다.

손님들의 풍경도 다양하다. 바에 앉아 신문을 보며 칵테일을 마시는 사업가, 친구와 함께 디저트와 차를 즐기는 파리지엥들, 오늘의 메뉴를 주문해 빠른 점심식사를 하고 자리를 뜨는 직장인 등 이곳의 오후는 바쁘기도 하고 여유롭기도 하다. 테라스석을 좋아하는 파리지엥들은 한가로운 분위기를 즐기며 따뜻한 햇살 속에서 느긋한

티타임을 갖는다.

고급스러운 카페레스토랑이지만 음식의 가격대가 많이 높지는 않다. 특히 점심메뉴를 이용하면 가격 대비 훌륭한 수준의 푸짐한 프랑스 요리를 먹을 수 있다. 관광객들이 많이 찾는 카페레스토랑임에도 불구하고 여러 가지 면에서 좋은 서비스를 즐길 수 있는 곳으로 손꼽힌다. 특히 파리 중심부에 위치해 있기 때문에 어느 곳과도 접근이 용이해 나는 볼일을 보기 전이나 마친 후에 꽤 자주 〈뤼무아르〉를 찾곤 하였다.

이곳에서 사용하는 식재료의 신선함은 요리의 모양이나 맛을 보면 저절로 느껴질만큼 정직하다. 천연의 재료로 다양한 맛을 내거나 또는 향신료로 맛의 포인트를 주기 때문에 조미료 따위는 전혀 필요가 없는 것이다. 특별한 조리법과 좋은 재료만 있으면 요리사들의 손에 의해 〈르 뤼무아르〉의 행복한 식탁이 마련된다.

식사를 주문하면 먼저 뜨거운 물수건과 갓 만든 따뜻한 빵을 가져다 준다. 부드럽고 폭신한 빵으로 우선 입맛을 돋우며 식사가 나오기를 기다리는 기쁨을 만끽해보자. 음료를 따로 주문하지 않으면 무상으로 제공하는 물 한 병이 나오니, 사실 비싼 물값을 지불하는 것이 아깝다는 생각이 드는 사람들에겐 이보다 반가울 데가 없다. 또한 빵 접시나 물병이 비면 손님에게 묻지 않고 더 가져다 주는 등 마치 호텔레스토랑처럼 품격에 걸맞은 친절한 서비스를 제공한다.

매일 오전 11시부터 밤 11시 30분 까지 또는 새벽 2시까지는 다소 가 벼운 분위기의 바 로 변신한다. 멀리서 오렌지색 차양이 드리워진 멋진 카페를 발견한다면 그곳이 바로 〈르 퓌무아르〉다. 주변에 튈 르리 공원, 퐁 뇌프, 센 강 la Seine, 생 토노레 거리, 콩코르드 광장 등 유 명 관광지가 몰려 있어 관광 중 식 사시간에 맞춰 들르기 좋고, 바로 앞에 위치한 루브르 박물관 관람 후 이곳에서 휴식을 취하는 사람 들도 꽤 많다.

Thé et Maté

차 4.1유로

실론티 Ceylan	유기농 백차 Thé Blanc Bio
생 제임스, 스리 랑카St James, Sri Lanka.	중국 녹차 Thé Vert Chinois
얼 그레이 Earl Grey	훈제 흑차 (약간 쓴맛) Thé Noir Fumé. Peu Amer.
다즐링 Darjeeling	기타 Etc.
일본 녹차 Thé Vert Du Japon	

Café et Autres

커피와 다른 음료들 일리Illy 커피를 사용 Nos cafés de la maison Illy

에스프레소(Expresso) 2,4유로

무카페인 커피(Décaféiné) 2,4유로

아이스 커피(Café Glacé) 2유로

더블 커피(Double) 4유로

크림 커피(Café Crème) 4유로

카푸치노(Capuccino) 4유로

카페 라떼(Café Latte) 4유로

에티오피아 모카 커피(Moka D'abyssinie) 4유로

핫 초코 & 크림

(Chocolat Chaud & Crème Battue) 4 유로

핫 초코, 커피, 헤이즐넛 그리고 휘핑크림

(Chocolat Chaud, Café, Noisettes Grillées Et

Crème Fouettée) 5유로

아이리쉬 커피(Irish Coffee) 11,5유로

럼 그로그

(Véritable Grog(Au Rhum Agricole)) 10 유로

인퓨전 차 Infusions

베르벤느(마편초) Verveine 4,1유로

참나무 차 Tilleul 4,1유로

카모마일 Camomille 4,1유로

아이스 티 Penjab Iced Tea(아이스 티 베르가모뜨 Thé Glacé Bergamote, 신선한 민트 Menthe Fraîche, 달콤한 레몬 Citron Sucré) 6유로

Autres

기타 음료

우유 혹은 두유(VERRE DE LAIT ENTIER OU LAIT DE SOJA) 3유로

레몬에이드(VERRE DE LIMONADE) 3유로

밀크 쉐이크(MILK SHAKE) 5,5 유로

라씨(LHASSI) 5,5유로

버진 마리(VIRGIN MARY) 5,5유로

반자이(BANZAï) 5,5유로

피나 드 나다(PINA DE NADA) 5,9유로

로망 홀리데이즈(ROMAN HOLIDAYS) 4,2유로

Petit-Déjeuner

아침 메뉴(쁘띠 데죄네) 오전 11시부터 12시까지. 7.6유로

생과일주스 JUS DE FRUITS FRAIS (오렌지
혹은 자몽ORANGE OU PAMPLEMOUSSE)
커피, 차, 핫 초코, 파라과이차 혹은 인퓨전차
(CAFÉ, THÉ, CHOCOLAT CHAUD, MATÉ

OU INFUSION)
토스트, 버터 그리고 잼 TOASTS, BEURRE
ET CONFITURE MAISON

Menu du Déjeuner

점심 메뉴(데죄네) 정오부터 3시까지. 일요일 제외

(전식 + 본식) 혹은 (본식 + 후식) 17,5유로
ENTRÉE + PLAT OU PLAT + DESSERT

(전식 + 본식 + 후식) 21유로
ENTRÉE + PLAT + DESSERT

Brunch

브런치 일요일 정오부터 3시까지. 21유로

커피, 과일 주스(CAFÉ, JUS DE FRUIT)
빵과 잼(PAINS ET CONFITURE MAISON)

본식과 디저트(PLAT ET DESSERT)

Thé Complet

차 세트 오후 3시부터 저녁 7시까지. 8,5 유로

커피, 차, 핫 초코, 파라과이차 혹은 인퓨전차
(CAFÉ, THÉ, CHOCOLAT CHAUD, MATÉ
OU INFUSION)
토스트&잼, 초콜릿 케이크(TOASTS &

CONFITURES, GÂTEAU AU CHOCOLAT,)
토스카 타르트, 케이크 혹은 아이스크림
(TARTE TOSCA, GÂTEAU(X) OU GLACE
MAISON)

Menu du Dîner

저녁 메뉴 저녁 7시 30분부터 밤 11시 30분까지. 31유로

3가지 전식 중 선택 (3 ENTRÉES AU CHOIX)
3가지 본식 중 선택 (3 PLATS AU CHOIX)
3가지 후식 중 선택 (3 DESSERTS AU CHOIX)

(*시즌별 약간의 가격 인상이나 메뉴 변경 가능성 있음)

Café Paris
Le Fumoir Menu

혁명과 로맨스가 숨쉬는 프랑스 최초의 카페

Le procope

르 프로코프

생 제르맹 데 프레 쪽에 갈 일이 있을 때마다 내가 일행에게 입에
침이 마르도록 칭찬하는 카페레스토랑〈르 프로코프Le Procope〉.
파리에 살면서 의외로 이곳을 모르는 유학생들과 현지인들이 많아
서 기회가 있을 때마다 종종 지인들을 데려가곤 했는데, 일단 카페
를 들어가고 나면 더 이상의 설명이 필요없을 만큼 사람들의 관심
이 집중되는 곳이다. 감탄으로 시작해 음식에 대한 만족과 재방문
의사까지 자연스럽게 이어진다. 그들이 또 다른 지인들과 함께〈프
로코프〉에 다시 다녀왔다고 하니, 이 카페를 나 혼자만 좋아하는
것은 아니라는 게 입증된 셈이다.

Ea Boulangerie
Saint Germain

Old Kashmir

Le Procope

Insulaire

Soc Sadoud
Frères

Pub St
Germain

Cour de Rohan

Boulevard Saint-Germain

Mouton à
Cinq Pattes

Le Relais Odéon

MK2 Odéon
(극장)

SML Rimal

M
Odéon

Marcolini
ance

Add ： 13, rue de l'Ancienne Comédie 75006 Paris
Tel ： 01. 40. 46. 79. 00
Métro ： 4호선, 10호선 오데옹Odéon 역에서 Carrefour de l'odéon 출구로 나온 뒤, 골목길
(rue de l'Ancienne Comédie)로 1분 정도만 걸으면 간판이 보인다.
Opentime ： 매일 오전 10시 30분부터 새벽 1시까지 오픈
세계에서 가장 오래된 카페 역사책(영어와 프랑스어로 된)은 안내창구에서 6유
로에 구입 가능

'커피'와 '카페'는 사실은 같은 의미의 단어다. 프랑스에서는 커피도 카페도 모두 '카페'라고 부른다. 이제는 카페를 마시는 장소 역시 '카페'라는 고유명사로 부르게 되었다.

17세기 중반 커피가 프랑스에 유입되면서, 1686년 최초의 카페레스토랑인 〈프로코프〉가 생기는 계기가 되었다. 이곳이 프랑스 최초의 카페라고 하니 무언가 비밀이 숨어있을 것 같기도 하고, 드라마틱한 이야기가 펼쳐질 것만 같은 특별한 기대감이 들었다. 이곳의 커피도 카페의 역사만큼이나 깊고 화려한 풍미를 지녔을까?

생 제르망 데 프레에서 가깝고 코메디 프랑세즈 극장과도 가까워 당대 문학가와 철학자들의 아지트로 시작된 〈르 프로코프〉. 베레모를 비스듬히 쓰고 원고를 한쪽 팔에 낀 랭보의 시니컬한 표정이 눈에 그려지는 듯하다. 이곳이 역사의 증인들을 만날 수 있는 박물관인지, 아니면 프랑스 전통 요리를 맛볼 수 있는 미슐랭 스타 레스토랑인지 헷갈린다면, 그저 맞은 편 좌석에 앉아 있는 빅토르 위고를 상상하면서 문학을 안주 삼아 와인이나 커피 한 잔을 즐기면 된다.

혁명의 역사책을 집필하다

프로코피오는 프랑스로 건너온 이탈리아 시칠리아 사람으로, 프랑스가 카페 문화를 가지게 된 계기인 〈르 프로코프(자신의 이름을 따서 만든 카페)〉를 만든 사람이다. 역사적으로 이름을 날린 예술가와 지식인, 정치인들이 모여 쓰디 쓴 커피잔을 기울인 곳이라고 하니 왠지 나도 그들과 비슷한 부류가 된 듯한 기분마저 든다.

프랑스 대혁명 시절에, 혁명을 주도하는 공화주의자들이 이곳에 모여 의논을 하고 술잔을 부딪히며 사상을 키웠다. 그들의 이념에 따라 카페의 화장실 역시 '남성용/여성용'으로 구분하지 않고, '남성시민 / 여성시민'을 뜻하는 '시투아양citoyen'과 '시

투아엔 *itoyenne*'으로 표시했다. 프랑스어로 Homme(남성, 옴므)와 Femme(여성, 팜므)로만 화장실을 구분했던 외국인 관광객들은 이곳에서 남녀의 그림 표시로 갈 방향을 정해야 한다. 사전 정보 없이 이곳을 처음 찾았던 날 화장실을 가려는데 보이지가 않아 2층 살롱을 헤매고 다녔던 기억이 있다. 이런 깊은 의미가 있는 줄도 모르고 말이다.

마라, 당통, 로베스피에르 등의 혁명가들이 드나든 곳, 디드로와 달랑베르가 『백과전서』라는 책을 집필한 장소이며, 장 폴 사르트르가 월간지인 「현대」를 창간하고 회의를 한 곳이라고 하니, 이곳에서 집필작업을 하면 그들처럼 역사에 길이 남는 작품을 쓸 수 있을까? 헤밍웨이, 발자크, 볼테르, 빅토르 위고, 루소 등 내로라하는 위인들이 모여 토론을 하고 이야기를 만들어 온 역사의 살아있는 장소라는 것이 처음에는 실감이 나지 않지만 방문을 거듭할수록 점점 그들의 혼이 느껴지는 것만 같다.

우정과 사랑, 감성을 나누다

입구에 들어서면 프론트에서 외투를 받아주고 친절한 미소로 자리를 안내하는 직원들의 유니폼까지 클래식한 느낌이 감돈다. 왼쪽의 바에는 대기자들을 위한 자리가 있고, 벽면에는 이 카페를 방문했던 유명인들의 사진도 눈에 띈다. 은은한 조명과 테이블마다 놓인 생

화 장식이 사랑스러운 분위기를 풍겨 이곳에서 근사한
식사를 하면 분명 추억의 시간으로 남을 것만 같다.
위층으로 올라가는 계단에 깔린 화려한 무늬의 양탄자
가 눈에 들어온다. 코르셋으로 허리를 조인 벨벳드레
스를 입고, 베를렌과 랭보의 격정적인 일탈 로맨스를
훔쳐보러 그곳으로 올라가고 싶다. 그들의 동성애와
시적 영감이 스며있는 이 카페에 혹시 감정의 소용돌
이로 빠지게 한 요인이 있지는 않을까? 가정도 내팽개
친 채 열 살이나 차이나는 두 남성의, 죽음을 넘나드는
지독하고 씁쓸한 사랑을 〈프로코프〉의 에스프레소 한
잔으로 느낄 수 있을까?

프랑스 연극계 사람들과 철학자, 문학인들은 이곳에서
자신의 뜻을 펼치며 서로를 격려했다고 한다. 생각과
생각이 모이면 언제나 새로운 사상으로 승화하고 깊이
있는 작품을 만들어내는 원동력이 되었다. 뜻이 맞는
지성인들끼리의 돈독한 정이 고독했던 그들을 더욱 발
전할 수 있게 한 것이다.

과거의 세계로 들어가다

시간이 흐른 후에 〈프로코프〉는 로맨틱한 분위기가 나
게끔 보수공사를 했다. 우리는 이곳에서 조르주 상드,
알프레드 드 뮈세, 구스타브 플로베르, 베르모렐, 발자크,
빅토르 위고, 테오필 고티에 등의 영혼을 만난다. 카페
〈프로코프〉는 3세기 동안 베를렌, 아나톨 프랑스 혹은

위스망, 도데와 오스카 와일드 문학의 사명을 유지해왔다.

카페 입구 왼편에 걸려 있는 실제 나폴레옹이 썼던 모자, 위대한 정신을 담은 오래된 책들, 위인들의 초상화, 고풍스럽고 아름다운 장식들이 300년 전 모습을 그대로 간직하고 있다. 크리스털 샹들리에가 흔들리면 볼테르의 대리석으로 된 책상이 먼저 눈에 들어온다. 그곳에서 어떤 사상을 펼치고 누구에게 편지를 썼을지 문득 궁금해진다. 유명인들의 친필 사인 액자와 고급스러운 장식으로 이루어진 카페 내부는 각각 '쇼팽 방', '라파예트 방', '마라 방', '볼테르 방', '디드로 방', '프랭클린 방'으로 나뉘어져 있다. 공간의 넓이와 장식이 다르며, 각기 특색있는 분위기를 낸다. 각 방의 주인공이 되어 그들의 삶을 떠올려보면 그들의 사상과 고독이 진정으로 이해가 될까?

이 카페는 위대한 인물들의 기념품과 작품들로 장식되어 있고, 1789년의 인권선언과 시민권에 대한 내용 그리고 계몽사상의 흔적도 곳곳에서 발견할 수 있다. 철로 만들어진 발코니와 지붕은 1962년 1월 20일의 결정에 따라 역사적 기념물로 등록된 것이라고 한다.

이렇게 멋진 카페 내부는 얼마든지 구경하며 돌아다녀도 상관없고 사진을 찍어도 뭐라 하는 사람이 없다. 이곳은 아주 오래전 그때와 마찬가지로 자유롭고 편안한 개방적인 공간인 것이다.

우아한 식사를

최초의 카페로 시작한 곳인 만큼 전통 에스프레소와 마리아주 프레르의 차, 다양한 와인을 구비해놓고 있어 음료와 식사를 한 번에 즐길 수 있다. 특히 개업 이래로 꾸준히 선보이고 있는 아이스크림과 셔벗은 이곳의 단골 메뉴다. 독특한 크레이프와 크렘 브륄레, 티라미수 등 프랑스 고유의 디저트도 훌륭하다. 〈르 프로코프〉의 이름이 새겨진 접시 위에 화려하게 차려지는 식사와 디저트는 보는 것만으로도 입맛을 자극한다. 점심, 저녁식사 시간을 피하면 음료와 디저트만도 즐길 수 있으니 비용에 대해 큰 부담을 가질 필요가 없다.

메뉴 프로코프(Menu Procope)와 레 필로조프(철학자들 Les Philosophes) 등의 세트메뉴를 이용하면 비교적 저렴한 가격에 코스요리를 즐길 수 있다. 전식인 달팽이 요리는 매우 신선하면서 쫄깃한 식감이 좋고, 남은 올리브오일 소스에 바게트 빵을 찍어 먹으면 고소하고 간단하다. 선명한 껍데기의 무늬를 보면 마치 금방이라도 달팽이가 껍데기 속에서 나와 더듬이를 움직이며 인사할 것만 같다.

특이한 메뉴로는 '1686년식 송아지머리' 요리가 있다. 그러나 정통 프랑스식 요리이기 때문에 대중적인 맛을 원하는 사람이라면 다른 메뉴를 추천한다. 젊은이들에게는 쉽지 않은 독특한 맛의 요리이기 때문이다. 보졸레 와인에 조리한 전통 닭요리 '꼬꼬방(coq au vin)'도 있는데 한국식 입맛에도 제법 잘 맞는 무난한 맛으로 인기가 좋다.

어린이 메뉴가 따로 있어 가족끼리 방문하기에도 괜찮다. 매일 바뀌는 '오늘의 메뉴'는 자주 방문하는 단골 고객들에게 지루함을 주지 않으면서도 신선한 재료와 보장된 맛을 제공한다.

유서 깊은 파리의 카페레스토랑인 점을 감안하면 결코 비싸다고 할 수 없는 가격이다. 게다가 실망시키지 않는 맛과 질, 고급스런 식기와 음식의 데코레이션까지 방문객들의 오감을 만족시켜준다.

Caféterie

에스프레소(Espresso) 2,7유로   마리아주 프레르 차(Thés Mariage Frères) 5,3 유로

Glaces et Sorbets

아이스크림 & 셔벗   1686년부터 시작된 홈메이드 아이스크림 판매

오늘의 셔벗 혹은 아이스크림 Sorbet ou glace du jour 7,5 유로

나폴리식 슬라이스 (바닐라, 피스타치오, 딸기) Tranche Napolitaine(vanille, pistache et fraise) 9유로

아마레토와 캐러멜 무스 아이스크림 (아몬드코냑)

Mousse glacée à l'amaretto et au caramel (Fine liqueur d'amandes) 9,5 유로

아이스크림과 셔벗 미니 모음(아몬드 비스킷) L'assiette dégustation de nos glaces et sorbets (Tuile aux amandes) 8,9 유로

Dessert

디저트

흑설탕 캐러멜의 크렘 브륄레(Crème brûlée caramélisée au sucre cassonade) 7,8 유로

티라미수(Tiramisu) 9,5 유로

두 가지 초콜릿의 바삭한 과자(Croustillant aux deux chocolats) 9,5유로

달콤한 크림이 있는 핫 초코((차가운 바닐라 크림)

Profiteroles au chocolat chaud(crème glacée vanille)) 9,5 유로

그랑마르니에의 불에 그을린 크레이프 세 조각(Crêpes flambées au Grand-Marnier) 9,9 유로

여러 종류의 과일로 만든 타르트(Tarte Tutti-Frutti) 8,5유로

붉은 과일 퓨레를 얹은 흰색 치즈(Fromage blanc au coulis de fruits rouges) 6,5유로

코코넛 카시스 (베리류 과일, Miroir coco-cassis) 9,5유로

카페 구르망 (미니 티라미수, 피낭시에 소스, café gourmand) 6,9유로

Menu Procope

메뉴 프로코프 가격 대비 강력 추천하는 메뉴

작은 병 생수 포함 (1/2 Eau minérale comprise)

〈전식 + 본식〉 혹은 〈본식 + 후식〉 = 19,9 유로

〈전식 + 본식 + 후식〉 = 26 유로 (Menu Complet)

작은 병의 미네랄 워터 제공 : 에비앙이나 초록색 바두아 혹은 붉은색 바두아 50cl

매일 점심과 저녁에 이 메뉴를 이용할 수 있으나 매주 금요일과 토요일 저녁 7시 30분부터 10시까

지는 제외

Les philosophes

〈전식 + 본식 + 후식〉 35 유로

(음료 제외 hors boisson)

전식

스코틀랜드식 다진 연어(Tartare de saumon d'Ecosse) 혹은

고기나 생선 구운 것을 파이 껍질로 싸서 구운 리슐리외 (Pâté en croûte 《 Richelieu》) 혹은

모듬샐러드, 야채와 초록 아스파라거스의 파스타

(Pêle-Mêle de salades, tagliatelles de légumes et asperges vertes)

본식

얇게 썬 스코틀랜드식 연어 구이

(Escalope de saumon d'Ecosse rôtie)

혹은

1686년식 송아지 머리 스튜

(Tête de veau en cocotte comme en 1686)

혹은

오리 가슴살 구이

(Magret de canard IGP Sud-Ouest rôti)

후식

티라미수 (Tiramisu)

혹은

캐러멜과 아마레토의 무스 아이스크림

(Mousse glacée à l'amaretto et au caramel)

혹은

코코넛 카시스 디저트

(Miroir coco-cassis)

(*시즌별 약간의 가격 인상이나 메뉴 변경 가능성 있음)

Café Paris
Le Procope Menu

20세기 아르누보 스타일

Bouillon Racine

부이용 라신느

작은 불빛이 부서져 크리스털처럼 시야를 가득 메운다. 이 빛은 거울로, 금색의 꽃잎으로 반사되어 나란히 진열된 와인잔들을 통과한 후 샴페인의 기포로 침투해 이내 다시 대기로 번진다. 모자이크 타일의 바닥은 당신의 신중한 발걸음을 안내하고, 흐드러진 생화의 잎사귀들은 당신의 고상한 향기를 머금는다.

Bouillon Racine

Add : 3, rue Racine 75006 Paris
Tel : 01. 44. 32. 15. 60   Fax : 01. 44. 32. 15. 61
Métro : 오데옹Odéon(4, 10호선)역, 혹은 클뤼니 라 소르본느 CLUNY-LA SORBONNE
　　　　(10호선)역에서 하차 후 도보
　　　　화요일부터 토요일까지 저녁시간 발레파킹 서비스
Parking : 21 rue de l'Ecole de Médecine
영어메뉴판 가능

1900년대 파리의 분위기를 그대로 존속시키고 있는 카페레스토랑 〈부이옹 라신느〉. 이 카페의 나이 역시 백 살이 넘었다. 샤르티에 Chartier 형제가 1906년 등급이 다른 아르누보 스타일의 두 브라쓰리(캐주얼 식당)를 만들었고, 그중 하나가 〈부이옹 라신느〉다. 이 카페레스토랑은 외관만 봐도 화려하고 전통적인 분위기가 물씬 풍긴다. 그러나 무엇보다 실내장식의 아름다움이 으뜸이다. 바 좌석 한쪽에 놓여진 파리가이드북(무료)은 이곳을 찾는 관광객이 상당수라는 것을 보여준다. 앤틱하고 고급스러우며 디테일한 장식들은 백 년 전과 달라진 것이 하나도 없다. 프랑스의 고급 전통 카페레스토랑에서 부르주아가 된 듯한 기분을 내고 싶다면 〈부이옹 라신느〉를 방문해보자. 분위기에 비해 음료나 식사가 비싼 편이 아니니 큰 부담을 가질 필요도 없다.

20세기 초에 탄생했다고 알려진 〈부이옹 라신느〉는 원래 아르누보 극장이었다. 그러나 1855년 피에르 루이 뒤발이라는 재치있는 정육점 주인 덕에 오늘날의 카페레스토랑으로 재탄생했다. 그는 시장에서 일하는 사람들을 위한 수프와 고기요리만 만드는 사람이었다. 그가 만든 이 작은 레스토랑은 당시 큰 성공을 거뒀고 엄청난 양의 수프(부이옹)가 팔려나갔다. 그래서 그는 파리에 여러 지점을 내고 처음으로 유명한 체인 레스토랑이 되었다. 그리고 그 후, 조금 더 고급스럽고 다양한 수프들을 손님들에게 선보이며 확실히 자리매김을 한다.

레스토랑 설립 당시 아르누보 스타일의 데코레이션(19-20세기 곡선형장식)은 건축과 가구, 장식 영역에서 급속도로 확산되고 있었다. 1900년에 열린 파리의 세계적인 박람회에서, 엑토르 기마르라는 사람이 디자인한 지하철역은 그의 재능을 널리 알리는 계기가 되었고, 〈부이옹 라신느〉는 그에게 카페 디자인을 맡기게 된다.

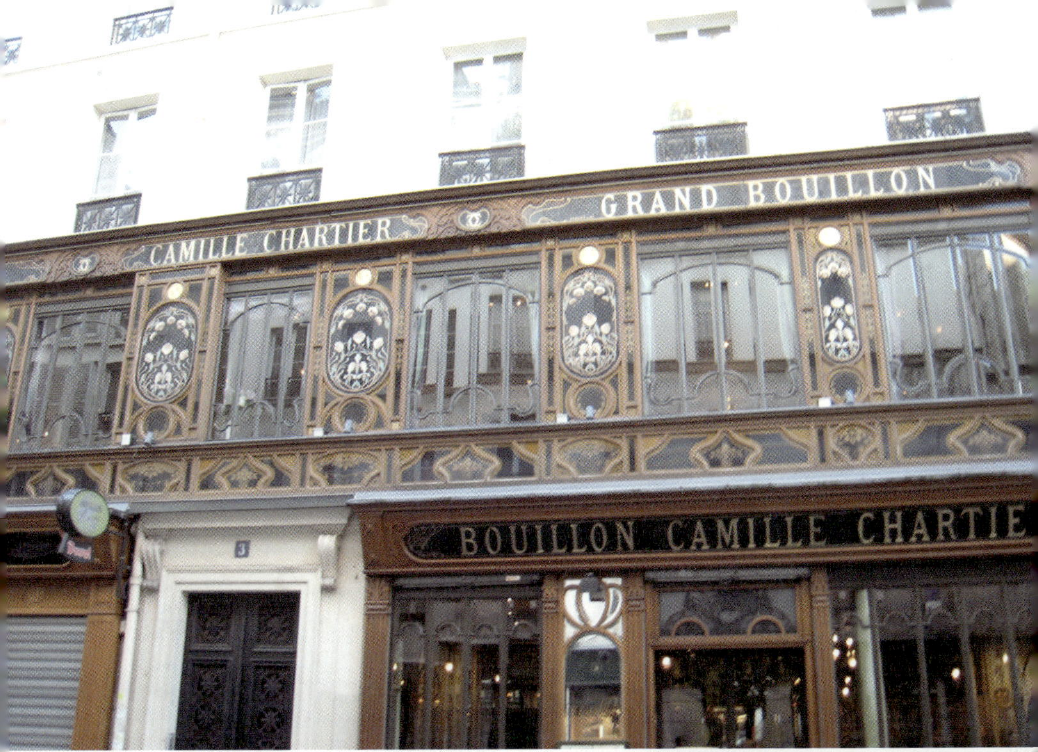
GRAND BOUILLON
CAMILLE CHARTIER
3
BOUILLON CAMILLE CHARTIE

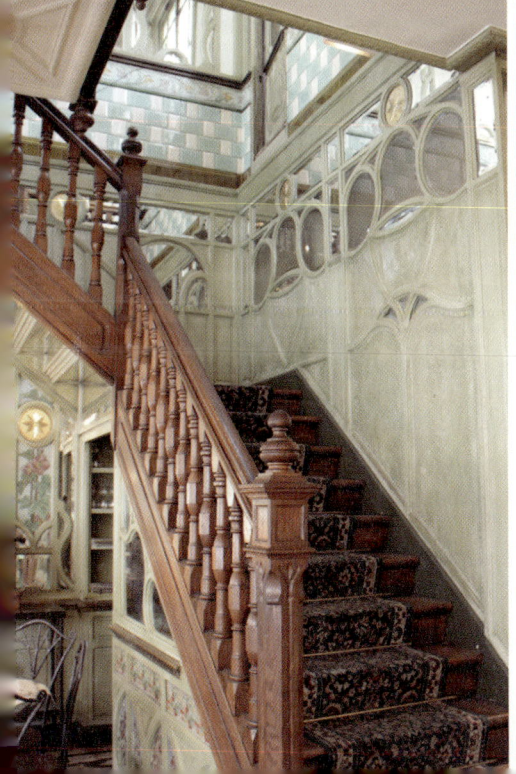

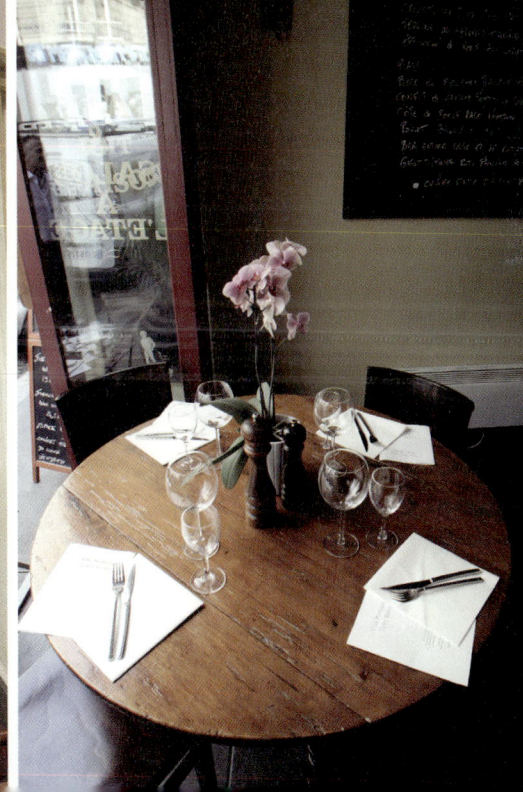

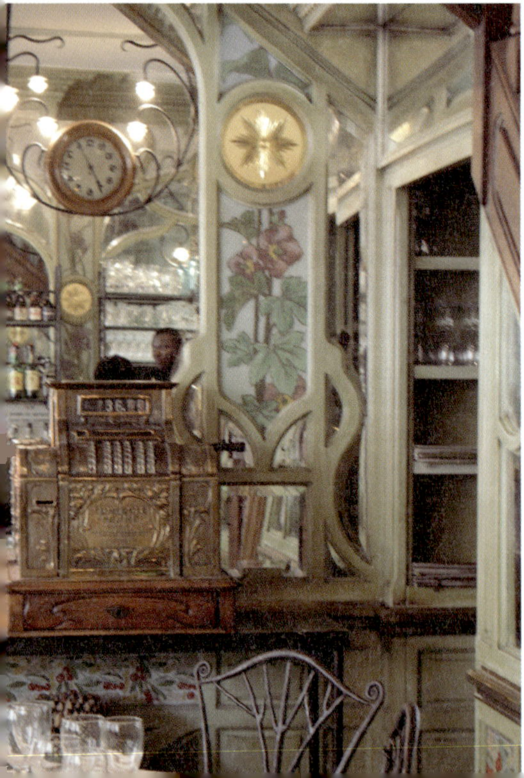

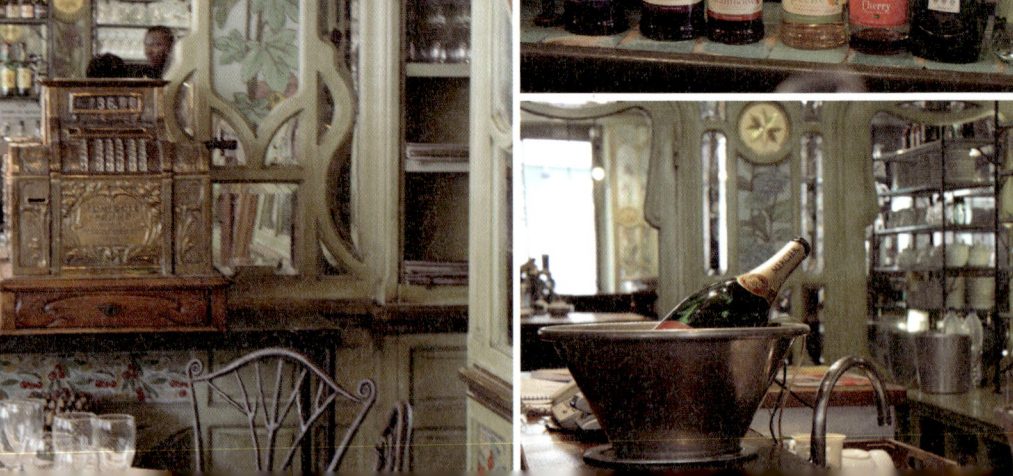

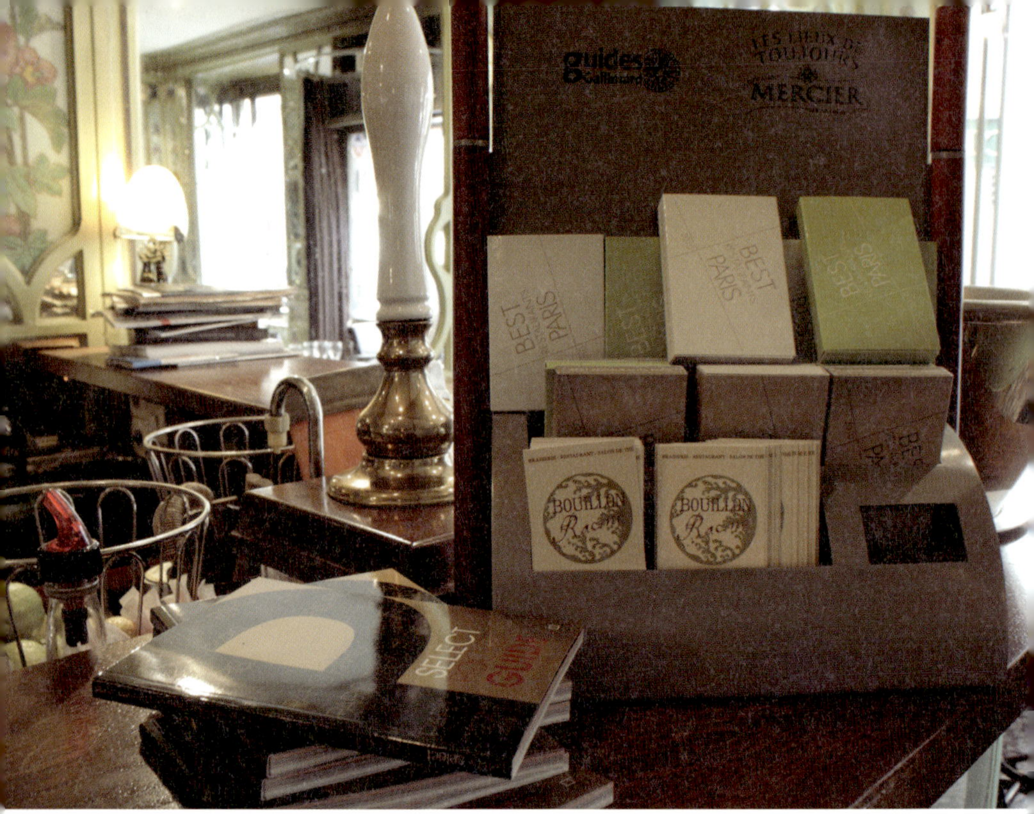
guides Gallimard
LES LIEUX DE TOUJOURS
MERCIER
BEST PARIS
BOUILLON
SELECT
GUIDE
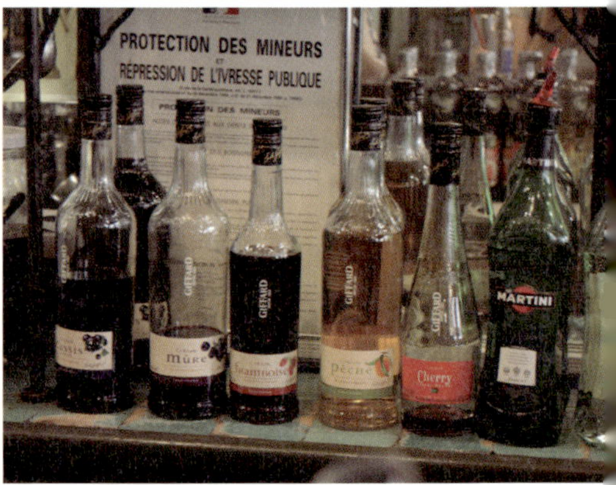
PROTECTION DES MINEURS
ET
RÉPRESSION DE L'IVRESSE PUBLIQUE
MARTINI
Cherry

1903년, 주인이자 건축가였던 에두아르 푸르니에는 부이용 강동-뒤발 지점을 포부르 생 드니 거리의 오래된 레스토랑으로 위치를 옮긴다. 그리고 이듬해 생 제르망 대로에 또 다른 〈부이용 라신느〉가 탄생하는데 아르누보의 화려한 장식을 과시하며 화제를 일으켰다. 그것이 바로 이곳 부이용 샤르티에 ˢᵘᵉ Bouillon Chartier 지점이다.

1906년에 두 개의 부이용 샤르티에를 만든 것은 건축가 장 마리 부비에와 루이트레젤이었다. 그들은 〈부이용 라신느〉 지점의 전체 모습을 주관해 만들어 나갔다. 라신느 거리의 '그랜드 부이용 카미유 샤르티에'와 몽파르나스 대로의 '부이용 에두아르 샤르티에'까지 이들 레스토랑은 부이용 아르누보 스타일을 채택하고 있다. 나무 재료와 세라믹 타일 등 식물을 모티브로 한 유리와 거울로 장식되어 있다. 가장 아르누보의 바로크 스타일에 가까운 장식을 한 곳은 '라신느 거리 지점'과 '포부르 몽마르트르 거리 지점'이다.

1926년까지 카미유 샤르티에는 〈부이용 라신느〉의 주인 자리를 지키고 있었다. 그리고 그 이후 1956년까지 레스토랑을 운영한 것은 마담 로누아였으며, 그 다음 주인은 1962년에 그곳을 파리 대학에다 팔아버렸고 카페는 1993년까지 상당한 수익을 내며 탄탄대로를 달려왔다. 하지만 그 후로 상당부분 실내장식이 바뀌게 되었고 〈부이용 라신느〉의 화려하고 고급스러운 카페레스토랑의 매력과 이점은 더 이상 느낄 수 없게 되었다.

그리고 1996년이 되던 해, 〈부이용 라신느〉는 거의 잃어버리다시피 했던 예전의 기술과 경영 노하우를 되찾아 카페를 완전히 새롭게 개조했다. 비스듬히 잘린 오팔빛의 거울, 그림이 그려진 섬세한 유리들, 조각된 나무들과 대리석 모자이크, 낱장마다 금박이 입혀진 장식문자들로 꾸며져, 아름다움과 생동감이 넘치는 호화로운 공간으로 재탄생되었다. 마침내 카페는 파리의 '역사적인 기념물'로 선정되기에 이르렀다.

오래전의 화려함과 함께 〈부이옹 라신느〉는 1900년대 파리의 삶을 되돌려놓았다고 해도 과언이 아니다.

〈부이옹 라신느〉의 셰프는 화덕 앞에서 현대식 요리와 전통 요리를 다양하게 만들어내고 있다. 속을 채운 돼지요리같은 특별한 메뉴를 비롯해, 오렌지소스의 구운 꼬치요리, 새끼오리고기, 닭고기 스튜, 엑상 프로방스의 올리브오일과 프로방스소스를 얹어 구운 대구살 혹은 단지에 나오는 리에주식 원조 커피, 단풍나무 시럽향의 크렘 브륄레를 곁들인 와플(고프르) 등, 시간과 공간을 뛰어넘는 환상적인 입속 여행을 하게 만드는 훌륭한 메뉴들이 마련되어 있다.

카페 1층에는 44인 좌석이 있고, 바에서는 식전주나 벨기에 생맥주를 마실 수 있다. 2층에는 91개의 좌석이 있으며, 아름다운 테이블에서 가족과 함께 여유로운 시간을 보내기에 좋다. 그리고 매달 첫째, 셋째 주 화요일 저녁에는 재즈파티가 있다. 그룹 고객의 주문에 따라 아침식사, 점심식사, 저녁식사 메뉴를 따로 준비해주기도 하며 칵테일과 음료도 마련된다.

오후에는 핫초코(쇼콜라쇼)와 마리아주 프레르의 차에 와플(고프르)을 곁들이면 좋고, 오후 5시부터 7시까지는 해피아우어로 할인된 가격(5유로 정도)에 칵테일과 맥주를 즐길 수 있다. 두 명 이상 혹은 가족 단위로 미리 좌석을 예약하면 결혼 피로연, 회사 회식, 단체 모임 등 여러 가지 행사들을 진행할 수 있다.

Boissons Chaudes

따뜻한 음료

일리(Illy) 커피 2,5유로

카푸치노 혹은 비엔나커피 4,75유로

카페오레 3,95유로

마리아주 프레르 차 4,5유로

핫초코(쇼콜라쇼) 5,2유로

비엔나 핫초코 5유로

아이리쉬 커피 9,5유로

Grignotage

간식

브뤼셀 와플, 설탕 혹은 초콜릿 혹은 샹티이 크림 5유로

브뤼셀 와플, 초콜릿과 샹티이 크림 6유로

크렘 브륄레 7,25유로

오늘의 디저트 6,6유로

Dessert

디저트

메이플 시럽을 곁들인 크렘 브륄레 7.50유로

캐러멜 배가 들어간 티라미수 7.50유로

사과와 포도 크럼블, 바닐라 아이스크림 9.00유로

리에주식 원조 커피 8.00유로

사과 향신빵, 살구 졸임 7.50유로

촉촉한 다크초콜릿 케이크 8.50유로

크렘 브륄레와 와플 8.50유로

오늘의 디저트 7.50유로

전통 아이스크림(발로나 초콜릿, 누가틴, 바닐라, 커피 등)과 셔벗(포도, 레몬, 민트, 복숭아) 7.50유로

로얄 모히토 : 레몬 셔벗과 민트잎, 화이트 럼과 샴페인 10.50유로

Menu ⟨Bouillon Racine⟩

세트 메뉴, 부이용 라신느 매일 점심과 저녁 29 유로

전식Les Entrées 택1

초록 아스파라거스 크림수프(Crème d'asperges vertes) 혹은 바질 쇠고기 카르파치오와 레몬즙(Carpaccio de boeuf au basilic et jus de citron),

로케뜨치즈와 팔마산치즈(bouquet de

roquette au Parmesan) 혹은 바닷가재 수프 (Velouté de homard) 혹은 도피네 지방식 크림 라비올리(Ravioles du Dauphiné à la crème 혹은

오늘의 수프 Soupe du jour

본식 Les Plats 택1

향로 그릇에 담긴 닭고기 스튜와 야채들
(Cassolette de blanquette de poulet) 혹은
숯불 돼지뒷다리 구이와 슈크루트(Carbonade
de jarret de porc à la Rodenbach,
choucroute) 혹은
셰프 방식으로 만든 쇠고기 타르트르와 감자 그
리고 샐러드(Tartare de boeuf à la façon du
Chef, pommes Pont Neuf et salade mêlée)
혹은
연어 스테이크, 호박과자(Pavé de saumon cuit
à la peau, flan de potirons) 혹은
시장 요리 Plat du marché (토, 일, 공휴일 제외)

Menu du marché

메뉴 뒤 마르쉐

월요일부터 금요일까지 15,50 유로
세트 메뉴 부이옹 라신느 요리 중에서 (전식 + 본식) 혹은 (본식+ 후식) 중 택1

(*시즌별 약간의 가격 인상이나 메뉴 변경 가능성 있음)

에펠탑이 가장 잘 보이는 카페

Chez Francis

프랑시스네 집 '쉐 프랑시스'

밤이 되면, 흰색 풍선처럼 생긴 카페 입구의 가로등도 동그랗게 깎아놓은 작은 나무를 비추며 손님들을 맞이하고, 여기저기에서 잔 부딪히는 소리도 들려온다. 디자이너 조엘 가르시아(Joël Garcia)가 외관을 새로 단장한 〈쉐 프랑시스〉는 매우 파리스러운 데코레이션이 특징이다.

몽실몽실 구름같은 하얀 꽃의 화분, 부드럽고 푹신한 벨벳 의자, 테이블마다 놓인 작은 조명 등이 로맨틱한 분위기를 더한다. 특히 실내는 화려한 장식의 거울들로 사방이 둘러싸여 어느 곳에서 보아도 아름다운 조명빛이 시야를 가득 채운다. 묵직한 원목의 천장과 벽은 매우 고풍스러워 프랑스 카페의 매력을 물씬 자아내고 있다.

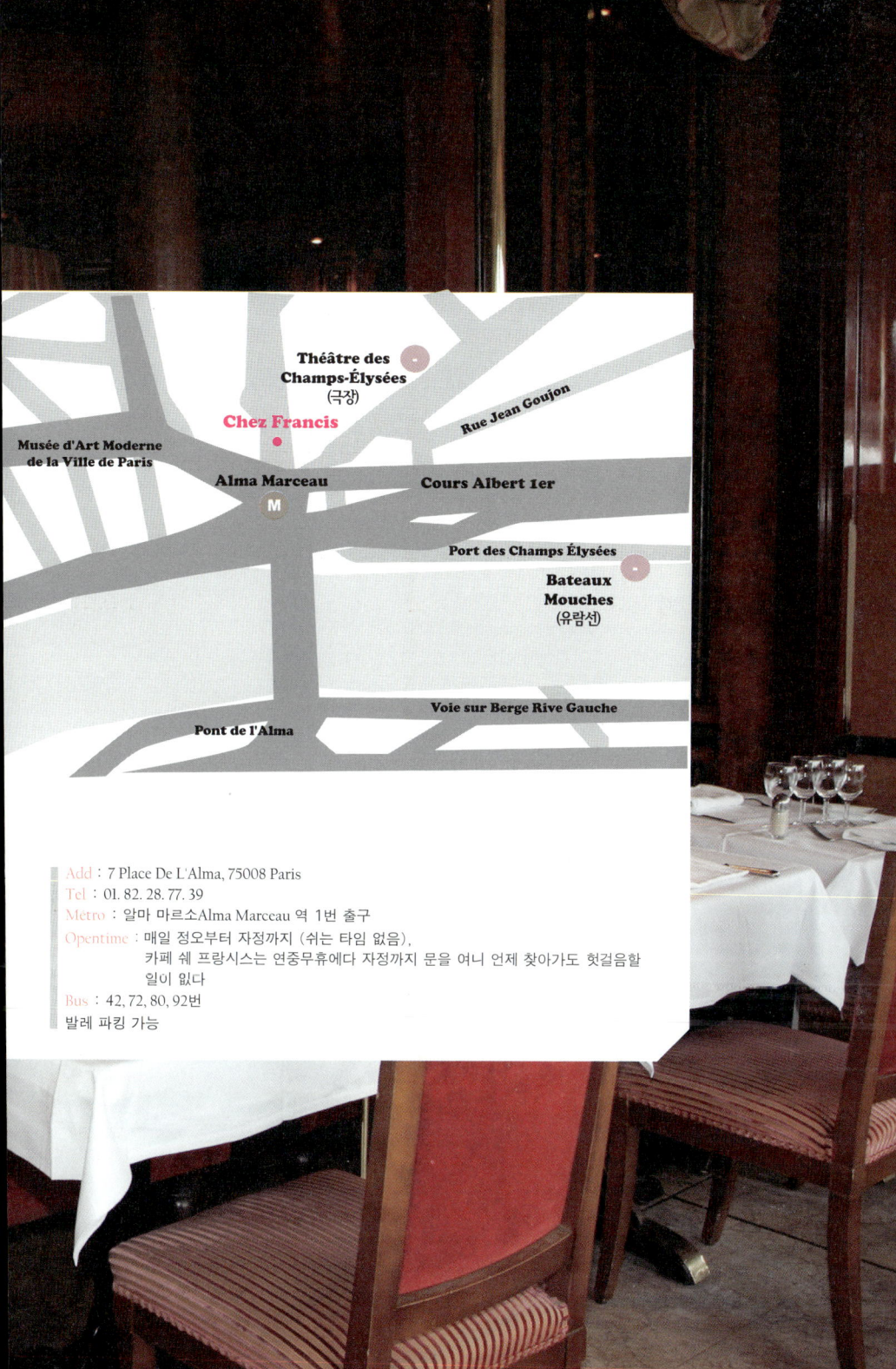

Théâtre des
Champs-Élysées
(극장)

Chez Francis

Musée d'Art Moderne
de la Ville de Paris

Rue Jean Goujon

Alma Marceau
M

Cours Albert 1er

Port des Champs Élysées

Bateaux
Mouches
(유람선)

Voie sur Berge Rive Gauche

Pont de l'Alma

Add : 7 Place De L'Alma, 75008 Paris
Tel : 01. 82. 28. 77. 39
Metro : 알마 마르소Alma Marceau 역 1번 출구
Opentime : 매일 정오부터 자정까지 (쉬는 타임 없음),
　　　　　 카페 쉐 프랑시스는 연중무휴에다 자정까지 문을 여니 언제 찾아가도 헛걸음할
　　　　　 일이 없다
Bus : 42, 72, 80, 92번
발레 파킹 가능

메트로 알마 마르소 Alma Marceau 1번 출구 Avenue Montaigne·Theatre des Champs-Elysées로 나오면 바로 붉은색 차양의 커다란 카페가 보인다. 샹젤리제 극장과도 가까운 곳이다. 한눈에 봐도 규모가 크고 유명한 카페일 것 같다는 느낌이 절로 드는 곳이다. 카페의 차양만 붉은 것이 아니다. 고급스러운 테이블과 의자, 조명기구까지 온통 붉고, 심지어 남자 종업원들의 넥타이도 빨간색이다. 벽과 기둥은 나무로 되어 있어 전체적으로 통일감을 이룬다. 그래서 마치 석양에 물든 옛 저택의 모습 같기도 하고, 파리 최고급 호텔레스토랑을 옮겨다 놓은 것 같기도 하다.

요리의 질과 맛, 서비스, 위치 등 여러 가지를 고려할 때 실제로 별 네 개짜리 호텔레스토랑과도 견줄만 하다. 화려하고 안락한 이 카페는 20세기 초에 지어져 상류층 사이에서 약속 장소로 인기가 많았다고 한다.

무엇보다 이 카페의 최대 장점은 에펠탑이 정말 잘 보인다는 것이다. 아무리 에펠탑이 높고 파리 건물들이 낮다고 해도 사실 에펠탑이 제대로 보이는 카페를 발견하기는 의외로 쉽지 않다. 저녁 8시부터 정시마다 깜박이는 에펠탑 불빛을 감상하면서 〈쉐 프랑시스〉에서 연인과 즐기는 와인 한 잔은 단연 으뜸이다.

테라스석에 앉아 풍경을 감상하며 차나 식사를 즐기고 싶은데 만약 빈자리가 없다면 실내의 창가 자리로 안내를 부탁하자. 아마도 창가 자리가 비어있다면 종업원이 먼저 그쪽을 추천해줄 확률이 크다. 창가 쪽 자리는 통유리로 되어 있어 자연광이 잘 들어오고 바깥 풍경이 잘 보인다. 실내의 화려하고 우아한 분위기, 테라스석의 경치와 여유, 어느 쪽이든 정말 멋진 시간을 보낼 수 있으니 취향대로 선택하면 된다. 다만 주말에 식사하기를 원한다면 반드시 전화로 예약을 하도록 하자. 그리고 보통 평일 식사시간대에 차를 마시기 원한다면 실내좌석으로 안내받기는 어려울 수도 있다. 이것은 파리 대부분의 카페들에 해당되는 얘기다.

카페에서 몇 발자국 떨어져 있지 않은 곳에 알마 다리와 센 강이 있어 산책하기에 좋고 바토-무슈(유람선)를 타고 강바람을 맞는 것도 좋다. 샹젤리제 거리와 개선문까지 걸어가도 그리 멀지 않다. 〈쉐 프랑시스〉에서 점심식사를 한 후라면 몽테뉴 거리의 명품 브랜드 매장에서 쇼핑을 한 후, 저녁 때 '크래이지 홀스'나 '샹젤리제 극장'에서 공연을 관람하면 좋다. 물론 이 코스대로 하루를 보내려면 금전적으로 충분한 여유가 있어야 한다.

이곳의 종업원들은 남녀를 불문하고 젠틀하고 위트가 있으며 외모도 훌륭한 편이다. 종종 불친절하고, 콧대 높고, 차가운 성격의 직원들이 있는 카페들이 있기 때문에 이런 종업원들을 만나면 유독 반갑고 마음이 편안해진다. 물론 사람이 많은 시간대나 주말에 방문하면 주문이나 계산을 기다리는 시간이 길어지기도 한다. 검은색 옷으로 갖춰 입은 종업원들은, 오가는 다른 손님과 헷갈리지 않아 실수할 일은 없다. 예전에 손님을 종업원으로 착각해 몇 번 웃지 못할 실수를 한 적이 있는데 개인적으로 이것은 카페 측의 문제라고 생각한다.

종업원이 메뉴판을 가져다 주지 않아도 걱정할 필요가 없다. 메뉴판이 테이블에 장착되어 있기 때문이다. 카페 안쪽의 천장무늬와 동일한 디자인으로 된 이 메뉴판은 주문 후에도 가져가지 않으니 도로 테이블 고리에 끼워놓으면 되고 나중에 추가 주문을 하고 싶을 때도 편리하다.

〈쉐 프랑시스〉의 셰프는 프랑스 전통요리를 특히 잘 다룬다. 만일 이곳에서 식사하고 싶은데 가격이 부담된다면 비교적 저렴하게 먹을 수 있는 점심 세트메뉴를 선택하자. 익스프레스 메뉴는 고기나 생선 요리 중 하나를 고르고, 와인 한 잔이나 생수, 그리고 커피까지 해서 25유로 정도에 먹을 수 있으며 이밖에 다양한 코스메뉴도 준

비되어 있다. 해산물을 좋아하는 사람이라면 28
유로나 54유로, 혹은 105유로짜리 '해물모듬쟁반
(!)'을 시키면 된다.(시즌별 약간의 가격인상 가능
성 있음) 그러나 여기에 특별한 양념이나 소스는
없고 대개 레몬즙만 뿌려서 먹는다.
파리의 해산물 가격은 많이 비싼 편이고 상대적
으로 고기 값이 좀 더 저렴하다. 덕분에 프랑스에
서 살면서 냉동해물이 아닌 신선한 해산물을 생
선가게에서 샀던 횟수는 다섯 손가락 안에 꼽을
정도다. 심지어 내가 잠깐 전화 받으러 간 사이에
당시 키우던 고양이가 식탁 위 생선을 야금야금
먹었을 때에는 온 집안이 흔들릴만큼 쩌렁쩌렁하
게 소리를 지를 수밖에 없었던 슬픈 기억도 있다.
종류마다 다르지만 보통 생선이나 오징어 한 마
리의 가격은 우리 돈으로 만 오천 원이 넘어서 한
국에서처럼 몇 마리씩 사다가 반찬으로 해먹기는
힘들었다. 바다와 인접한 동네가 아닌데다 파리는
워낙 물가가 비싸기로 유명하기 때문이다. 그러나
이곳의 해산물 요리에는 한국에서 보지 못한 독
특한 종류의 것들도 있으니 금전적 여유가 있다
면 맛보는 것도 괜찮다.

Menu Express

익스프레스 메뉴(점심때만 가능) 25유로

오늘의 요리 (고기나 생선) + 와인 한 잔 혹은 물 + 커피

(LE PLAT DU JOUR(viande ou poisson) + 1 VERRE DE VIN OU 1/4 EAU MINERALE + 1 CAFE

Menu du Marche

메뉴 뒤 마르쉐 4~5유로

(전식 + 본식) 혹은 (본식 + 후식) = 32유로   ENTREE + PLAT ou PLAT + DESSERT

(전식 + 본식 + 후식) = 38유로 ENTREE + PLAT + DESSERT

Les Plateaux

해물 모듬 쟁반

쁠라또 데귀스타시옹 (적은 양) Le Plateau Dégustation 28유로

- 브르타뉴지방의 굴 3개, 양식굴 3개, 껍질이 우묵한 굴 3개 (3 Belons N°4, 3 Fines de Claires N°3, 3 Creuses N°3)

쁠라또 마레예르 Le Plateau du Mareyeur 54유로

- 브르타뉴지방의 굴 3개, 껍질이 우묵한 굴 7개, 스페인산 홍합 3개, 대합조개 1개, 큰 소라 4개, 작은 가재 2개, 분홍새우 3개, 큰 게 1개 (3 Belons N°4, 7 Creuses, 3 Moules d'Espagne, 1 Clam, 4 Palourdes Bulots, 2 Langoustines, 3 Crevettes rose, 1 Tourteau)

쁠라또 루아얄 (2인분) Le Plateau Royal (2 personnes) 105유로

-브르타뉴지방의 굴 6개, 껍질이 우묵한 굴 14개, 스페인산 홍합 6개, 대합조개 2개, 큰 소라 8개, 작은 가재 4개, 분홍새우 6개, 큰 게 2개 (6 Belons N°4, 14 Creuses, 6 Moules d'Espagne, 2 Clam, 8 Palourdes Bulots, 4 Langoustines, 6 Crevettes rose, 2 Tourteau)

Grignotage et Repas

간단한 식사나 간식

치킨 시저 샐러드(Chicken Ceasar Salade) 21유로

바닷가재 샐러드(Salade de Homard Frais) 26유로

유기농 연어와 토스트(Assiette Tout Saumon bio, Toasts) 22유로

신선 야채 모듬(아보카도, 버섯, 토마토, Assiette Fraîcheur) 12유로

오믈렛, 치즈 혹은 햄(Omelette Nature, Fromage ou Jambon) 12유로

크로크 무씨으 / 마담(Croque Monsieur / Madame) 12 / 13유로

닭고기 클럽 샌드위치, 감자튀김(Club Sandwich poulet, Frites) 17유로

유기농 훈제 연어 클럽 샌드위치(Club Sandwich Saumon fumé bio) 21유로

쇠고기 카르파치오, 팔마산치즈, 바질(Carpaccio de Boeuf, Parmesan, Basilic) 20유로

유기농 훈제연어 카르파치오(Carpaccio de Saumon frais bio) 16유로

대구살 피쉬 앤 칩스(영국요리, Fish and Chips de Cabillaud) 21유로

프랑스 버거, 감자튀김(Francis Burger, Frites) 22유로

펜네 파스타, 토마토 & 바질릭(Penne Rigate, Tomate & Basilic) 16유로

Boissons

음료 매일 오후 3시부터 6시까지 (따뜻한 음료 큰 사이즈 선택1 + 파티쓰리 선택 1 = 8유로 정도)

생과일주스 : 오렌지, 레몬, 자몽 7유로

콜라, 오랑지나, 립톤 아이스티 복숭아, 주스
(오렌지, 파인애플, 자몽), 살구 복숭아 6유로

에스프레소 3,5유로

더블에스프레소, 크림커피, 카푸치노 5유로

쇼콜라쇼 6유로

차 5유로

아이리쉬 커피 (프랑스 혹은 이탈리아) 10유로

Dessert

디저트

홈메이드 아이스크림과 셔벗 2스쿱(Glaces
et Sorbets Maison 2 boules) 9유로

바닐라 크렘 브륄레(Crème Brûlée à la
Vanille Bourbon) 12유로

딸기 수프(Soupe de Fraises) 13유로

체리 과자(Clafoutis au Cerises) 102유로

붉은 과일 접시(Assiette de Fruits rouge)
13유로

무설탕 과일 샐러드(Salade de Fruits Frais,
sans sucre) 9유로

Bières Pression

생맥주

Gold, Panaché 25cl / 50cl / 100cl 4,9 / 8,5 / 16,5유로

Carlsberg 25cl / 50cl / 100cl 5,5 / 10 / 19유로

Grimbergen 25cl / 50cl / 100cl 6 / 10 / 22유로

Bière Blanche 25cl / 50cl / 100cl 5 / 9,5 / 18유로

Monaco 25cl / 50cl / 100cl 5 / 9,5 / 18유로

Bières Bouteille

병맥주

1664, Heineken 7유로

Pelforth Brune 6유로

Corona 7유로

(*시즌별 약간의 가격 인상이나 메뉴 변경 가능성 있음)

Café Paris
Chez Francis Menu

예쁜 갤러리 숍 살롱 드 떼

A priori thé

아 프리오리 떼

갤러리 비비엔느 안에 있는 가게들 중에서도 유독 인기가 있는 이 곳은 개점 이래 30년 동안 늘 사람들이 북적이는 곳이다. 약간의 테라스 좌석은 갤러리의 아름다운 풍경과 잘 어울려 하나의 예쁜 그림이 된다. 하얀색 파라솔과 나무 벽면, 갈색 테이블과 의자가 조화를 이루며 아기자기하고 깔끔하다. 앉아서 차 한 잔만 마셔도 그대로 화보가 되는 장면이랄까?

Bourse **M**

Rue Gaillon

Avenue de l'Opéra

Rue Sainte-Anne

Rue Chabanais

Rue de Richelieu

Rue Vivienne

Rue de la Banque

Saint-Roch

A priori thé

Pyramides **M**

Rue des Petits Champs

Le Grand
Colbert

Rue Villedo

Add : 35-37 Galerie Vivienne 75002 Paris
　　　(rue des petits champs 길쪽으로도 들어올 수 있음)
Tel : 01. 42. 97. 48. 75
Opentime : 월요일부터 금요일 - 정오부터 저녁 6시까지
　　　　　토요일 - 오전 9시부터 저녁 6시 30분까지
　　　　　일요일 - 정오부터 저녁 6시 30분까지
찾아가는 방법 : 메트로 부르스 역에서 나오자마자 오른쪽으로 조금만 걸으면 '비비엔느 길Rue
Vivienne'이 보인다 다시 좌회전해서 쭉 직진하다보면 그랑 콜베르라는 레스토랑이 보이는데
이 건물에 갤러리가 연결되어 있다. 갤러리 안에 들어가면 카페를 쉽게 찾을 수 있다.
아니면, 메트로에서 나오자마자 바로 건너편에 보이는 '은행 길Rue de la Banque'로 직진하다
우측으로 꺾으면 바로 갤러리로 들어가는 입구가 보인다.

부르스^{Bourse}광장에서 조금만 걸으면 파리 2구의 예쁜 갤러리 '비비엔느Vivienne'를 만날 수 있다. 갤러리는 '파싸주^{Passage}(건물들 중앙에 길을 내어 만든 긴 통로로, 상업적인 갤러리들이 함께 모여 있는 것을 말한다. 이미 지어놓은 건물의 사이를 가로질러 구멍을 뚫어서 만들거나 혹은 건물을 지을 때 이미 그렇게 지은 형태가 있다)'의 일종인데 천장이 유리창으로 덮인 이 갤러리의 안으로 들어가면 카페 〈아 프리오리 떼〉가 보인다. 자연광이 비쳐 항상 밝고 온화한 느낌이 드는 곳이다.

주말이나 여행 시즌이 되면 실내 공간 역시 빈자리가 없을 정도로 붐벼 종업원들이 테이블 사이를 지나다니기가 불편할 정도라고 한다. 주로 파리지엔들이 친구들과 방문하는 경우가 많고, 연령대는 다양해서 고등학생부터 할머니까지 이곳의 매력에 푹 빠진 여성들이 대부분이다. 파티쓰리, 차 그리고 핫초코(쇼콜라쇼)는 뛰어난 품질과 예쁜 모양으로 인기를 끄는 이 집의 단골 메뉴. 특히 치즈케이크를 좋아하는 사람들이 많아 다른 메뉴와 함께 주문할 수 있도록 한 조각이 아닌 반 조각짜리(4유로)로도 판매하고 있다. 또 따뜻한 스콘도 파리에서 접하기 힘든 파티쓰리 중 하나로 〈아 프리오리 떼〉의 자랑이다.

이 카페의 단점이라고 한다면, 종업원들이 빠른 서비스를 해주는 것은 아니라는 점이다. 손님이 많은 탓인지 행동이 느린 건지 모르겠지만, 가급적이면 사람이 적은 시간대에 방문하는 것이 좋겠다. 그리고 신용카드 결제는 15유로 이상부터 가능하니 그 이하로 계산할 때는 반드시 현금을 지참해야 한다. 점심 시간에는 파티쓰리만 이용할 수는 없으므로 식사를 할 게 아니라면 이 시간을 피해서 가도록 하자.

어느 일요일, 브런치를 먹기 위해 정오인 12시에 맞춰 살롱 드 떼 〈아 프리오리 떼〉에 도착했다. 딸기와 꿀로 만든 프로마주 블랑(흰 치즈), 과일 주스와 스콘, 작은 머핀, 당근 케이크 조각 등이 나왔다. 스콘과 당근 케이크가 아주 맛있었다. 프로마주 블랑은 너무 시큼하지 않고 가벼워 부담이 없었다.

신선한 염소치즈로 속을 채운 호박, 로케퍼 치즈, 새싹채소, 팔마산 치즈가루, 토마토와 잣 등이 들어간 야채와 상하이 스프링타임이 나왔다. 스프링타임은 레몬 닭고기, 회향풀과 그린빈을 말아서 만든 것이다. 바루아즈 요리는 더욱 좋았는데 새싹채소 샐러드와 함께 올리브오일과 염소치즈가 잘 어울렸다. 제공하는 와인 한 잔과 곁들이거나 과일 주스를 함께 마시면 된다.

선택할 수 있는 디저트 메뉴는 매우 클래식해서 두 가지 초콜릿이 들어간 브라우니와 크럼블, 아몬드 타르트, 크렘 브륄레, 셔벗, 치즈케이크 등이 있었다. 그리고 함께 마실 차나 커피 등 따뜻한 음료가 나온다. 비스킷은 다소 묵직했고 바삭하진 않아서 이런 느낌을 좋아하지 않는 사람이라면 주문하지 않는 게 나을 거란 생각이 들었다. 구석 쪽 테이블에는 젊은 연인이 앉아 있고, 가운데 커다란 둥근 테이블에는 부모와 아들로 구성된 가족이 있었다. 전형적인 프랑스인의 분위기를 풍기는 사람들이다. 그 두 테이블에서 비슷한 타이밍으로 종업원에게 계산서를 요구했다. 그리고 역시나 모든 이들이 각자의 지갑을 열었다. 동전, 즉 쌍팀(센트) Centime 까지 꺼냈다. 연인도, 부모도 상대방을 대신해 더 지불하는 법이 없다. 자기가 먹은 금액만큼 정확하게 맞추거나 종업원에게 주는 팁을 더 얹을 뿐이다. 물론 모두 그런 것은 아니지만 상당수가 이렇다.

프랑스에도 '어머니의 날'이 있다. 심지어 이 날 가족끼리의 모임에서조차도, 각자 자기가 먹은 것만 계산한다고 하니(물론 자식이 어머니에게 선물은 한다) 금전관계에 매우 철저한 프랑스인들의 모습을 느낄 수 있다. 이것은 연인, 부부, 자녀, 친구 등 거의 모든 관계에 해당된다. 심지어 십 년을 함께 산 부부끼리도 정확하게 나누어 계산하는 경우가 있다고 하니 너무 인정이 없는 것 같기도 하지만 이들에겐 이것이 조금도 이상할 게 없단다.

지하철을 타거나 카페의 테라스석에 앉아있으면 가끔 의아한 일을 겪을 때가 있다. 사지 멀쩡한 젊은이나, 혹은 딸을 데리고 다니는 집시들이 손을 내밀며 돈을 달라고 하는 것이다. 그런데 너무나 당당해서 결코 '구걸'이라고 생각되지 않을 정도다. 이들의 특징은 신체가 불편해 보이는 사람이 아니라, 너무나 건강해 보이는 사람들이라는 것이다(아마도 중증장애인들은 나라의 혜택을 받고 있을 것이다). 특히 40대 정도로 보이는 아저씨 세대의 노숙자들은 목소리도 매우 크고 덩치도 좋다. 담배나 레스토랑 티켓도 받는다며 집도 없고 배고프다는 내용이 대부분이지만 가끔은 정치

나 사회에 대한 불만 등 자신의 의견까지 보태는 사람들이 있다.

그런데 재미있는 것은 지하철 승객들이 이들의 말을 들어보고 동감하거나 일리가 있다고 판단되면 돈을 더 준다는 것이다. 여기저기서 사람들이 주머니를 뒤지면 마치 수금하러 다니는 사람처럼 두 눈을 크게 뜨고 손바닥을 벌린 채 돌아다닌다. 뜨거운 사랑을 불태우는 연인과도 정확히 계산하는 이들이 이럴 때는 지갑을 연다는 사실이 새삼 놀라울 뿐이었다. 프랑스인들은 인권을 매우 중요시하기 때문에 '구걸' 한다고 해서 그 사람을 무시하거나 깔보지 않는다. 매일같이 같은 자리로 출근(?)하는(물론 주말은 쉬어야하므로 나오지 않는다) 깔끔한 차림의 '구걸 아주머니'는 단골고객(?)이나 친구도 많다. 지나가면서 잘 지냈느냐고 묻는 것은 기본이고 같이 서서 한참을 이야기하다 가는 프랑스인들도 있다. 누가 봐도 친구처럼 보이는 광경이다. 우리의 사고로는 이해하기 힘들지만 이것이 프랑스인들의 일반적인 생활상이다. (물론 〈아 프리오리 떼〉에는 이런 사람들은 거의 없어 미리 걱정할 필요는 없다. 주로 테라스석이 있는 외부 동네 카페들에 해당되는 얘기다.)

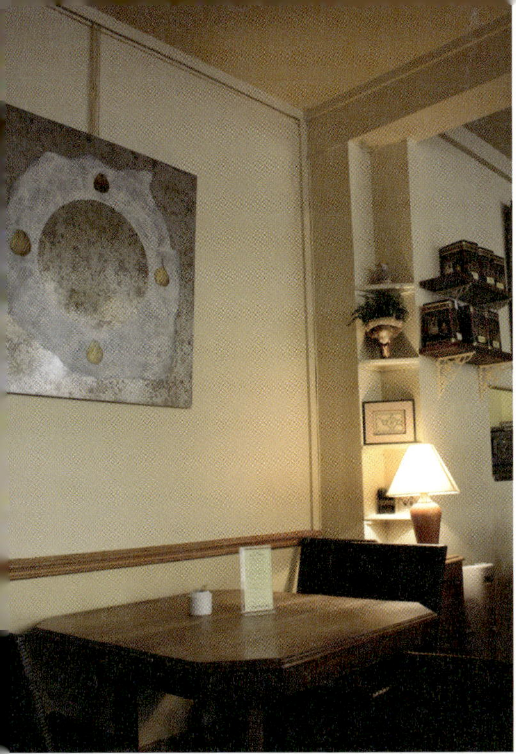
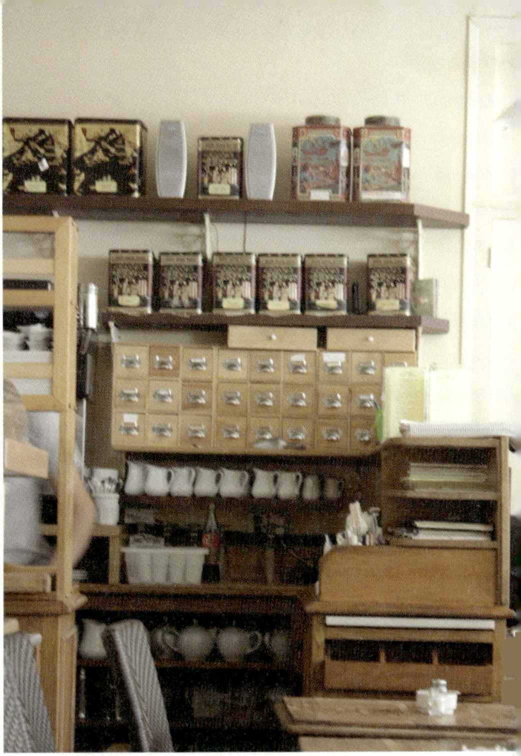
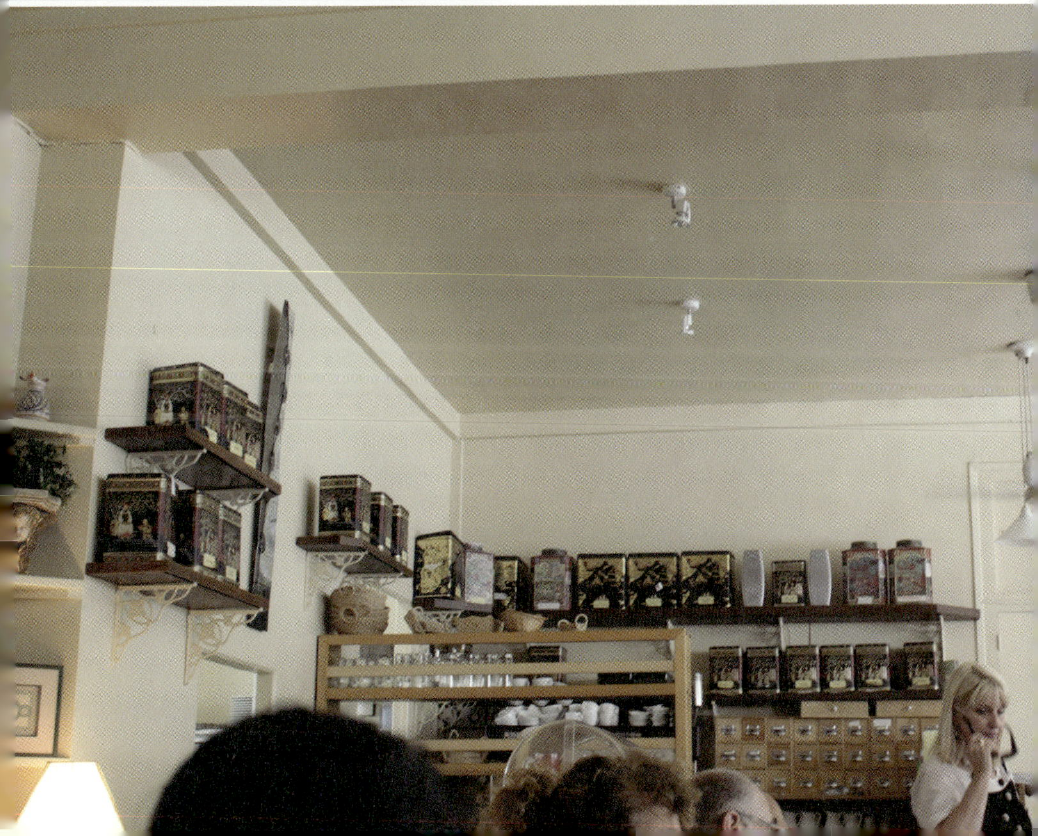

Plat du jour (sur l'ardoise)

오늘의 메뉴

PRIORY LUNCH - 오늘의 타르트나 키슈, 그리고 샐러드 12유로

: Tarte ou Quiche, à l'inspiration du jour Servie avec salade

SERENA BAY - 오늘의 차가운 수프와 작은 마들렌, 작은 타르트들, 샐러드 15유로

: Potage glacé du jour Servi avec petits madeleines salées Et tartinages, salades -

SHAGHAI LIGHT - 닭고기, 레몬, 고수, 구운 호박, 그린빈, 회향풀을 말아서 만든 것 18유로

: Roulade de poulet au citron confit, coriandre, courgette grillée, haricots verts, fenouil au citron

새싹채소와 시금치 샐러드 Salade de pousses d'épinards et jeunes pousses

양파, 간장, 올리브오일로 만든 소스 Sauce soja à l'échalote confite, huile d'olive

LA VAROISE - 염소치즈로 속을 채운 호박 Courgette farcie au chèvre fermier

두 가지 나프나드 소스 (피스타치오-아티초크와 초록 올리브-레몬 16유로

: Servie avec deux tapenades (pistache-artichaut et olive verte-citron)

샐러드와 토마토, 페스토 소스 Salade et tomates, sauce pesto maison

L'HERBE FOLLE 15유로

토스카나 올리브 오일의 파스타 Assiette de fusilli, à l'huile d'olive toscane

타라곤 풀, 회향풀, 파슬리, 작은 파, 봄 양파

: A l'estragon, aneth, cerfeuil, ciboulette, oignons de printemps

어린 시금치, 팔마산 가루, 잣 Pousses d'epinards, pétales de parmesan, pignons

Dessert

디저트

오늘의 디저트(Dessert Du Jour) 7유로

미국식 치즈케이크(Cheesecake A L'americaine) 7유로

(레몬껍질, 비스킷 가장자리 그리고 코코넛 Aux Zestes De Citron, Avec Fond De Biscuit Et Noix De Coco)

(빨간 과일 소스(잼)와 함께 제공 Servi Froid Avec Notre Coulis De Fruits Rouges)

두 가지 초콜릿의 브라우니(Brownies Aux Deux Chocolats) 6,5 유로

아몬드 타르트와 산딸기잼(Tarte Amande Et Confiture Framboise) 6,5 유로

(가게에서 직접 만든 잼 Faite Avec Notre Confiture Maison)

과일 졸임(Compote De Fruits) 6,5 유로 (설탕 무첨가 Sans Sucre Ajouté)

스무디(Smoothie Light) 6,5 유로 (설탕 무첨가 Sans Sucre Ajouté)

반 조각 디저트 Les Demi-Desserts

: 반 조각 치즈케이크 Demi-Cheesecake 4유로

오늘의 디저트 반 조각 Demi-Dessert Jour 4유로

브라우니 반 조각(Demi-Brownie) 3,5유로

아몬드 타르트 반 조각(Demi-Tarte Amande) 3,5유로

과일 졸임 작은 사이즈(Demi-Compote) 3,5유로

Les Thés

차종류

여러 종류를 섞은 차 Nos Mélanges Maison 5,5유로
Thé des Récollets : Yunnan, Ceylan, Noisette,
Helianthe, Raisin
Empire du Sud : Impérial Or et Amande
Reveil : Assam, Ceylan et Darjeeling
Gazelle : Vanille, Caramel et Douchka
Thé Glacé : au parfum du jour 25cl 6,5유로
Lea Latté ≪Chai Malgache≫ 6,5유로
(Thé noir au miel orange, cannelle, anis étoilé au
lait chaud)
Lea Frappé ≪Chai Malgache≫ 25cl 6,5유로
(Thé noir au miel orange, cannelle, anis étoilé au
lait glacé)
녹차 Les Verts 5,5유로
Du Japon - Sencha / Lotus du Vietnam / A l'
orange
A la menthe du Maroc / Jardin Vert : aux pétales
de fleurs
Cerisier de Chine : arôme de cerise, pétales de
rose rouge

훈제한 차 Les Fumés 5,5유로
Impérial Or : peu fumé avec fleurs de jasmin
Lapsang Souchong : bien fumé / Tarry
Souchong : très fumé
클래식 Les Grands Classiques 5,5유로
Assam / Ceylan Orange Pekoe / Darjeeling /
Grand Yunnan / Keemun
아로마 클래식 Les Classiques Aromatisés 5,5유로
Earl Grey / Douchka / Jasmin
루이보스 홍차 (무카페인) Les Rooibos (Sans
Théine) 5,5유로
Infusion d'Afrique Australe : Red Bush ≪Tea≫
Vanille / Caramel / Nature
인퓨전 Les Infusions 5,5유로
Camomille Romaine / Menthe Poivrée
Tisane du Berger : tilleul, verveine, citronnelle,
menthe et oranger fleurs

Sélection de Cafés

커피류

베를레카페에서 공수해 온 커피 사용 (무카페인
가능) : Maison Verlets, Grand Pavois (Aussi
disponible en Décaffeiné)
라떼 프라페(Latté Frappé 25cl) 5유로
아이스 티(Café Glacé 25cl) 4,5유로
커피 Café 2,5유로
크림 커피 Café Crème 4유로

카페 라떼 Café Latté 4유로
카푸치노 Cappucino 4유로
더블 커피 Double Café 4,5유로

만약 차와 파티쓰리만을 즐기려면 오후 4시 정도에 방문하는 것이 좋
다. 점심식사로 가능한 타르트도 판매하며 보통 차는 4,5유로, 파티쓰리
는 6,5 - 7유로 (반조각4유로)정도 된다. 브런치는 일요일에 가능하다.

Les Vins en Carafe

(*15유로 이상부터 신용카드 결제 가능
매년 약간의 가격인상 가능성 있음)

유리병 와인(하우스와인)

화이트 Blanc / 레드 Rouge / 로제 Rosé 와인
4분의 1리터짜리 En Carafe de ¼ litre 7유로
2분의 1리터짜리 En Carafe de ½ litre 9유로
한 잔 13cl 짜리 Au verre 13cl 4,5유로

Café Paris
A priori thé Menu

당신에게 평화를

Café de la Paix

카페 드 라 페

프랑스의 문화적 예술적 발자취와 함께 해온 〈카페 드 라 페〉는 오래전부터 그림으로도 많이 그려졌다. 오페라 하우스(가르니에)와 평화의 카페를 사랑하는 몇몇 화가들이 옛 오페라 광장과 파리 사람들을 배경으로 한 아름다운 작품들을 남김으로써 그들의 역사와 추억을 예술로 표현하고는 했다. 대로가 보이는 창가 쪽 자리에 앉아 마차에 올라타는 우아한 꽃모자의 여인을 상상하면서 깊은 고독의 에스프레소를 마셔보는 것은 어떤까? 어쩌면 어느 화가의 그림 속에 내 고독과 풍경이 담길 지도 모를 일이다.

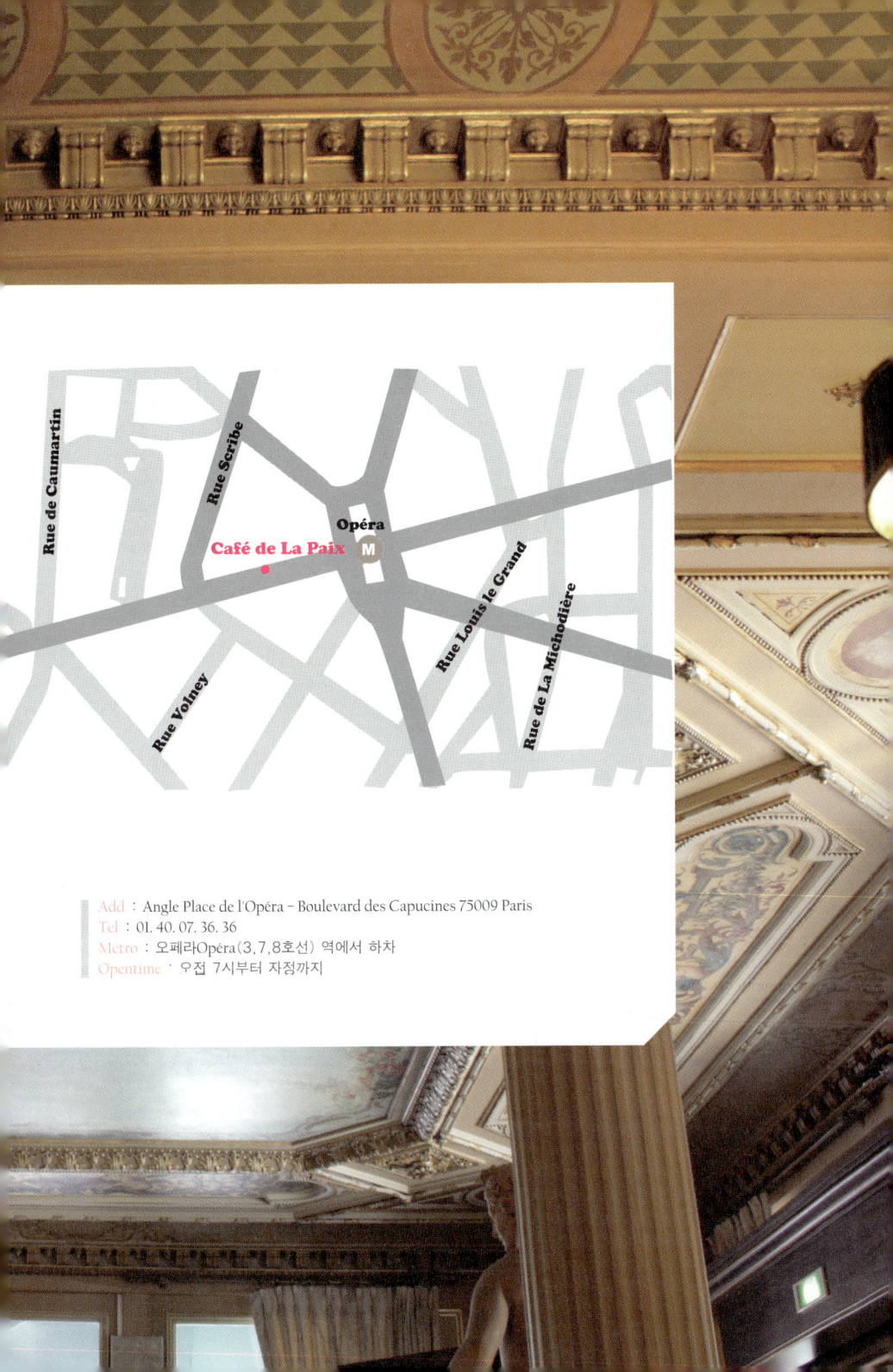

Café de La Paix

Opéra Ⓜ

Rue de Caumartin

Rue Scribe

Rue Volney

Rue Louis le Grand

Rue de La Michodière

Add ：Angle Place de l'Opéra - Boulevard des Capucines 75009 Paris
Tel ：01. 40. 07. 36. 36
Metro ：오페라Opéra(3,7,8호선) 역에서 하차
Opentime ：우전 7시부터 자정까지

메트로 3, 7, 8 호선이 만나는 환승역인 오페라 역에서 나오면 바로 앞에 커다랗고 웅장한 갸르니에(공연장, 오페라하우스)가 한눈에 들어온다. 가스통 루르의 소설이 원작인 뮤지컬「오페라의 유령」의 배경이 된 곳이다. 그만큼 오페라극장은 아름답고 신비로운 파리의 건축물이라고 할 수 있으며 공연을 관람하지 않고 건물의 입장티켓을 끊어 내부의 모습만을 구경하는 사람들도 많다. 기회가 된다면 반드시 오페라 갸르니에의 화려하고 앤틱한 내부와 무대 모습을 놓치지 않고 보기를 바란다. 비극적인 유령의 사랑을 떠올리면서 말이다.

그리고 바로 옆의 '르 그랑 오뗄Le Grand Hotel' 건물 1층에 자리잡은 〈카페 드 라 페Cafe de la Paix〉는 갸르니에 건축물만큼이나 고풍스러운 분위기를 풍긴다. 프랑스의 살아있는 역사라 해도 과언이 아닐만큼 유서깊고 특별한 이야기를 담고 있는 곳이다. 또한 오페라 갸르니에에서 활동하는 작가와 배우, 예술가들이 이곳에서 공연이나 작품에 대해 논하기도 한다.

수용인원이 많은 대규모의 카페지만 또 그만큼 이곳을 찾는 이들이 많아 주말이나 성수기에는 늘 기다려야 한다. 대기하는 동안 바Bar 의자에 앉아 실내의 장엄하고 화려하기 그지 없는 건축양식과 장식들을 감상하며 마치 궁전에 와 있는 듯한 기분을 느껴보는 것도 좋다. 천장에 그려진 하늘과 꽃, 아기 그림을 보고 있노라면 유토피아

즉, 천국을 표현해놓은 것은 아닌가 하는 생각마저 든다. 또한 곳곳에 장식된 하얀 생화 향기가 실내에 퍼져 있는 것 같기도 하다.

실내 안쪽 넓은 테이블 좌석에는 우아하게 즐거운 대화를 나누며 식사를 하는 사람들이 있다. 음식 가격이 매우 비싼 편이기 때문에 의외로 이쪽 좌석은 한가할 때가 많다. 이 공간에서는 샌드위치라든지 간단한 요기거리를 주문할 수 없고, 이 경우 테라스 쪽으로 안내를 받게 된다. 〈카페 드 라 페〉는 '평화의 카페'라는 뜻을 가지고 있다.

(50년 동안의 이야기들)

1862년 5월, 파리의 가장 큰 호텔이었던 인터콘티넨탈의 카페레스토랑 〈카페 드 라 페〉는 '도시의 미학을 보여주는 유명한 곳'이라는 모토로 출발했다. 먼저 옛 추억을 회상하기 좋아하는 단골들의 약속 장소로 손꼽히는 이곳은 처음 오페라에 문을 열었다. 대로 풍경을 구경하기에 아주 좋은 위치라서인지 수많은 예술가, 작가, 기자, 연극가 그리고 부유한 외국인들의 사랑을 받아왔다.

1898년의 아주 무더운 여름 오후, 문학가이자 평론가인 오스카 와일드는 오페라 광장의 한 가운데서 오페라 갸르니에와 거리 풍경을 감상했다. 그는 〈카페 드 라 페〉의 테라스석을 좋아해 이곳에서 자주 사색에 잠기곤 했다고 한다.

1938년, 카페그룹 '팜팜^{Pam Pam}'의 체인으로 만들어진 〈카페 드 라 페〉는 미국의 컨셉에서 영감을 얻어 빠른 서비스와 저렴한 가격으로 방향을 전환한다. 카페 〈팜팜〉은 샹젤리제에 문을 열었고, 다른 하나는 오페라에 바^{Bar} 겸 레스토랑으로 탄생했다. 이들의 첫 시도인 '패스트 파리 레스토랑'은 당시 유행하던 캐주얼한 카페 스타일에 힘입어 70년대까지 엄청난 수익을 거두었다.

1939년 독일과의 전쟁때문에 〈카페 드 라 페〉는 역사상 처음으로 문을 닫았다.

Antoine-Blan

1944년 9월 25일, 자유 투쟁을 할 당시, 독일의 발연탄 공격은 화재를 일으켰고 레스토랑 호텔 측의 빠른 대응으로 위기를 모면했다고 한다. 그저 평범한 카페가 아닌 국가적 사명감마저 갖춘 '평화의 카페'다운 대처였다고 할 수 있다.

1976년, 뛰어난 역량을 펼쳤던 러시아 출신의 프랑스 기자인 레옹 지트론느^{Léon Zitrone}는 이곳 〈카페 드 라 페〉에서 그의 기자생활 50주년 기념 파티를 열기로 결정한다. 그리고 그의 모든 친구들과 지인들에게 매우 멋진 파티 초대카드를 보냈다. 하지만 그의 친구들이 그를 놀려주기로 작정을 하고, 파리 19구의 모든 아파트 관리인들과 서커스 단원들, 아코디언 연주자들에게 가짜 초대장을 만들어 보냈다. 결국 그의 파티 날 〈카페 드 라 페〉에는 가짜 초대장을 들이미는 수많은 사람들로 인산인해를 이루었다고 한다. 파티의 주인공인 레옹은 어리둥절했겠지만, 카페 측에서는 예상과는 달리 매상이 올라 즐거워하지 않았을까 상상해본다.

1982년, 코메디 프랑세즈^{Comédie Française}는 몰리에르 작품 300주년 파티를 이곳에서 열었는데, 유명한 배우와 극작가 등이 참여하는 멋진 저녁 만찬이었다고 한다. 1989년에는 프랑스 혁명 200주년을 맞아 〈카페 드 라 페〉에서 기념행사를 했고, 2000년에는 파리 구청이 주최한 문화재 첫 번째 상을 받았는데, 카페와 레스토랑, 카바레 등을 모두 아우르는 의미 있는 상이었다. 그리고 2003년 프랑스 건축의 감수 아래 전면적인 카페 개조 공사에 들어간 후, 현재 모습의 〈카페 드 라 페〉가 탄생했다.

〈카페 드 라 페에서 Au Café de la Paix〉 – 토마 페르상 Thomas Fersen(1995)의 경쾌한 노래

카페 드 라 페에서의 약속, 나는 너를 기다려.
Rendez-vous à la brasserie du café de la paix, je t'attendrai.
나는 무채색 모자를 쓰고
Je porte un feutre de couleur neutre
화려하지 않은 외투를 걸쳤지.
Et mon pardessus n'est pas brillant non plus.
나는 내 앞에 있는 바 위에 신문을 놓을 거야.
Je poserai mon journal sur le bar devant moi.
나는 신문을 놓을 거고, 너는 나를 알아보겠지.
Je poserai mon journal, tu me reconnaîtras.

만약 네가 15분이상 늦는다면
Si t'es en retard, passé le quart
나는 내 지루함을 달래기 위해 한 잔 걸치겠어.
Je prendrai un demi pour noyer mon ennui.
만약 네가 저녁이 될 때까지 늦어버리면
Si t'est en retard, jusqu'au soir
난 지루함을 더 잘 달래기 위해 한 잔 더 걸치겠어.
Je prendrai un serieux pour le noyer mieux.
나는 내 앞에 있는 바 위의 신문을 접어놓을 거야.
Je plierai mon journal sur le bar devant moi.
나는 내 신문을 접어놓을 거고, 너는 나를 알아보겠지, 라라라.
Je plierai mon journal, tu me reconnaîtras, lalala.

우리는 네가 원하는 곳으로 갈 거고, 예전처럼 너는 내게 팔짱을 낄 거야.

On ira où tu voudras, tu me prendras le bras comme autrefois.

우리는 파리 6구에 있는 우리의 길과 방을 향해 가겠지.

On ira voir notre rue, notre chambre au sixième.

이 모든 것은 더 이상 존재하지 않지만 그래도 우리는 갈 거야.

Tout ça n'existe plus mais on ira quand même.

신문 속 기사는 한 달 전 것이야.

L'annonce dans le journal est parue il y a un mois.

만약 네가 이 신문을 읽는다면, 너는 인지하게 될 거야.

Si tu lis ce journal, tu te reconnaîtras, lalala.

우리는 센 강과 파리의 색깔을 보게 될 거야.

On ira voir la Seine et le coeur de Paris

퐁 마리(다리)에 있는 나의 집.

Ma maison de carton au pont Marie.

우리는 다른 곳을 보게 될 거고, 우리는 행운을 거머쥘 거야.

On ira voir ailleurs, on ira faire fortune.

우리는 다른 곳을 보게 될 거야. 왜냐하면 시간이 되었거든.

On ira voir ailleurs parce qu'il est l'heure.

의자들이 테이블 위에 있어, 이게 우스운 이야기의 결말이야.

Les chaises sont sur les tables, c'est la fin de la fable.

나는 내 앞의 바 위에 남아있는 것을 정리할 거야.

Je pose ce qu'il me reste sur le bar devant moi.

세 개의 장식과 재킷 버튼, 너는 나를 알아보지 못할 거야.

Trois clous et un bouton de veste, tu ne me reconnaîtras pas.

밤이 하늘을 장악해, 밤이 하늘을 장악해.

La nuit étreint le ciel, la nuit étreint le ciel.

가자, 나의 밤꾀꼬리, 인생은 아름다워.

Allez, mon rossignol, la vie est belle.

Petit-déjeuner

아침식사 오전 9시부터 11시까지

비에누아즈리(패스트리류 빵) 2개 Viennoiseries(2 pièces) 4 유로

타르틴, 버터, 잼 Tartine, beurre, confiture 4유로

빵바구니 세트(6조각, 버터, 잼) 12유로 : Le Panier du boulanger(6 pièces, beurre, confiture)

Petit-déjeuner continental

콘티넨탈 아침식사

빵바구니 세트 + 생과일 주스 + 뜨거운 음료 = 22유로

: Le Panier du Boulanger + Jus de fruit frais + Boisson chaude

Sandwich

샌드위치 오전 11시부터 가능

햄(장봉)과 에멘탈치즈가 믹스된 파리지엥 샌드위치 Parisien mixte jambon, Emmental 13유로

닭고기와 토마토 파니니 Panini volaille et tomate 14유로

올리브 야채 샌드위치 Sandwich végétalien aux olives 15유로

칠면조가 들어간 클럽 샌드위치 (베이컨 추가 선택가능) 19유로

: Club sandwich à la dinde (avec ou sans bacon)

Salades

샐러드 오전 11시부터 가능

카페 드 라 페 특선 샐러드(Salade Café de la Paix) 18유로 : 새우, 아보카도, 자몽, 고수, 양파

Salade, crevettes, avocat, pamplemousse, coriandre, oignon

닭고기 씨저(쎄자르) 샐러드Salade César à la volaille 18유로

치커리와 바삭한 야채 샐러드 Salade d'endives et légumes croquants 18유로

Et aussi

기타 메뉴 오전 11시부터 가능

치즈토핑 양파 수프 Soupe à l'oignon gratinée 16유로

훈제 연어 Drapé de saumon fumé 25유로

오리 푸아그라(간) Foie gras de canard 29유로

프랑스 임페리얼 캐비어 30그램 Caviar impérial de France 30gr. 68유로

Grignotages

펑거푸드(간식) 오후 5시부터 밤 9시까지

소고기 햄 카나페 Canapés au jambon de bœuf 12유로

계절별 패스트리 모음 Assortiment de feuilletés de saison 15유로

뜨거운 카나페 모음 Assortiment de canapés chauds 16유로

훈제 연어 카나페 Canapés au saumon fumé 20유로

매운 바스크식 돼지고기 Déclinaison de porc Basque épicé 21유로

점심, 저녁 메뉴

점심 - 정오부터 오후 3시까지

저녁 - 저녁 6시부터 밤 11시 30분까지

오늘의 전식 Entrée du jour 19유로

오늘의 본식 Plat du jour 25유로

햄버거 혹은 쇠고기 치즈버거Hamburger ou Cheeseburger de bœuf 26유로

정통 쇠고기 타르타르와 감자튀김 혹은 샐러드 28유로

: Tartare de bœuf classique, frites ou salade

구운 쇠고기 《블랙 앵거스》와 감자튀김 34유로

: Bavette "Black Angus" grillée, pommes frites

Dessert

디저트

두 가지 초콜릿의 타르트 Tarte aux deux chocolats 12유로

계절 과일 타르트 Tarte aux fruits de saison 12유로

초콜릿 혹은 커피 를리지우즈 《Religieuse》 chocolat ou café 12유로

바닐라 크렘 브륄레 Crème brûlée à la vanille 12유로

카페 드 라 페 밀 페이으(패스트리 파이): Millefeuille du Café de la Paix 14유로

리에주식(휘핑크림) 핫초코나 커피 Chocolat ou Café Liégeois 15유로

카페 드 라 페 아이스크림 3스쿱 (바닐라, 초콜릿, 커피) 17유로 : Coupe glacée "Café de la Paix" 3 boules (vanille, chocolat et café),

누가, 바삭한 초콜릿, 샹티이 크림, 초콜릿 소스와 함께 서비스(éclats de nougat, perles croustillantes chocolat, Chantilly, sauce chocolat)

Café Paris
Café de la Paix Menu

파리 예술과 문학의 산실

Café de flore

카페 드 플로르

파리에서 문학적이고 예술적인 창조의 흐름을 볼 수 있는 주요 지역이 바로 '생 제르망 데 프레Saint Germain Des Prés'이다. 덕분에 이 주변에는 〈플로르〉 같은 유명한 카페들과 명품 브랜드 매장들, 모던하고 예술적인 갤러리 등이 산재해 있다. 그리고 프랑스의 유명 배우와 예술가들이 거주하고 있으며 홍콩배우 장만옥도 이 동네에 살고 있다는 소문이 있다.

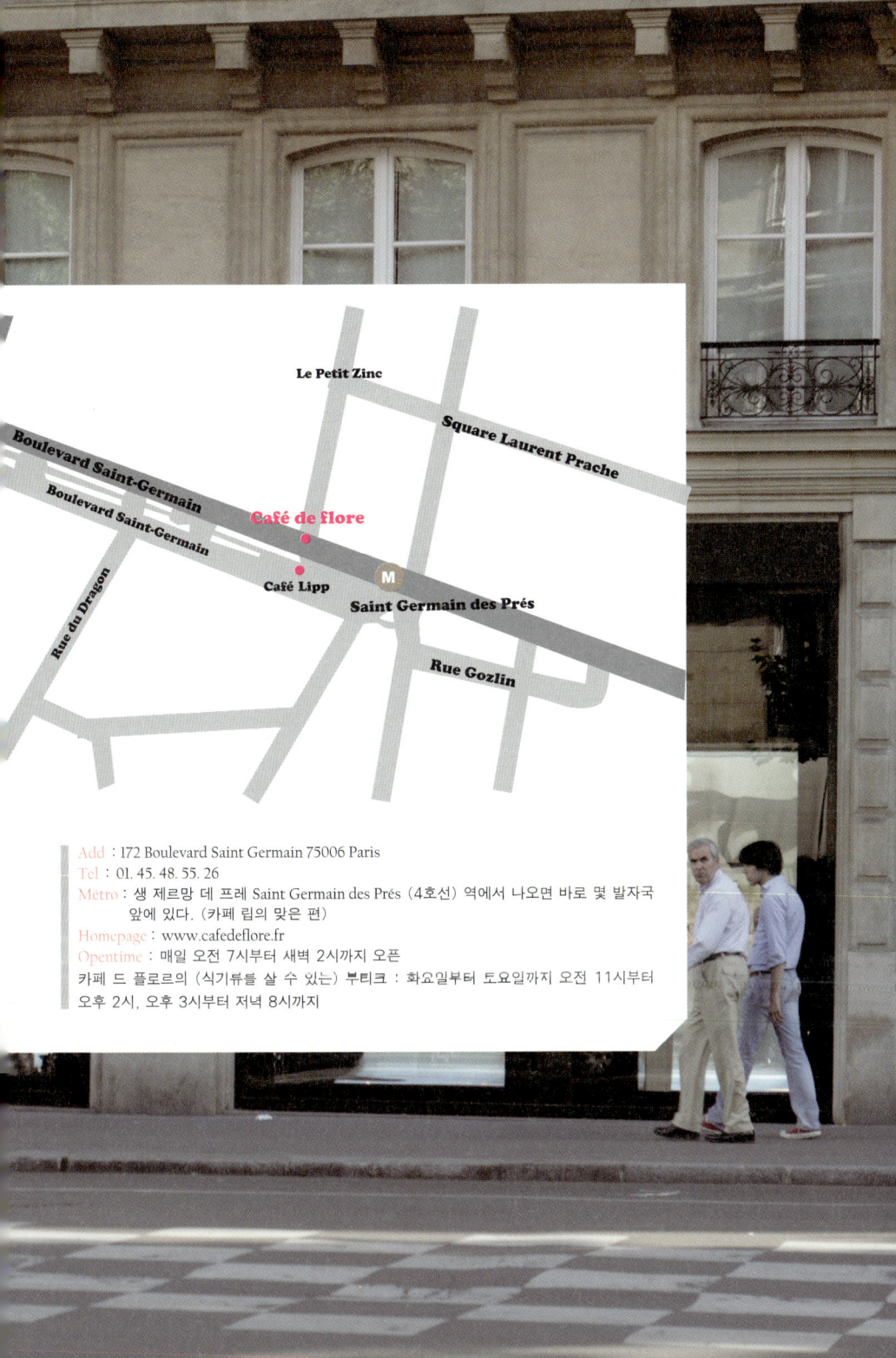

Le Petit Zinc

Square Laurent Prache

Boulevard Saint-Germain

Boulevard Saint-Germain

Café de flore

Rue du Dragon

Café Lipp

Ⓜ **Saint Germain des Prés**

Rue Gozlin

Add : 172 Boulevard Saint Germain 75006 Paris
Tel : 01. 45. 48. 55. 26
Métro : 생 제르망 데 프레 Saint Germain des Prés (4호선) 역에서 나오면 바로 몇 발자국
         앞에 있다. (카페 립의 맞은 편)
Homepage : www.cafedeflore.fr
Opentime : 매일 오전 7시부터 새벽 2시까지 오픈
카페 드 플로르의 (식기류를 살 수 있는) 부티크 : 화요일부터 토요일까지 오전 11시부터
오후 2시, 오후 3시부터 저녁 8시까지

이름에서 느껴지는 신비로움과 예술적인 분위기는 〈카페 드 플로르〉를 직접 방문하고 나서야 확실하게 입증되었다. 워낙 유명하고 유서깊은 곳이라 파리에 온지 얼마 되지 않았을 때 나는 이 카페를 알게 되었다. 그래서 오랜 시간을 지체하지 않고 바로 〈카페 드 플로르〉를 찾게 되었다.

일제히 대로를 향해 앉아 있는 테라스석의 손님들은 좁은 원반 테이블 하나를 사이에 두고 옹기종기 모여 있다. 한국의 카페에서라면 상상할 수 없는 광경이다. 모르는 사람이 바짝 붙어 앉아 있는 자리에서 편하게 사적인 대화를 나누기에는 무리가 있기 때문이다. 이곳은 또한 혼자 온 사람도 자주 눈에 띈다. 신문을 보거나, 전화통화를 하거나, 컴퓨터로 작업을 하는 등 타인의 시선은 아랑곳하지 않고 자기 할 일에 집중하는 모습을 보인다.

실내에 놓인 나무 테이블 의자에는 일일이 등받이에 '카페 드 플로르'라고 쓰여 있다. 컵이나 잔과 마찬가지로 그들의 이름을 소품에 새김으로써 작은 것 하나에도 그들의 자부심을 드러내는 것이다.

이곳은 특별히 화려한 장식으로 꾸며진 것은 아니지만 클래식하고 정겨운 분위기로 편안한 느낌을 주는 카페다. 〈카페 드 플로르〉의 바로 옆으로는 '부티크'가 있어 플로르의 식기류와 마리아주 프레르의 차 등을 판매하고 있다.

카페 플로르의 탄생과 e는

〈카페 드 플로르〉는 1887년 초에 탄생했다. '플로르Flore'라는 이름은, 대로 옆에 우뚝 솟아있던 '꽃과 풍요로움을 뜻하는 여신 조각'에서 유래했다고 한다.

1913년, 카페는 문학가들을 위해 1층을 집필공간으로 만들어주었다. 그리고 루베이르와 아폴리네르 등 여러 단골들이 모여 잡지 〈레 수아레 드 파리Les soirées de Paris〉를 발간했다. 그리고 1917년의 어느 봄날, 아폴리네르는 시인 필립 수포와 앙드레 브르통, 아라공 등과 함께 '다다이스트Dadaiste (시대에 맞서 감성적이고 충동적인 예술세계를 지향하는 문화주의자로, 제1차 세계대전 말엽부터 유럽과 미국을 중심으로 일어난 예술운동을 주도한 사람들)'그룹을 결성한다. 그리고 같은 해, 그는 ≪초현실주의surrealisme≫라는 단어까지 만들어내 영화 등을 통해 다양한 문화적 사조를 키워나간다.

한편, 사르트르, 자코메니, 피카소 등의 예술가들은 앙드레 브르통의 잡지를 위해 편집자로 함께 일해주기도 했다. 또한 다다이스트들은 1918년 사망한 아폴리네르를 기리기 위해 그가 오랜 시간 몸담았던 〈카페 드 플로르〉를 방문해 애도를 표했다.

결국 이곳은 지식인들, 화가들, 편집자들, 영화인들이 서로 교류하는 만남의 장이 되었다. 사람들이 '작은 파스칼(수학자)'이라 칭하고, 알베르 까뮈가 '데카르트'라고 부르던 철학자 파스칼Pascal은 〈플로르〉에서 일하는 한낱 종업원에 불과했지만, 이곳

에서 사상을 펼치고 창작을 하는 많은 예술가, 작가들과 교류를 가졌고, 항상 손님들로부터 높은 호평을 받았다. 그는 카페에 매일 같이 들락거리는 사르트르의 실존주의를 대놓고 비웃기도 했다.

한편 사르트르는 동반자인 보부아르와 함께 늘 조용한 2층에서 글을 썼고, 보부아르가 좋아했던 1층의 붉은 의자에 앉아 서로를 바라보며 사랑을 키웠다. 사실 이 커플은 예전에는 〈카페 드 플로르〉의 바로 옆에 위치한 카페 〈레 두 마고Les Deux Magots〉의 단골이었다. 그러나 실내가 시끄러운데다 겨울에 난방을 제대로 안 해주는 것이 마음에 안 들어, 이곳 〈카페 드 플로르〉로 자리를 옮긴 것이라고 한다.

이제 생 제르망 데 프레는 세계에 널리 알려진 파리의 유명한 동네가 되었다. 〈카페 드(르) 플로르Le(le) Flore〉, 〈레 두 마고Les Deux Magots〉, 〈브라쓰리 립Brasserie Lipp〉 등의 카페레스토랑들은 이 동네에서 명물이 된 지 이미 오래라 항상 손님들로 북적북적하다. 이제는 프랑스 카페의 전설, 대가 등으로 불리는 〈카페 드 플로르〉는 예술가, 작가, 지식인, 기자, 정치인, 스타일리스트나 사업가 등과 직업을 유추할 수 없는 다양한 사람들로 가득 채워졌다.

프랑스의 전설적인 감독이자 배우, 작곡가였던 세르주 갱스부르는 더블 파스티스51

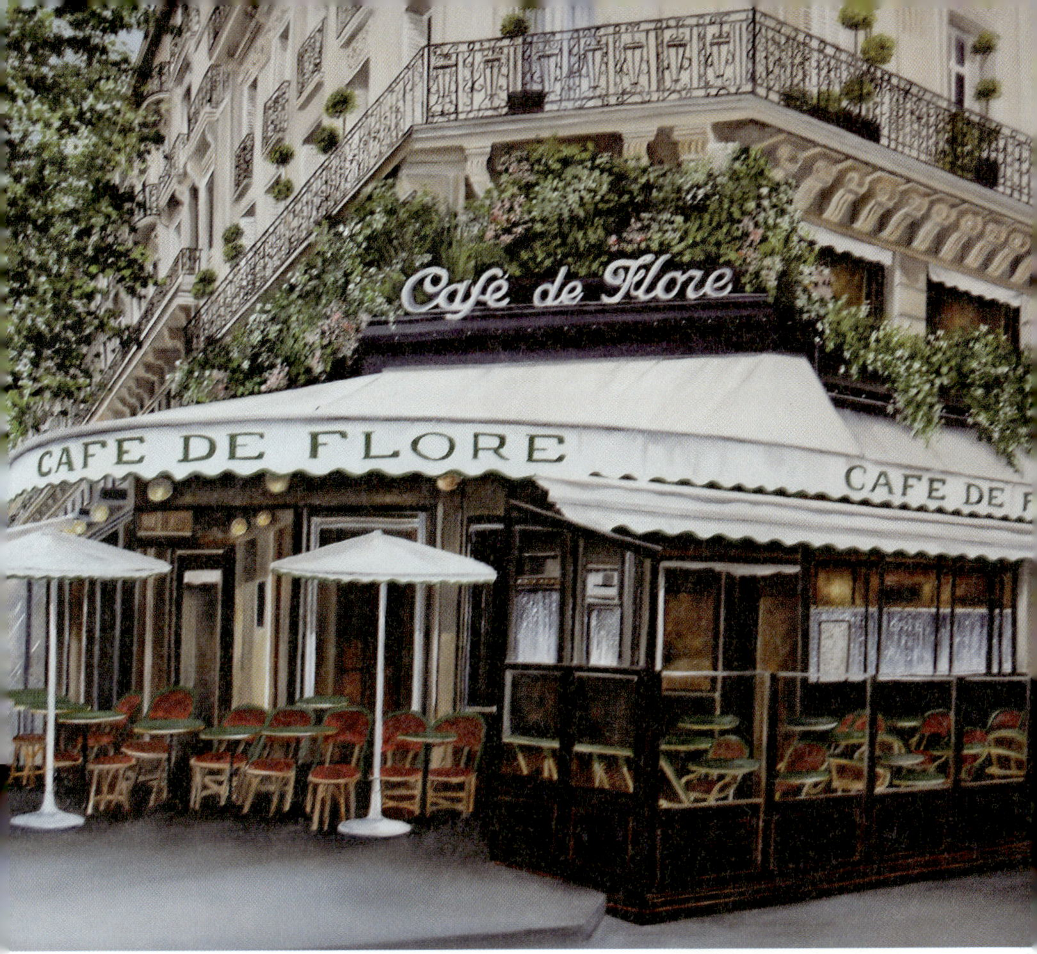
Café de Flore
CAFE DE FLORE

Café de Flore
CAFE DE FLORE
HOTEL

6e Arrt
PLACE
SAINT-GERMAIN
DES PRÉS

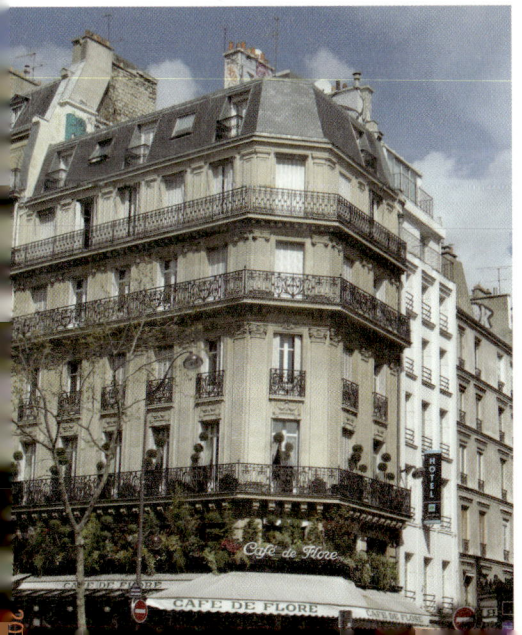

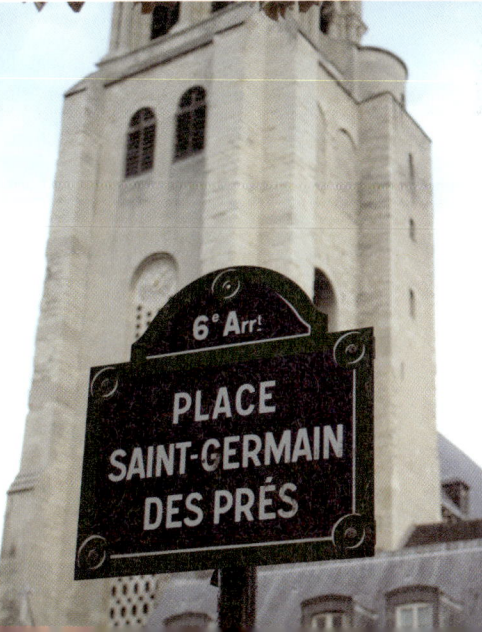

을 마시러 이곳에 자주 들렀고, 철학자 프랑시스 베이컨은 아트페어 기간 동안, 아침부터 저녁까지 온종일 〈플로르〉에서 시간을 보냈다고 한다. 프랑스 배우 꺄트린느 드뇌브는 그녀의 딸 시아라 마스트루아니와 함께 이곳을 즐겨 찾았는데 플로르의 1층 좌석과 계단을 특히 좋아한다고 한다. 이 밖에도 디자이너 소니아 리키엘은 거의 매일 오후 1시 30분까지 이 카페에 머물고, 영화배우 조니 뎁은 시간이 없어 이른 아침이나 저녁에 플로르에 방문한다고 한다.

이 카페에 앉아있노라면 그동안 방문했던 수많은 세계적인 셀러브리티들의 이야기가 생생하게 느껴지는 듯하다. 이곳은 또한 정치가와 기자들의 인터뷰 약속 장소로도 인기 있는 카페라고 하니 테이블에 앉아 주변인들의 대화에 귀를 기울여 보는 것도 재미있을 것이다.

1994년 5월에는, 일반적인 세계문학과 프랑스의 특별한 문법을 바꿔보고자 하는 목적에서 '플로르 문학상'까지 생겨났다. 수상자들에게 6100유로의 상금과 부상이 돌아가는 이 문학상은 공정한 심사위원을 두고 지금까지 매년 실력 있는 작가들을 배출해냈다. 〈카페 드 플로르〉의 명성만큼이나 문학상의 위상도 나날이 커지고 있다고 한다. 오래전 이곳에서 시간을 보냈던 위인들의 사상을 떠올리며 카페 구석 자리에 앉아 펜을 들어보면 어떨까.

Boissons chaudes

따뜻한 음료

플로르 스페셜 핫초코(쇼콜라쇼) 6,4유로

플로르 스페셜 에스프레소 4,1유로

무카페인 커피 4,1유로

크림 커피 5,2유로

카푸치노 6,7유로

비엔나 핫초코 8,2유로

비엔나 커피 6,7유로

더블 에스프레소 커피 6,2유로

뜨거운 우유 4,2유로

Thés - Mariage Frères

마리아주 프레르 차 5,4유로

다즐링-히말라야/ 오렌지 실론티 / 후지-야마 / 임페리어 첸-눙/ 얼 그레이 임페리얼 /

마르코 폴로 / 닐 차

인퓨전 차 INFUSIONS (Herboristerie d'Orgeval) 5,4유로

맥주 8,5 - 9유로 사이

Boissons froides

시원한 음료

콜라 5,6유로

슈웹스 토닉, 오랑지나 5,6유로

페리에 5,4유로

바두아, 비텔 5,1유로

차가운 우유 3,9유로

아로마 우유 4,4유로

생오렌지주스 6,6유로

생레몬주스 6,6유로

생자몽주스 7,6유로

토마토주스 5,6유로

로리나 레몬에이드 5,6유로

아이스티, 아이스커피 5,6유로

복숭아 네스티 5,6유로

식사와 함께 주문시 작은 병이나 50 cl 생수 5,2유로

Sandwich

샌드위치

클럽 샌드위치 (토스트 시골빵, 닭고기, 토마토, 샐러드, 마요네즈, 계란, 베이컨) 19유로

클럽 리키엘 (빵과 마요네즈가 없고 케첩과 머스타드소스로 만든 누드샌드위치) 19유로

햄과 버터 혹은 에멘탈치즈와 버터 샌드위치 7,5유로

햄과 에멘탈치즈 믹스 샌드위치 9유로

샌 다니엘 햄 샌드위치 10유로

푸알란 빵과 고기로 만든 샌드위치 8유로

Buffet chaud
따뜻한 식사

양파 치즈 수프 11,5유로

프랑크푸르트 소시지 8,5유로

치즈 토스트(체다치즈, 맥주, 토스트를 넣어 만든 것) 17유로

크로크 무씨으 10,5유로

크로크 마담 12,5유로

따뜻한 오리 콩피, 샐러드 22유로

계란요리와 베이컨 9,5유로

계란요리와 햄 혹은 치즈 9,5유로

믹스 계란요리, 햄과 치즈 10,5유로

오믈렛, 계란요리 혹은 스크램블 에그 8유로

햄 혹은 치즈 오믈렛 9,5유로

믹스 오믈렛, 햄과 치즈 10,5유로

허브 오믈렛 9유로

크랩 오믈렛 26유로

연어 스크램블 에그 17,5유로

계란요리와 프랑크푸르트 소시지 18유로

e

Salade
샐러드

시저 샐러드 15,5유로

메스클랭 야채 샐러드 8,5유로

콜레뜨 샐러드 (새우, 자몽 등) 19유로

그린빈 샐러드 13유로

플로르 샐러드(야채, 토마토, 에멘탈, 햄, 계란) 14,5유로

카르치오피 샐러드 (아티초크, 샌 다니엘, 팔마산치즈) 17유로

오리가슴살과 그린빈 샐러드 17유로

Glaces
아이스크림

리브 고슈 아이스크림 Coupe Rive Gauche 12유로

(세 가지 아이스크림 선택 - 바닐라, 커피, 초콜릿, 피스타치오, 캐러멜 누가틴, 배 셔벗, 망고, 산딸기)

글라시에 아이스크림 Coupe du Glacier 12유로

(산딸기, 망고, 초콜릿, 붉은 과일 잼)

밀크 쉐이크 12유로

리에주 초콜릿 13유로 (초콜릿아이스크림, 초콜릿소스, 샹티이크림)

리에주 커피 13유로 (커피아이스크림, 커피소스, 샹티이크림)

멜바 잔 13유로 (바닐라, 복숭아, 젤리, 샹티이크림, 아몬드)

샹티이크림 추가시 + 1,5유로

Café Paris
Café De Flore Menu

오래된 친구처럼 편안한

Café Martini

카페 마르티니

파리에 와서 처음 사귀게 된 스웨덴 친구(라고 하기엔 나보다 9살이나 어리지만 이곳에선 모두가 친구)인 리자가 불어공부를 마치고 스웨덴으로 돌아갔다가, 바캉스를 보내러 다시 파리에 왔다. 리자는 워낙 파리를 좋아하는데다. 스웨덴에서 파리 가이드 책을 낸 적도 있기 때문에 좋은 카페나 레스토랑을 아주 잘 알고 있다. 내가 선정한 카페 중 어느 곳이 우리의 재회 장소로 좋을지, 리자에게 파리 시내 내 곳의 카페 이름과 위치를 문자메시지로 보냈다. 역시 내 예상대로 그녀는 보주 광장에서 매우 가까운 이곳, 〈카페 마르티니〉를 선택했다. 이 주변은 리자가 특히 좋아하는 장소이기 때문이다. 빅토르 위고의 집도 있고, 분위기 있는 카페나 레스토랑도 많아 골목길마다 숨바꼭질을 하다보면 보물을 발견하는 듯한 기분이 들기도 한다.

haud ..... 4 €

Restaurant Les Caves St Gilles

Chemin Vert

Rue Amelot

e des Minimes

Rue du Foin

Boulevard Beaumarchais

Chez Janou

Rue du Béarn

Place des Vosges
(보주 광장)

Café Martini

Rue du Pas de la Mule

Add : 11, rue du Pas de la Mule, 75004 Paris
Tel : 01. 42. 77. 05. 04
Métro : 슈망 베르Chemin Vert(8호선), 바스티유Bastille역(1,5,8호선), 생-폴Saint-
 Paul(1호선) 역에서 하차 후 도보-슈망 베르 역에서 나와 '레스토랑 레 꺄브 생 질
 Restaurant Les Caves St Gilles' 바로 앞에서 좌회전을 해 쭉 직진한다. 유명 레스
 토랑 '쉐 자누Chez Janou'를 지나쳐 다음 골목에서 오른쪽을 보면 마르티니가 보인
 다. 보주광장과 인접해있으니 광장을 기순으로 찾아가도 쉽다.
Bus : 65, 20, 29 번 파스퇴르 바그너Pasteur Wagner 혹은 플라스 데 보주Place des Vosges
 정류장에서 하차.
Opentime : 매일 정오 12시부터 새벽 2시까지

나무로 된 〈마르티니〉의 외관은 왠지 편안한 동네 펍에 온 듯한 기분을 느끼게 한다. 간판 양쪽 모퉁이에 크게 표기된 11번지 표시도 시원시원하다. 사실 파리에서 길을 찾다보면 번지수도 잘 보이지 않고 길 이름도 드문드문 표시해 놓아 가끔 답답할 때가 있다(아주 긴 대로일 경우). 어차피 간판이 눈에 띄다 보니 굳이 11번지를 찾아야 할 이유는 없지만 주변의 다른 곳을 찾아가려는 사람들에겐 유용할 것이다. 그리고 바깥 칠판에 적어놓은 메뉴 역시도 친절하기 그지없다. 막상 카페 안에 들어 갔다가 마음에 드는 메뉴를 못 찾았을 경우 과감하게 나오기가 쉽지 않은데 미리 밖에서 '해피 아우어'메뉴까지 확인하고 들어갈 수 있으니 부담이 없는 것이다. 물론 가격도 기재되어 있다.

파리의 여느 카페들과는 달리 이곳은 테라스석이 없는데, 바로 좁은 인도 때문이다. 그래서인지 역시 창가 자리는 늘 인기가 많다. 특별히 좋은 경치가 있지 않아도 파리지엥들은 항상 빛이 드는 테라스석을 좋아한다. 무조건 카페를 등지고 앉아서 지나가는 이들을 구경하며 수다떠는 것을 즐긴다.

파리에서의 여름은 곤혹스럽다. 대부분의 카페에는 에어컨이 없다. 아니 있어도 틀지 않거나 아주 미미한 정도로 작동시켜 결코 시원하다는 느낌이 들지 않는다. 카페뿐만이 아니라 모든 공공시설이나 서비스 장소에서도 땀이 날 정도의 기온에서 일을 한다. 실제 파리의 여름 기온은 한국보다 낮은 편이다. 그러나 평상시 체감온도가 더 높게 느껴지는 것은 더위를 식힐 만한 공간이 별로 없기 때문이다. 여름이면 더운 것을 당연하게 여기고 그럭저럭 참아가며 사는 프랑스인들을 한국인이 이해하기는 쉽지 않다. 실내 어느 곳을 들어가도 한국의 여름은 너무나 추울 정도니까. 하지만 그나마 친절하게도 〈카페 마르티니〉에는 회전이 가능한 벽걸이 '선풍기'가 있다. 비록 바람의 범위는 한정적이지만 말이다.

실내에는 오래전부터 걸려 있던 이름 모를 사람들의 흑백사진들이 걸려 있어 이곳에서의 다양한 추억들을 느끼게 해 준다. 조금 어두운 듯한 조명은 편안하고 부드러운 분위기를 조성한다. 바에 앉아 칵테일이나 맥주를 마시며 이곳의 단골손님인 듯 카페 주인에게 이런저런 말을 걸어보는 것도 재미있을 것이다.

리자와의 짧은 만남을 뒤로 하고 집으로 가기 위해 바스티유 역으로 걸어가는데 희한한 복장을 한 수많은 사람들이 어딘가로 몰려가고 있었다.

메트로의 출구에서 나오던 원더우먼 복장을 한 남성은 환호성을 지르며 바스티유 광장으로 돌진했다. 이미 그 넓은 광장은 온갖 다양한 사람들로 가득차 있었다. 락음악이 울려 퍼지면서 노출 의상을 입은 파리의 젊은이들이 모여 격렬하게 춤을 추고, 아기를 목마태운 아저씨도 아기의 손을 잡고 열심히 흔들어댔다.

워낙 파리의 곳곳에서 행사가 많이 열리기 때문에 크게 놀라지는 않았지만, 대형 페스티벌임에는 분명하다고 확신했다. 그리고 시간이 조금 지나서 그것이 '게이 퍼레이드'라는 것을 알게 되었다. 사진으로 본 적은 있었지만, 실제로 게이축제의 모습을 본 것은 처음이었기에 다소 당황스러웠던 것은 사실이다. 한쪽에서는 동성끼리 바닥에 누워 진한 키스를 하기도 하고, 상의를 모두(!) 탈의한 채 춤을 추는 여고생도 있었다. 그러나 아무도 쳐다보지 않고 각자 자신의 무리에서 최대한 그 시간을 즐길 뿐이었다. 또한 주변에서 구경하는 사람들은 대부분 일반 파리시민들이나 촬영을 나온 기자들이었고, 만일의 사고를 대비하기 위해 경찰들도 한쪽에 대기중이었다. 넓고 유명한 바스티유 광장에서는 이렇게 종종 다양한 행사가 열리곤 한다.

〈카페 마르티니〉 근처에는 바스티유 광장을 비롯해 보주 광장과 빅토르 위고 박물관 등이 있고, 에티엔느 마르셀의 상점 거리, 파리시청, 퐁피두 센터까지 가깝게 연결된다. 볼거리와 쇼핑 아이템이 풍성하고 좋은 레스토랑도 많으므로 시간을 넉넉하게 잡고 방문하는 것이 좋다.

바스티유 오페라(Opéra de Paris Bastille)

카페 〈마르티니〉의 칵테일은 보통 5-6유로 선이고, 해피 아우어(저녁 6시부터 8시 30분까지)에는 4-5유로짜리 음료들이 있다. 이 카페의 유명한 메뉴 '쇼콜라쇼 *chocolat chaud* (핫초코)'는 4유로 정도다. 이 밖에 맥주, 커피, 차, 샴페인, 와인 등이 있고 초콜릿음료도 판매한다. 기타 시원한 음료들은 대체로 3-5유로 선이다. 에스프레소가 2유로인 점을 감안하면 이곳의 음료들은 다른 카페들에 비해 저렴한 편이다. 또한 간단하게 먹을 수 있는 음식도 갖추고 있다. 점심에만 먹을 수 있는 샌드위치는 4유로, 플랑슈(햄종류나 치즈종류 중 선택 가능)는 5유로다. 퐁당 오 쇼콜라 *fondant au chocolat* (안에 걸쭉하고 따뜻한 초콜릿무스가 들어 있는 초콜릿 케이크)와 바닐라 아이스크림이 함께 나오는 메뉴도 5유로로, 이 집의 베스트셀러다.

Café

커피

에스프레소 2유로

더블 에스프레소 3,5유로

크림 커피 3유로

리에주 커피 3,5유로

카푸치노 4유로

초콜릿 마끼아또 4유로

바닐라 커피, 캐러멜 커피 4유로

아이리쉬 커피 7유로

밸리스 커피 7유로

Chocolat

초콜릿음료

핫초코 4유로

추가-바닐라, 캐러멜, 시나몬, 오렌지 등의 아

로마 0,5유로

아몬드나 코코넛 가루 0,5유로

홈메이드 샹티이크림 1유로 / 알코올 2유로

Thé

차(마리아주 프레르)   3,5유로

마르코 폴로 / 다즐링 / 얼 그레이 / 부르봉 / 임페리얼 등

Grignotage

간식과 디저트   2,3유로

샌드위치 (심플 혹은 믹스, 점심에만 가능) 4유로

플랑슈 (훈제햄 혹은 치즈) 5유로

퐁당 오 쇼콜라(초콜릿 케이크)와 바닐라 아이스

크림 5유로

Boissons Froides

시원한 음료

과일주스(오렌지, 사과, 파인애플, 망고, 토마

토) 3유로 페리에, 레몬에이드, 콜라 3유로

생오렌지주스 혹은 생레몬주스 4,5유로

커피 프라페 4유로

스무디 (생과일주스, 믹스) 5유로

맥주 3-7유로

칵테일 6-6,5유로

(*시즌별 약간의 가격 인상이나 메뉴 변경 가능성 있음)

Café Paris
Café Martini Menu

프랑스 대통령 사르코지가 좋아하는

Café Fouquet's

카페 푸케스

전통과 현대의 조화가 돋보이는 카페레스토랑 〈푸케스〉는 늘 파리의 주요한 사교 장소로 각광받고 있으며 비지니스 장소로도 이용된다. 특별히 성수기가 아니더라도 카페는 거의 빈 자리를 찾을 수 없을 정도로 붐빈다. 전세계인들이 찾아오는, 파리에서 아름답기로 소문난 샹젤리제 거리가 아닌가. 비싼 식음료 가격에도 불구하고 〈푸케스〉의 인기는 언제나 식을 줄을 모른다.

George V

Ⓜ

Café Fouquet's

Lo Sushi

Hospes
Lancaster

Ladurée

Rue de Bassano

Rue Vernet

Avenue George V

Add : 99 av Champs Elysées, 75008 Paris
Tel : 01. 40. 69. 60. 50
Métro : 조르주 생크 GeorgesV(1호선)역에서 하차, 바로 보이는 루이 뷔통 건물 옆에 위치
Opentime : 매일 오전 8시부터 자정까지 (일요일도 오픈)

〈푸케스〉는 파리 샹젤리제 거리와 깐느, 뚤루즈까지 프랑스에 총 3개의 지점을 갖고 있는 카페레스토랑이다. 이 세 카페레스토랑은 프랑스의 유명한 호텔&카지노 그룹인 '루시앙 바리에르Lucien Barrière' 그룹 소속이다. 〈푸케스〉 파리지점은 1899년에 생겼으며 카페가 있는 건물은 푸케스 바리에르 호텔도 겸하고 있다. 커다란 루이 뷔통 건물의 바로 옆에 있고, 몽테뉴 거리와도 가까워 명품 쇼핑을 마치고 들르는 사람들도 많다. 카페 테라스석에 앉아 있노라면, 샹젤리제 거리의 풍경과 트렌디한 파리지엥들의 모습에 시간 가는 줄 모른다.

〈푸케스〉 파리지점은 매년 열리는 영화 행사인 《세자르 영화제》와 연극인을 위한 《몰리에르 행사》 후의, 수상자들과의 뒤풀이 장소로 유명하다. 또 여러 이벤트와 《앙주&데몽》 같은 시나리오상 행사를 진행하기도 한다.

〈푸케스〉 뚤루즈 지점은 2007년에 문을 열었고, 대형 상업단지인 카지노 바리에르 극장 안에 위치해 있다. 최근 〈푸케스〉를 찾은 가장 유명한 사람은 프랑스 대통령이다. 2007년 5월 6일, 니콜라 사르코지는 대통령 선거에서의 승리를 발표한 후 몇 시간 뒤, 가족과 친구들을 〈푸케스〉로 불러 만찬을 즐겼다. 기자 아리안 슈망과 주디뜨 페리뇽의 「푸케스의 밤」은 사르코지가 〈푸케스〉를 방문한 날에 대해 쓴 책이다.

카페레스토랑 〈푸케스〉 종업원들의 몸놀림은 빠르고 전문적이다. 물론 영어를 할 줄 알며 공손하다. 실내 분위기는 매우 고풍스럽고 화려하며 비싼 가격만큼이나 음식의 맛과 질도 보장받을 수 있다. 그러나 가격이 매우 고가라서 정말 여유 있는 사람이 아니라면 브런치를 즐기는 게 현명할 것이다. 명성에 걸맞게 종종 유명인들도 방문하므로 운이 좋으면 마주칠 수도 있다. 실내 벽에는 이곳을 찾았던 유명한 예술가, 배우, 역사적 인물 등의 사진이 걸려 있다.

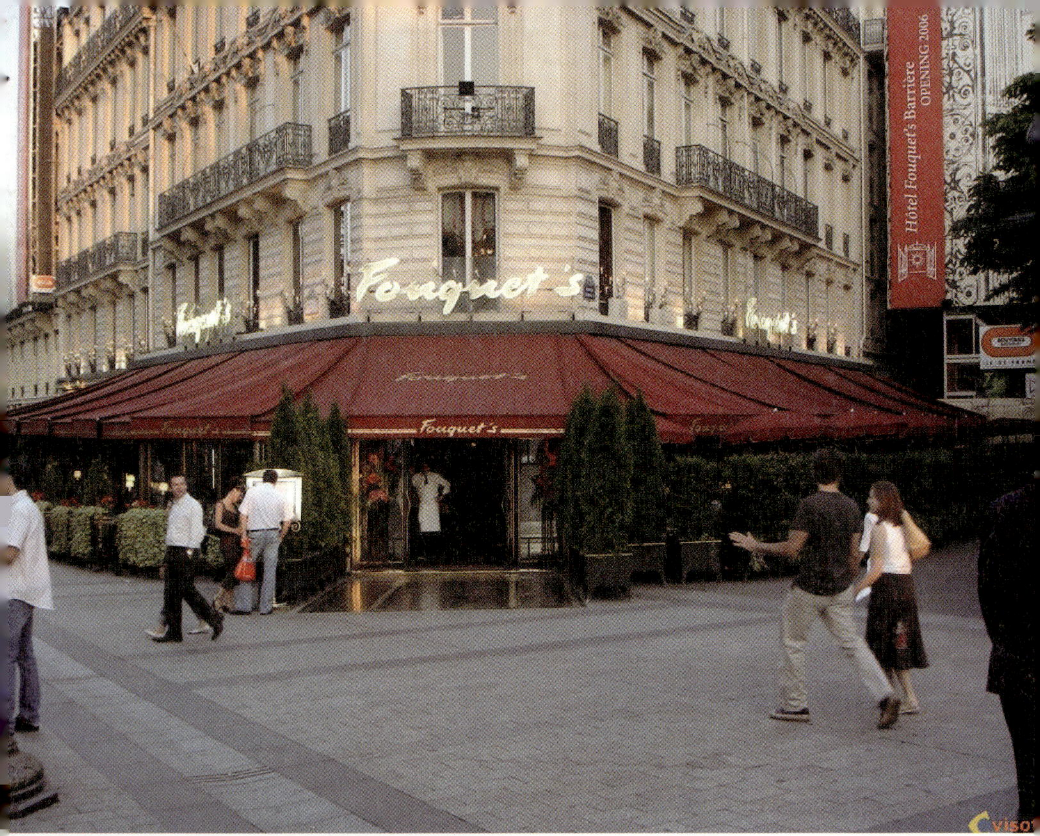
Fouquet's
Hôtel Fouquet's Barrière
OPENING 2006

Fouquet's

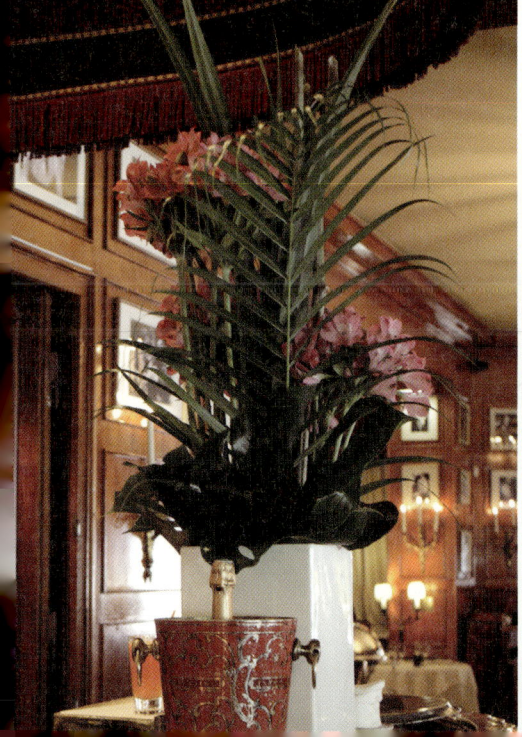

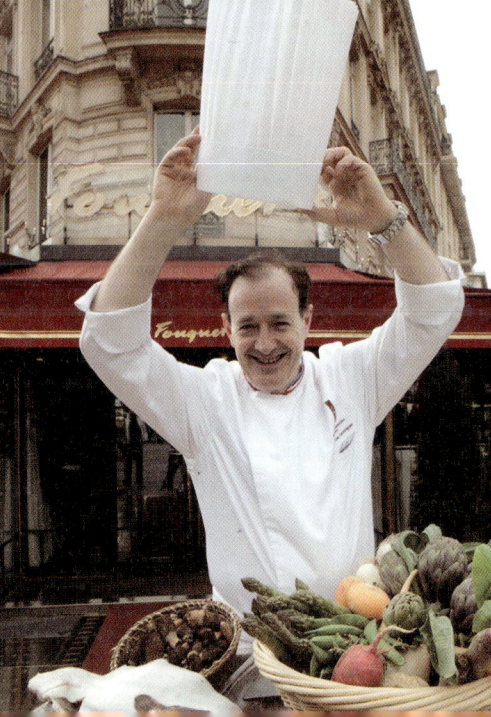

또 바^{bar} 좌석 위쪽에는 이러한 옛 문구가 그대로 남아있다. "여자들끼리만 바^{bar}를 이용할 수 없다"라는 문장이다. 그리고 그 밑에 '역사적 기념물'이라고 표시해서, 현재해당되는 조항이 아니라는 의미도 게재해놓았다. 프랑스는 매우 개방적인 나라지만여성에게 관대해진 것은 사실 얼마 되지 않았기 때문에 백 년 전에는 저런 문구가붙어있었던 게 아닌가 하는 생각이 든다.

화려한 무늬의 카페트와 의자, 샹들리에, 식기류 그리고 커다란 생화까지 이곳의 아름다움을 드러내는 요소들이 곳곳에서 느껴진다. 길게 드리워진 차양과 고급 벨벳의자, 종업원의 조끼까지 모두 붉은색으로 통일했다. 차양 밑 좌석쪽 벽의 그림과 2층으로 올라가는 복도 벽에 걸린 그림들에서는 파리의 예술적 향기가 물씬 느껴지기도 한다.

백 년 의 역사

1899년 〈푸케스〉는 샹젤리제와 조르주 생크 거리의 대중적인 카페들이 몰려있는곳, 즉 파리의 전통과 역사가 살아있는 아름다운 거리에 자리를 잡았다. 파리의 대단한 명소가 된 샹젤리제 거리는 이 당시만 해도 지금과 같은 상업시설들이 빼곡하게들어서 있지는 않았었다.

그러나 1930년대에 접어들어 〈푸케스〉는 당대 배우들이 특히 좋아하는 장소가 되었다. 그 이유는 샹젤리제 거리에 첫 번째 영화관이 생겼기 때문이었는데, 덕분에 가뱅과 미셸 모르강같은 유명 배우들이 극장과 가까이에 있는 카페 〈푸케스〉를 즐겨 찾았다고 한다. 만약 나도 그때 파리에 살고 있었다면 멋진 배우들을 만나기 위해 이카페의 단골이 되었을 것만 같다. 물론 이러한 이유가 아니더라도 푸케스는 충분히단골이 될만한 매력을 가진 카페임에는 틀림없다.

이것을 입증하듯 1990년에 〈푸케스〉는 역사적 기념물 목록에 등재되고 '프랑스 문화의 수준 높은 장소'라는 공식적인 명칭까지 얻게 된다. 카페가 나라의 기념물로

등록된다니, 우리나라의 경우에 적용해보면 전통찻집이 기념물로 등록되어 우리 국민은 물론 외국인들까지 찾아오는 것과 같은 이치인데 이것은 결코 쉬운 일이 아닐 것이다. 하지만 이처럼 우리도 우리의 다양한 문화를 개발하고 이를 세계에 알리려는 노력을 기울였으면 좋겠다.

1999년, 〈푸케스〉는 탄생 100주년을 맞아 카페의 모습을 새롭게 단장했다. 자크 가르시아의 데코레이션과 에두아르 프랑수아의 건축기술을 통해, 19세기 궁전의 새로운 컨셉으로 카페는 재탄생했다. 카페의 입구 쪽 금속 바닥에는 디자이너를 비롯한 유명인들의 이름이 새겨져 있다. 그리고 2006년 11월 3일에는, 〈푸케스〉와 연결되는 건물에 최고급 호텔 '푸케스 바리에르'가 문을 열었다. 현재 패션쇼 등 다양한 행사를 개최하는 장소로도 사랑을 받는다.

*장–이브 뢰랑궤는 특별한 코스 메뉴를 선보이며 품격 있는 식사를 완성했다. 푸아 그라(거위간요리)와 랍스터 라비올리는 요리사가 야심차게 선보이는 메뉴다. 세트 메뉴는 78유로부터 시작한다.

Boissons
음료

에스프레소 7유로 / 더블 에스프레소 9유로 / 카페오레, 카푸치노 9유로

차, 인퓨전 8유로 / 핫초코, 비엔나 핫초코 9유로

- 따뜻한 음료는 저녁 8시부터 3유로 추가

- 위 음료에 소다음료나 과일주스를 추가할 경우 2유로 추가

생과일주스 (오렌지, 레몬, 자몽) 9,5유로

칵테일 18-22유로 (무알코올은 15유로)

Dessert
디저트

홈메이드 파티쓰리(패스트리) 12유로
: 밀페이으, 딸기파이, 올 초콜릿 큐브, 커피 에끌레르, 초콜릿 에끌레르, 버터캐러멜, 산딸기-시나몬 타르트, 딸기-피스타치오 타르트, 머랭 레몬 타르트, 초콜릿-땅콩 타르트, 붉은 과일 치즈케이크

바닐라 크렘 브륄레, 오렌지 비스킷 13유로 / 계절과일과 함께 나오는 치즈모듬 16유로

아이스크림 & 셔벗 13유로 : 바닐라, 커피, 초콜릿, 산딸기, 레몬, 열대과일

아이스크림 선데 16유로

Special Menu
스페셜 메뉴

이란 로얄 캐비어
30그램 230유로
50그램 380유로
125그램 940유로

노르웨이 훈제 연어 25유로
아더 조제의 스페셜요리, 감자와 캐비어, 연어 95유로

Plat
메인 요리

소고기 안심 스테이크, 베아네즈 소스, 감자튀김 46유로

유기농 치킨 꼬치, 감자튀김 38유로

크로크 무씨으 형태의 구운 치킨 14유로
클럽샌드위치(닭고기), 감자튀김 19유로

(*시즌별 약간의 가격 인상이나 메뉴 변경 가능성 있음)

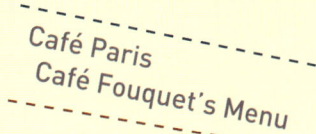

Café Paris
Café Fouquet's Menu

enjoy cafe!

카페
파리

저자 | 권희경

발행인 | 이호철

디자인 | 한은희

책임편집 | 김도연

표지디자인 | 조수영

초판 1쇄 발행 | 2011년 9월 5일

발행처 | 북웨이

등록 | 2005년 8월 1일 제2-4206호

주소 | 서울시 마포구 동교동 198-20 한사빌딩 407호

전화 | 02. 2278. 6195

팩스 | 02. 2268. 9167

이메일 | master@bookway.kr

홈페이지 | www.bookway.kr

트위터 | @_bookway

용지 | 내지 하이플러스 미색 100

　　　표지 스노우 250g

인쇄 | 영창인쇄(주)

제본 | 진성제책사

가격 15,000원

ⓒ 2011, 권희경

ISBN 978-89-94291-15-4

ISBN 978-89-957776-9-5(세트)